U0403518

编 委

高等职业学校“十四五”规划民航服务类系列教材

职业形象设计与化妆

主　编◎王姣蓉　牛晓斐
副主编◎李佳蔚　谢　蕾　顾　瑛
参　编◎俸　雨　李　珊　林　丹

華中科技大學出版社
http://press.hust.edu.cn
中国·武汉

内 容 提 要

本教材围绕职业形象设计的理论基础与实践过程，依据学生认知规律进行系统的开发与设计，注重职业形象与职业发展的内在联系，有机融入职业精神。

本教材注重学生多维能力的培养，以实用、必需为原则，强调学以致用，通过项目目标、知识框架、项目引入、项目小结、项目实训等模块，分别从职业形象设计概述、职业形象设计的美学基础、职业形象设计的色彩应用、身体塑形与仪态管理、化妆基础知识、职业妆容设计、美容保健与发型设计、服饰搭配、职业礼仪等九个方面进行阐述，层层递进、内容丰富、明晰易懂、操作性强。通过学习可以提高学生职业形象设计和应用的能力，掌握化妆技巧，提升职业审美力，激发职业生命力。

本教材既可作为高职高专院校民航服务类、旅游类相关专业教材，也可用于企业员工职业形象塑造的培训教学。

图书在版编目(CIP)数据

职业形象设计与化妆/王姣蓉，牛晓斐主编. —武汉：华中科技大学出版社，2022.9(2024.9 重印)
ISBN 978-7-5680-8743-8

Ⅰ. ①职… Ⅱ. ①王… ②牛… Ⅲ. ①个人-形象-设计-教材 ②化妆-教材
Ⅳ. ①B834.3②TS974.12

中国版本图书馆 CIP 数据核字(2022)第 163907 号

职业形象设计与化妆　　王姣蓉　牛晓斐　主编
Zhiye Xingxiang Sheji yu Huazhuang

策划编辑：胡弘扬　汪　杭
责任编辑：张　琳
封面设计：廖亚萍
责任校对：曾　婷
责任监印：周治超
出版发行：华中科技大学出版社(中国·武汉)　电话：(027)81321913
武汉市东湖新技术开发区华工科技园　邮编：430223
录　排：华中科技大学惠友文印中心
印　刷：武汉市籍缘印刷厂
开　本：787mm×1092mm　1/16
印　张：16.5
字　数：405 千字
版　次：2024 年 9 月第 1 版第 3 次印刷
定　价：49.80 元

INTRODUCTION

出版说明

民航业是推动我国经济社会发展的重要战略产业之一。"十四五"时期,我国民航业将进入发展阶段转换期、发展质量提升期、发展格局拓展期。2021年1月在京召开的全国民航工作会议指出,"十四五"期末,我国民航运输规模将再上一个新台阶,通用航空市场需求将进一步激活。这预示着我国民航业将进入更好、更快的发展通道。而我国民航业的快速发展模式,也进一步对我国民航教育和人才培养提出了更高的要求。

2021年3月,民航局印发《关于"十四五"期间深化民航改革工作的意见》,明确了科教创新体系的改革任务,要做到既面向生产一线又面向世界一流。在人才培养过程中,教材建设是重要环节。因此,出版一套把握新时代发展趋势的高水平、高质量的规划教材,是我国民航教育和民航人才建设的重要目标。

基于此,华中科技大学出版社作为教育部直属的重点大学出版社,为深入贯彻习近平总书记对职业教育工作作出的重要指示,助力民航强国战略的实施与推进,特汇聚一大批全国高水平民航院校学科带头人、一线骨干"双师型"教师以及民航领域行业专家等,合力编著高等职业学校"十四五"规划民航服务类系列教材。

本套教材以引领和服务专业发展为宗旨,系统总结民航业实践经验和教学成果,在教材内容和形式上积极创新,具有以下特点:

一、强化课程思政,坚持立德树人

本套教材引入"课程思政"元素,树立素质教育理念,践行当代民航精神,将忠诚担当的政治品格、严谨科学的专业精神等内容贯穿于整个教材,使学生在学习知识的"获得感"中,获得个人前途与国家命运紧密相连的认知,旨在培养德才兼备的民航人才。

二、校企合作编写,理论贯穿实践

本套教材由国内众多民航院校的骨干教师、资深专家学者联合多年从事乘务工作的一线专家共同编写，将最新的企业实践经验和学校教科研理念融入教材，把必要的服务理论和专业能力放在同等重要的位置，以期培养具备行业知识、职业道德、服务理论和服务思想的高层次、高质量人才。

三、内容形式多元化，配套资源立体化

本套教材在内容上强调案例导向、图表教学，将知识系统化、直观化，注重可操作性。华中科技大学出版社同时为本套教材建设了内容全面的线上教材课程资源服务平台，为师生们提供全系列教学计划方案、教学课件、习题库、案例库、教学视频音频等配套教学资源，从而打造线上线下、课内课外的新形态立体化教材。

我国民航业发展前景广阔，民航教育任重道远，为民航事业的发展培养高质量的人才是社会各界的共识与责任。本套教材汇集来自全国的骨干教师和一线专家的智慧与心血，相信其能够为我国民航人才队伍建设、民航高等教育体系优化起到一定的推动作用。

本套教材的编写难免有疏漏、不足之处，恳请各位专家、学者以及广大师生在使用过程中批评指正，以利于教材质量的进一步提高，也希望并诚挚邀请全国民航院校及行业的专家学者加入我们这套教材的编写队伍，共同推动我国民航高等教育事业不断向前发展。

华中科技大学出版社

2021 年 11 月

PREFACE
前言

职业形象是职业者从事工作时所具备的素养、特征、气质，通过职业形象塑造可以表现出专业的仪态和仪表，在展示人格魅力的同时表现出职业特点。职业形象设计是将职业形象的构成元素、养成方法、设计理论和管理理论进行整合，通过系统性设计和习惯养成使被设计者能够从职业气质、职业素养等方面达到职业的需求。现代的职业形象设计包括职业思想的渗透、职业价值观的建立、职业文化的培养等方面，是从思想、文化、制度等全方位对职业人员进行的有针对性、有目的性、有系统性的设计。职业形象设计的核心任务是遵循审美标准和价值标准，塑造良好的个人职业形象，进而达到辅助职业发展、展示职业者特质的作用。

本教材围绕职业形象设计的核心任务，依据学生认知规律进行系统的开发与设计，注重职业形象与职业发展的内在联系，有机融入职业精神，注重学生多维能力的培养，以实用、必需为原则，强调学以致用。

本教材通过项目目标、知识框架、项目引入、项目小结、项目实训等模块，分别从职业形象设计概述、职业形象设计的美学基础、职业形象设计的色彩应用、身体塑形与仪态管理、化妆基础知识、职业妆容设计、美容保健与发型设计、服饰搭配、职业礼仪等九个方面进行阐述，层层递进、内容丰富、明晰易懂、操作性强。

本教材主要编写特点如下。

1. 以项目为驱动，循序推进

本教材把职业形象设计看作一个整体项目，各章节的内容依据项目管理的过程渐次进行。首先，职业形象设计是一个系统工程，需要通过内在美的塑造与外在形象的设计与包装，达到和谐统一，以提升职业素养。其次，在教育理念层面突出“育人”理念，构建包括能力教育和价值观教育的素养教育框架，引导学生从观察世界、识别观点、思考沟通、采取行动四个维度将理论与实践有机结合开展系统化教学。

本教材结构清晰，用九个项目循序探讨职业形象设计的过程和内容，不断引导学生开展形象设计的讨论与训练，从职业形象设计的理论高度到实践体验，从个人自然条件的管理到形象的整体设计与包装，针对学生的生理和心理发展规律及发展需求进行编写。学生根据知识点和项目训练要求，不断反复训练提升，形成一种多维能力。

2. 强调内外兼修，提升审美能力，掌握实践技巧

当今社会不断发展，逐渐多元化，竞争也日趋激烈，很多人出现焦虑、困惑和偏差。本教材单独设计了审美基础的模块，注重审美能力和审美理念的培养，强调真正的职业形象设计要从外在美开始，找到适合的装扮搭配方向，将自己长处发扬光大，唤起内心对美的渴望，然后借此提升职业自信，体现职业魅力。

本书由王姣蓉、牛晓斐任主编，李佳蔚、谢蕾、顾瑛任副主编。本书的编写分工如下：项目一、项目二由王姣蓉编写；项目三由李佳蔚编写；项目四由俸雨编写；项目五、项目六由牛晓斐编写；项目七由顾瑛编写；项目八由谢蕾、李珊编写；项目九由林丹编写。彭翩、彭雪、梁泽欣、朱子旋等参与了图片和视频的拍摄工作。王姣蓉负责全书的统稿工作。

由于教材编写时间紧，编者水平有限，书中疏漏、不足之处在所难免，恳请读者不吝赐教，提出宝贵意见，在此致以诚挚的谢意！

编　者

CONTENTS
目录

项目一　职业形象设计概述

项目目标

知识目标

了解形象设计的发展脉络，理解职业形象设计的内涵和特点；

了解职业形象设计的基本内容，理解职业形象设计的基本原则；

了解职业形象设计的要素，掌握职业形象设计的流程。

能力目标

学习者通过对职业形象设计基本理论知识的学习，培养职业形象设计的意识，为后期的学习做好心理准备、思想准备和行为准备。

素质目标

掌握职业形象设计的基本知识，增强自身职业素养。

知识框架

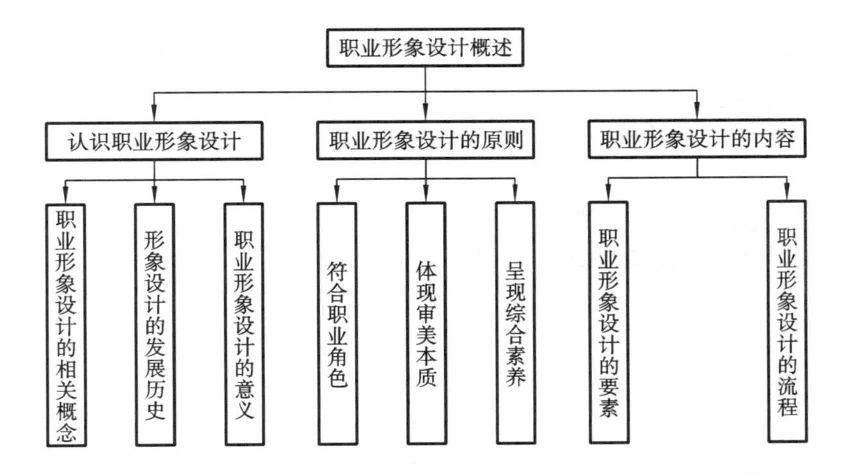

项目引入

形象的力量

小黄通过一家世界500强企业的笔试环节后去公司进行最后一轮总经理助理的面试。

为确保万无一失，这次她精心打扮：身着前卫的服饰，戴着时尚的手环、造型独特的戒指、亮闪闪的项链、新潮的耳坠，身上每一处都是焦点。这样的打扮使她鹤立鸡群。在做自我介绍时，小黄说："我高考时没考好，否则我就进清北名校了，但我觉得自己不会比名校学生差，我会很努力！"

面试官看着她说："你确实很漂亮，你的服装、配饰无一不新潮、夺目，你也很自信，可我觉得你并不适合做助理这份工作，实在很抱歉。"

问题思考

1. 良好的职业形象包含哪些方面？
2. 如何提升自我形象？

任务一　认识职业形象设计

一、职业形象设计的相关概念

（一）形象设计的相关概念

1　形象

形象(image)是指能引起人的思想活动或感情活动的具体形态或姿态。

形象的含义如下。

(1)形象是外部形态、外观表象，即我们想象思维中的形象，这涉及个人的外貌特点、妆容和服饰搭配。

(2)形象是人的精神风貌和性格特征，包括内在性格的外在表现，如气质、举止、谈吐、生活习惯等，内在特征的外在具体表现，能够引起他人的思想或感情活动。

(3)由前两种含义引申而来，形象是对具体事物的一种抽象思维，即对对象的形状、性状、形态的一种抽象感知，能表现人的思想或感情活动的具体形态或姿态。形象不是事物本身，而是人们对事物的感知。从心理学的角度来看，形象是人们通过视觉、听觉、触觉、味觉等各种感觉器官在大脑中形成的关于某种事物的整体印象。简而言之，形象是知觉，即

各种感觉的再现。不同的人对同一事物的感知不会完全相同，因而受到人的意识和认知过程的影响。由于意识具有主观能动性，因此事物在人们头脑中形成的不同形象会对人的行为产生不同的影响。

2 设计

“设计”(design)一词源于拉丁语，在《辞海》中被解释为根据一定要求，对某项工作预先制定的图样和方案；它在英语中有徽章、记号、图案、造型、形式、方法、陈设等意思。设计就是问题求解的计划过程，是一种“有目的的创作活动”，即从确定的目标出发，经过一定的设想、规划、分析和决策，计划产生相应的文字、数据、图形等信息的过程。

设计始于自然，源泉是人类的需求，本质是创新。设计的种类繁多，在许多领域都有应用，涉及的方面也比较广泛。例如，商贸领域有产品设计、服务设计等；应用领域有游戏设计、网站设计等；传达设计领域有色彩设计、形象设计等；物质领域有城市设计、室内设计等。

3 形象设计

形象设计(image design)是指对想要展示的物体或人物进行分析定位后，运用科学的方法从视觉上展示出美感，并获得观者的认同与喜爱。大多以人体色(肤色、发色、眼睛颜色、唇色等人体重要部位色彩的总和)为基本特征，考虑人的面部、身材、气质、社会角色等各方面综合因素，通过专业诊断工具，测试出其色彩范围与风格类型，找到最合适的服饰色彩、染发色、彩妆色、服饰风格款式，从而解决人的形象问题。形象设计从属于现代艺术设计的范畴，它的构成形式为运用各种设计手段，借助视觉冲击力和视觉优选，引起人们的美感判断。

按服务对象的不同，形象设计可分为城市形象设计、企业形象设计、人物形象设计、产品形象设计等。其中，人物形象设计着重研究人的外观和造型的视觉传达设计。这一概念源自舞台美术，后来被时装表演界人士使用，用于时装表演前为模特设计发型、妆容、服饰的整体组合，随即发展成为特定消费者提供的相似性质的服务。人物形象设计在中国起步较晚，具体是对个人形象进行整体设计与指导，运用形象元素得体应对不同场合，从而使内涵与外表相呼应。人物形象设计的要素包括体型要素、发型要素、妆容要素、服装款式要素、饰品配件要素、个性要素、心理要素、文化修养要素等。

形象设计不局限于个人发型、妆容和服饰等外在搭配，还包括内在性格的外在表现，如气质、举止、谈吐、生活习惯等。

从宏观上看，形象设计更应该是从人生战略起步，而不是局限在技术的实现上。形象设计是人们在一定的社会意识形态支配下进行的一种既富有特殊象征寓意又别具艺术美感的艺术创作与实践活动，是以审美为核心，依据个人的职业、性格、年龄、体型、脸型、肤色、发质等综合因素，使妆容、服饰及体态礼仪等要素达到完美结合的创造性思维和艺术实践活动。因此，人物形象设计作为一门新兴的综合艺术学科，不仅需要具备色彩、风格、整体搭配等专业技术，还需要掌握造型元素构造、心理学、营销学、沟通技巧以及相关的艺术修养等。

（二）职业形象设计的内涵 

1 职业形象

职业形象是指在职场中面对公众树立的形象，具体包括外在形象、品德修养、专业能力和知识结构四大方面。人们通过职业着装、职业言谈举止和职业礼仪沟通反映专业能力和职业精神等。因此，职业形象是职业人员从事本职工作时所必须具备的素养、特征、气质，这种职业形象可以表现出专业的仪态和仪表，在展示人格魅力的同时表现出职业相关特点。

职业形象需要恪守一些原则性尺度。其中最为关键的就是职业形象要尊重职业价值观的要求，不同职业对个人的职业形象有不同的要求。不同的行业、不同的企业，由于集体倾向性的存在，只有在从业人员或员工的职业形象符合主流趋势时，才能促进自身职业价值的增值。

职业形象是个人职业气质的符号，体现出的种种形象特点，就像符号标示在每个职业人的脸上、身上，这些个人职业符号，对职业生涯的成败有着重大意义。

因而，塑造良好的职业形象，要从以下几个方面做起。

(1)与个人职业气质相契合。

职业形象的功能在于交流和自我表达，在于打造个人气质的品牌。个人的特征特质通过形象表达，在发型、服装、气质、言谈举止的塑造上要与自己的职业、场合、地位以及性格相吻合，符合个人在职场中的状态。职业气质同时也体现在职业领域里的专业性。谈吐和举止中要流露出与职业相符合的气质，没有职业气质，即使举止得体、表现职业化也是不成功的。

(2)与个人年龄相契合。

职业形象要依据个人的年龄来塑造，一般来说，成熟稳重是职业形象的关键，但不能生搬硬套，职业形象要与自己的年龄相适应。

(3)与办公场所相契合。

职业形象要符合企业文化，仪表与风度、服装与配饰需满足职场的仪态规范要求。

(4)与工作性质和特点相契合。

职场着装应该与工作性质和特点相符，职场新人可以向公司的 HR 询问着装的要求，也可以观察组织中优秀员工或上级领导的穿着。相对来说，越正式的场合着装越保守，越到高层，穿衣自由度越高，对场合驾驭能力相对也越强，基本不出格。如乔布斯、扎克伯格等在拜访政要时都着西装，而他们平时都穿着自己标志性的高领衫和灰色 T 恤。因为这样减少选择，节约时间。

(5)与行业要求相契合。

职业形象受职业道德标准和职业价值观影响，塑造良好的形象要按照职业道德的标准严格要求自己。个人的举止和装扮要在职业标准的基础上，在不同的场合采用不同的表现方式，做到在展现自我的同时尊重他人，从而促进自己的职业发展。

2 职业形象设计

职业形象设计就是将职业形象的构成元素、管理理论、养成方法和设计理论进行整合，通过系统性设计和习惯养成使被设计者能够从职业气质、职业素养等方面满足职业的需求，进而达到展示职业者特质、促进职业发展的目的。现代职业形象设计还包括职业思想的渗透、职业价值观的建立、职业文化的培养等，是从思想、价值观、文化等全方位对从业者进行有针对性、有目的性、系统性的设计。

(1)符合形象主体的社会期望值。

职业不同，其职业内容和职业性质也就不同，所以必须把握其个性进行设计。无论个人或是团队，被设计者都是有差别的，所以必须进行不同的设计，以满足符合现代的和公众期待的形象目标。设计出的形象应具有时代的特征，不落俗套。受公众接纳的形象才是最好的形象。所以，职业形象设计应把握公众期望与形象设计主体条件之间的平衡，职业形象设计可以说是每个职场人士不可或缺的职场策略。

(2)以科学的形象设计理论为指导。

形象设计是从美容、化妆、服装设计等其他类职业中衍生而来，但又不只包含这些，还包括形象美学、形象设计和礼仪规范等。而且，是把它们看成一个整体，来指导人们的形象塑造。例如，不能孤立地只从服饰装扮的角度上学习，应结合服装设计学、材料学、色彩学、服装美学、服装结构学、发型妆容、礼仪规范等深入研究，准确掌握服装的款式、材料特点、整体关系及色彩搭配规律，要求学生反复练习，以提高服装审美和服饰搭配的能力。职业形象设计对他人来讲是一种形象形成的过程，对自己来说是一种形象管理的过程。

(3)形象设计的系统化和可操作性。

职业形象是一个系统，职业形象设计是一项系统工程。只有形象设计的各个方面、各个步骤都系统化，才能使形象设计高效化。形象设计的方案要周密、具体、可操作性强，形象设计方案是一个行动计划，要付诸实施。只有周密、具体、可操作性强，才能将形象设计方案顺利地变成行动，取得理想的结果。

(三)气质与职业形象

法国著名作家斯丹达尔曾说："做一个杰出的人，仅仅有一个合乎逻辑的头脑是不够的，还要有一种强烈的气质。"

1 气质的概念

《现代汉语词典》中，气质是指人的相当稳定的个性特点，如活泼、直爽、沉静、浮躁等，是高级神经活动在人的行为上的表现。

心理学中的气质是指在人的认知、情感、言语、行动中，心理活动发生时力量的强弱、变化的快慢和均衡程度等稳定的动力特征，是人生来就具有的心理活动的典型而稳定的动力特征，是人格的先天基础。气质是人的个性心理特征之一，是一个人在情绪体验和行为反应的强度与速度等方面的特点，是一个人典型的、稳定的心理特点。

从美学角度来说，气质指的是一个人的风格、风貌和风度。

气质体现为神经系统的基本特征，是一种自然属性，是人的性格构成的基础。气质对人的性格的发展具有重大影响。

2 气质的分类

早在公元前 5 世纪，古希腊著名医生希波克拉底就提出了四种体液的气质学说。他认为人体内有四种体液：血液、黄胆汁、黏液和黑胆汁。四种体液协调，人就健康；四种体液失调，人就会生病。机体的状态取决于四种体液混合的比例。体液的混合比例在希腊语中被称为“克拉西斯”。

希波克拉底根据某种体液在人体内占优势而把人的气质分为四种基本类型：多血质、胆汁质、黏液质和抑郁质。多血质的人体内血液占优势，胆汁质的人体内黄胆汁占优势，黏液质的人体内黏液占优势，抑郁质的人体内黑胆汁占优势。几个世纪以后，罗马医生哈林用拉丁语“temperametnum”一词来表示这个概念。

我国古代的思想家孔子从类似气质的角度把人分为“狂”“中行”“狷”三类。他认为“狂者进取，狷者有所不为也”，意思是说，属于“狂者”一类的人，对客观事物的态度是积极的、进取的，他们“志大言大”，言行比较强烈表现于外。属于“狷者”一类的人比较拘谨，因而就“有所谨畏不为”。“中行”一类的人则介乎“狂者”与“狷者”这两者之间，是所谓“依中庸而行”的人。

我国春秋战国时期的医学中，曾根据“阴阳五行学说”，把人的某些心理上的个别差异与生理解剖特点联系起来。按阴阳的强弱，分为太阴、少阴、太阳、少阳、阴阳和平五种类型，并且每种类型各具有不同的体质形态和气质。古人又根据五行法则，把人分为“金形”“木形”“水形”“火形”和“土形”，各有不同的肤色、体态和气质特点。这两种分法是互相联系的。作为分类基础的“阴阳”与近代生理学研究中的“兴奋”和“抑制”有某些类似之处。

俄国生物学家巴普洛夫，认为有四种典型的高级神经活动类型，即活泼的、兴奋的、安静的、抑郁的，它们分别与希波克拉底的四种气质类型相对应，这也是人们平常所说的气质分类法。

人的气质类型可以用多种方法进行判断，完全界定在某一类型的人很少，多是介于各类型之间的混合型。每种气质都有其积极的一面和消极的一面。

3 气质与职业形象的关系

虽然气质并无好坏之分，也不能决定一个人的社会价值，但气质与职业之间是有一定的适应性关系的，研究和实践表明，气质特征是选择职业的重要标准之一。

个人气质会影响个人的工作方式和工作效率。人力资源工作者与就业者，应根据气质特点，在安排工作和选择职业时注意扬长避短，以便得到期望的效果。气质特征的正确判断为人们的职业发展提供了有利条件，能帮助人们更好地设计自身的职业形象。

气质与职业形象的关系如表 1-1 所示。

表 1-1 气质与职业形象的关系

气质类型	高级神经活动类型	气质特点	代表人物	职业形象	服饰形象
多血质	活泼型	活泼、好动、敏感、反应迅速、喜欢与人交往、注意力容易转移、兴趣容易变换	以《红楼梦》为例，代表人物是史湘云	外倾、好交际。健谈、幽默、自我表现欲望强；善于交际、积极主动、善于推销自己、适应性强。适合以人际沟通为主的、工作内容不断变化、环境不断转换并且热闹的工作。不适合单调或过于细致的职业	追求个性风格；服饰式样新颖前卫，给人一种朝气蓬勃的感觉
胆汁质	兴奋型	热情、直率、外露、急躁、精力旺盛、情绪易于冲动、心境变换剧烈	以《红楼梦》为例，代表人物是王熙凤	直率、外倾。热情、精力旺盛、脾气急躁、易冲动；主动性强、具有竞争意识。适合竞争激烈、具有冒险性和奉献型强的职业。不适合长期安坐的细致职业	讲究优雅、华贵的个性风格，给人以张扬又不失严谨感觉
黏液质	安静型	自制、内向、安静、稳重、沉默寡言、情绪不易外露、注意力稳定、善于忍耐	以《红楼梦》为例，代表人物是薛宝钗	完美主义者、内倾。善于忍耐；具有执着追求、坚持不懈的韧性，从而弥补其他素质的不足。适合医务工作者、教员等	讲究自然质感、成熟稳重的个性风格，给人以亲切质朴的感觉
抑郁质	抑制型	孤僻、情绪体验深刻、善于觉察别人不易觉察到的细小事物	以《红楼梦》为例，代表人物是林黛玉	孤僻、内倾。情绪体验深刻、感受性强、思虑周密、敏感细致。适合从事理论研究工作。不适合热闹、繁杂环境下的职业	讲究典雅、浪漫的个性风格，给人一种清新、明朗的感觉

现实中，个人气质不一定能恰好适合职业需求，这时候考虑的不是改变气质，或是改变职业，而是控制和引导个人的气质。职业形象塑造就是控制和引导个人气质的好方法，通过考察职业气质要求，测试自身气质特征，找到相互对应的符合程度，并强化它，能更好地促进个人职业的发展。反之，找到职业需求与个人气质不匹配的地方，通过职业形象塑造，可以强化积极的一面，避开消极的一面。

二、形象设计的发展历史

(一)形象设计的起源

形象设计作为人类的一种文化形态，其历史可谓源远流长。

形象设计最初源于人类对自身的装饰，人类对自身形象的装饰起初主要是为了美观，源于"爱美之心，人皆有之"的一种天性。

人类对自我形象的觉醒还表现在对自身的认识上。人类进入有意识制造工具的时期，便开始产生属于人类自身的审美意识。这种自身形象的装饰，直观地形成了某种权力、身份的表示，或力量与勇气的证明，促进了形象设计在社会意义层面的发展。伴随着物质文明和人类文化的进步与发展，无论是生理上还是心理上，人类对自我形象设计的意识在不断觉醒和增强。形象设计，体现的是人类对实用和审美的双重需要。

（二）国外古代形象设计的发展

形象设计在国外具有悠久的发展历史，并且较为普遍，图 1-1 所示为西方古代贵族形象设计。

图 1-1　西方古代贵族形象设计

1　古埃及人的形象设计

古埃及文明对西欧乃至全世界文明的形成有很大影响，古埃及人的形象设计具有强烈的象征意义。古埃及人的化妆造型发展很快。许多现代化妆技术就是从古埃及化妆中发展而来的，许多现代化妆工具的原始式样也是由古埃及人发明的。在发式造型上，古埃及人为了清洁，通常都会把头发全部剃掉，具有贵族身份与特殊地位的男女多戴假发。在服饰造型上，强调服装的象征意义和价值是其穿着的真正目的，其饰品大多华美而豪奢，这是埃及服饰美的魅力所在。

2　古希腊人的形象设计

灿烂的古希腊文化在艺术与建筑领域的成就尤为突出，古希腊人特别关注人体与精神之间的和谐。同他们的建筑一样，古希腊人的形象设计也在和谐比例中显现一种自然之美。古希腊人的化妆造型追求的是一种自然的审美价值。古希腊女性对于化妆并不重视，浓妆艳抹会遭到非议甚至唾弃。古希腊人的服装饰品最初是以实用为主，但随着时间推移，古希腊人开始佩戴珠宝等各种饰品。

3　古罗马人的形象设计

在欧洲历史上，古罗马文化大体上沿袭了发达的古希腊文化，同时又融汇了古代东方

文化和伊达拉里亚人特有的民族文化,辉煌的古罗马文化对于后世的西方文化有很大影响。其形象设计在显示社会阶层和人物身份地位上具有重要作用。古罗马人重视身体本身的美丽,特别是脸部清洁,通常保持干净的面容。在发式造型上,由于受各种根深蒂固的迷信图腾的影响,头发的作用不只是编结成各种各样的样式。古罗马男性基本为短发,女性则较为讲究,通常借助美丽的发式来弥补服装造型的平淡。大量服装饰品的使用是古罗马人炫耀财富和彰显身份的重要标志。

4 中世纪西方人的形象设计

5—15 世纪为欧洲的中世纪。中世纪的形象设计从地域上分为东欧形象设计和西欧形象设计,从时间上西欧形象设计分成文化黑暗期(5—10 世纪)、罗马式时期(11—12 世纪)和哥特式时期(13—15 世纪)三个历史阶段(图 1-2)。

图 1-2　中世纪西方人的形象设计

受宗教的影响,中世纪人们认为"化妆是亵渎的行为",这一观念造成了中世纪时期女性美容与化妆技术的没落。女性通常都把头发隐藏在帽子里,女性帽子款式得到很好的发展,出现了帽子的款式比发型变化还要重要的情况(这成为后来西方女性习惯戴帽子的渊源)。女性在穿着上,尽可能地把自己的身体围裹并隐藏起来,所以看不出身体明显的曲线。但中世纪女性对饰品的追求一直在不断变化,尤其是头部的装扮。图 1-3 所示为中世纪女性形象设计。

图 1-3　中世纪女性的形象设计

5 16 世纪西方人的形象设计

16 世纪，西欧出现文艺复兴，人文主义思想开始发展，精神上的自由也使人们在形象设计上开始充分展示自己的个性。许多艺术家都自行定出标准化的形象审美尺度，强调和谐的体态和成熟的形象。美容协会成立，以美容为主题的书籍相继出版发行，其中畅销书之一有吉恩・里鲍特在 1582 年出版的《人体化妆修饰艺术》。从中可以发现，口红、脂粉、水彩开始被大量使用，香水在此时期也应运而生并得到蓬勃发展。人们的自我意识越来越明显，当时的服饰文化强调矫饰性，就是通过服装来修饰身体的轮廓形象。图 1-4 所示为 16 世纪西方人的形象设计。

图 1-4　16 世纪西方人的形象设计

6 17 世纪西方人的形象设计

17 世纪的欧洲格局极为震荡，逐渐进入资本主义社会。上层社会的女性开始接触沙龙，追求豪华、讲究排场成为王公贵族表现政治权势、社会地位、个人身份的一种手段和方式。在这样一个时代，产生了以男性为中心的强有力的艺术风格——巴洛克风格。图 1-5 所示为 17 世纪西方人的形象设计。

图 1-5　17 世纪西方人的形象设计

此时期整个欧洲都热衷于化妆，人们心目中的美丽女性是丰润的朱唇、齐整的黛眉和明亮的媚眼，发型师逐渐受到重视并有一定的社会地位。男性除了蓄发外，还开始戴上蓬松而粗长的假发，纯粹以装饰为目的的假发迎来了一个全盛的时期。人们开始在着装方面

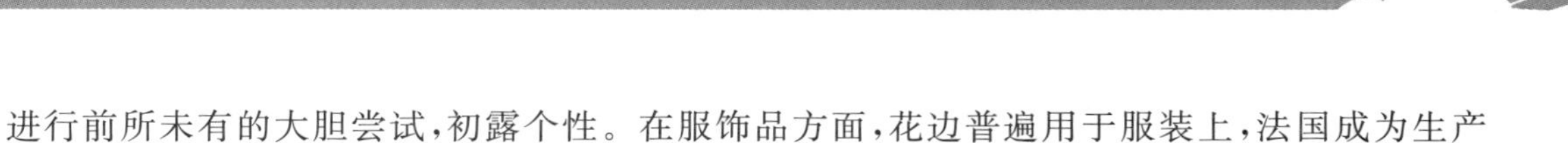

进行前所未有的大胆尝试，初露个性。在服饰品方面，花边普遍用于服装上，法国成为生产花边蕾丝的重要基地。

7 18 世纪法国大革命之前西方人的形象设计

18 世纪，随着资产阶级地位的不断上升，以男性为中心的巴洛克风格日渐消退，逐渐被以女性为中心、以沙龙为舞台展开优雅样式的洛可可风格所代替，女性的外在形象发展到登峰造极的地步。图 1-6 所示为 18 世纪法国大革命之前西方人的形象设计。

图 1-6　18 世纪法国大革命之前西方人的形象设计

8 18 世纪法国大革命之后西方人的形象设计

18 世纪法国大革命改写了西方历史新篇章，在西方的社会结构发生重大变化的同时，人们的审美思潮也有了新的发展，艺术风格转向了古典主义，在这样的时代背景下，男女形象也经历了巨大变化。人们此时开始崇尚自然，女性改变了之前夸张而巨大的发型，强调自然款式的短发，并把头发梳成松散自然的式样。这个时期女性从拘谨的服装中解脱出来，服装以瘦长为主，取代之前夸张的造型；男性服饰以表现挺拔、男性气概为主，一改之前所追求的阴柔特质，开始向现代服装风格发展。图 1-7 所示为 18 世纪法国大革命之后西方人的形象设计。

图 1-7　18 世纪法国大革命之后西方人的形象设计

9 19 世纪西方人的形象设计

19 世纪，随着工业革命的到来，隆隆的机器声改变了人们的生活节奏、生活方式和意识形态，19 世纪西方现代文明开启，从各个方面为 20 世纪西方新的生活形式做好了精神和物质上的准备。19 世纪西方女性开始重视偏向美化肌肤的梳妆打扮，出现相当多的发型款式，更加注重体态美，更加积极地运用束腹、裙撑、臀垫来营造具有流行感的体态形象。男性留络腮胡、短发，并通过高耸的礼帽和笔挺的服装来塑造刚毅俊挺的形象，表现阳刚的男性气概。图 1-8 所示为 19 世纪西方人的形象设计。

图 1-8　19 世纪西方人的形象设计

（三）中国古代形象设计的发展

事实上，中国关于形象设计的史料记载、典故，特别是绘画及文学作品很多，各种艺术形象深深地影响着中华儿女的形象设计，其中许多至今仍闪耀着璀璨的光辉。

1　先秦时期的形象设计

上古时期，人们已经开始了对自己形象的塑造和设计。夏、商、周三代是中华文化形成的非常重要的起始阶段，这一时期人们对形象美的执着追求为后人的形象设计打下了良好的基础。图 1-9 所示为先秦时期的形象设计。

图 1-9　先秦时期的形象设计

中国古代男女曾蓄发不剪，至传说中的燧人氏时期，女性才开始将头发挽起并束之于头顶，成为“髻”。从现有的考古资料来看，马王堆一号汉墓出土的陪葬品中已有胭脂般的化妆品。春秋战国时期便有点唇、画眉的风俗。大约在夏商时期，中国的衣冠服饰形制已见端倪，到了商周渐趋完善。商周时期的服装造型，主要采用上衣下裳制，衣服的领、袖及边缘都有不同形状的花纹图案，腰间则用带条系束。上衣下裳，是中国较早的服装形制，可以说是汉服体系的第一个款式。

2 秦汉时期的形象设计

秦汉时期，民间常服是上衣下裳制和深衣制（汉服体系中的第二个款式）并存，后来深衣逐渐代替上衣下裳，成为主流，此时裳较之前朝更加宽大。如果说汉服是一部交响乐，那么，深衣制就确定了这部交响乐的基调，是这部交响乐的灵魂。各式各样的红妆开始盛行，此时化妆品的使用已经非常的普遍，创下了中国女性形象设计史上的第一个高潮。根据《中华古今注》记载，秦代女性的发型有神仙髻、迎春髻、垂云髻等，汉代女性的发型以梳髻最为普遍。髻的式样很多，有迎春髻、垂云髻、堕马髻、同心髻、三角髻、反绾髻等。在汉代的各种发髻式样中，最突出的是堕马髻。图 1-10 所示为秦汉时期的形象设计。

图 1-10　秦汉时期的形象设计

3 魏晋南北朝时期的形象设计

魏晋南北朝是中国历史上战乱频繁、充满曲折的时期，是南北民族大融合的时期，社会的变迁，佛教、道教的兴起都在当时的形象设计中有着丰富的体现。魏晋南北朝时期女性化妆是先在脸上扑粉，再将胭脂置于手掌中调匀后抹在面颊上，颜色浓的称为“酒晕妆”，颜色较浅则称为“桃花妆”。魏时流行的发髻式样有百髻、福荣归云髻、灵蛇髻等，女性喜欢用假发来做装饰。

魏晋南北朝时期的服制，大致上仍承袭秦汉的样式，并吸收少数民族服饰特色，在传统的基础上有所改进，一般上身穿衫、袄、襦，下身穿裙子，款式多上敛下丰，衣身部分紧身合体，袖口肥大，裙子为多折裥裙，裙长曳地，下摆宽松，从而达到俊俏潇洒的效果。加上花样繁多的首饰，反映了当时奢华靡丽的社会风气。图 1-11 所示为魏晋南北朝时期女性形象设计。

4 隋唐五代时期中国人的形象设计

隋代在政治、经济、文化上都为唐朝奠定了坚实的基础，唐代人们的形象设计基本是沿

图 1-11　魏晋南北朝时期女性形象设计

袭南北朝时期人们的造型。唐代是中国历史上的一个鼎盛时期，尤其在盛唐时期，由于社会经济、文化的全面发展，安定的政治局面，为人们形象设计的创新和发展提供了有利的条件。图 1-12 所示为隋唐时期仕女形象设计。

图 1-12　隋唐时期仕女形象设计

■ **知识关联**

美不胜收的隋唐人物造型

唐代对外来的衣冠服饰，采取了兼容并蓄的态度，这使得该时期的服饰大放异彩，许多新颖的服饰纷纷出现，更富有时代特色，成为当时形象设计的一大特色，最具代表性的是袒胸、高腰、帔巾、明衣、胡服以及所谓的"时世装"等。隋代的化妆造型总体上崇尚简约；唐代的化妆造型在中国古代历史上达到富丽与雍容的顶峰，长眉、短眉、蛾眉、阔眉交替流行，各种眉型形成了中国历史上眉式造型极为丰富的时期。唐代女性画眉样式如表1-2所示。以小巧圆润为美的樱桃小口点唇造型，也是唐朝女性面容妆饰追求美的重要代表。

唐朝女性的发式也非常丰富，既承袭前朝，也刻意创新。唐代女性的发髻不仅式样很多，而且有各种不同的名称，基本上是崇尚高髻，并注重华美的饰物，可以说是琳琅满目。

表1-2　唐代女性画眉样式

序号	帝王纪年	图例
1	贞观年间	
2	麟德元年	
3	总章元年	
4	垂拱四年	
5	如意元年	
6	万岁登封元年	
7	长安二年	
8	神龙二年	
9	景云元年	
10	先天二年至开元二年	
11	天宝三年	
12	天宝十一年后	
13	元和初年	
14	贞元末年	
15	晚唐	
16	晚唐	

5 宋代的形象设计

两宋时期的统治思想是以程颢、程颐兄弟与朱熹为代表的，以儒学为核心的儒、道、佛相互渗透的思想体系——理学出现，宋代(特别是南宋)崇尚理性之美。在形象设计上宋代一反唐代的奢华，以纤丽、端庄与清秀为美，这也恰好与宋代女性的苗条身材相协调。与唐代服饰相比，宋代服饰较多沿袭传统服式，但又不乏颇具创新的形制式样，清新、朴实、自然、雅致是其特征。宋代女性的服饰形象与汉代近似，瘦长、窄袖、交领，以及颜色淡雅的各式长裙最为普遍。图 1-13 所示为宋代女性服饰形象。

图 1-13 宋朝女性服饰形象

6 辽金元时期的形象设计

五代十国后，辽金元与两宋前后并存，这些少数民族政权分别活跃在中国的北方和东北地区，这些少数民族人们长年过着以畜牧为主的游荡生活，他们的生活习惯、衣冠服饰和汉族截然不同，因此他们的形象设计既沿袭汉、唐、宋代的特点，又有本民族的特色。辽金元时期女性的化妆造型虽然有限，但都充满着异族情调。图 1-14 所示为元代女性发型设计。

7 明代的形象设计

明代对整顿和恢复传统的汉族礼仪十分重视。根据汉朝传统习俗，上采周汉，下取唐宋，结合当时的美学思潮，形成了清淡、简约的形象设计造型。明代女性的化妆造型偏向秀美、清丽，虽然少不了涂脂抹粉的红妆，但纤细而略微弯曲的眉毛、细长的眼睛、薄薄的嘴唇配上白净的脸，使脸庞显得纤细优雅，就像明代画家唐寅所说的“鸡卵脸、柳叶眉、鲤鱼嘴、葱管鼻”。当时的这种造型成为人们欣赏美的标准。图 1-15 所示为明代女性形象设计。

图 1-14　元代女性发型设计

图 1-15　明代女性形象设计

8 清代的形象设计

清代金人统一全国后，要求汉族人民的“衣冠悉遵本朝制度”，虽然充斥着尖锐民族斗争，但满汉两种不同文化却在相互渗透、交融中都得到了继承和发展，使得当时的形象设计在不同文化的碰击融合中出现崭新的面貌。晚清时西方文化的渗入，更为20世纪初中西形象设计并存奠定了基础。清代女性化妆造型也像明代女性一样薄施朱粉、轻淡雅致，形成面庞秀美、弯曲细眉、细眼、薄小嘴唇的形象。晚清时受西方文化的影响女性的化妆逐渐西化，传统的化妆旧法几乎全被淘汰。

（四）现代形象设计发展概况 

受时代发展和社会演进的影响，现代形象设计更关注人们内心的追求和职业的实用性。中西方由于社会、政治、经济、文化发展的不同，人们在形象设计上的理念和表现也不尽相同。

1 西方国家现代形象设计的发展

西方国家女性受新艺术设计美学的影响，整体形象由19世纪的古典风格逐渐变为20世纪的现代风格，西方国家女性开始积极地使用化妆品，色彩也变得丰富艳丽。

受第一次世界大战物资缺乏的影响，这一阶段的形象设计讲求实用，基本上是以维持简单的清洁为主，时兴的短发对发型现代化影响很大；人们开始从事社会服务工作，女性审美从之前所追求的S形轮廓美向追求个性化的人体天然形态美发展，强调刚毅坚强，甚至是具男性气概的形象。服装大师迪奥的“新外观”风潮使得形象设计又重新恢复到表现“华丽且具有女性化”方向上来，恢复追寻“强调柔顺婉约且深具女性化特质”的体态。

20世纪70年代，世界时尚舞台呈现出前所未有的多元化，民族风、运动休闲等多种风格同时出现，审美标准不再受某一种潮流所主宰。西方女性开始重视自身形象，持有化妆是一种礼貌、化妆能增加信心等观念，适当装扮自己，并且纷纷以运动的方式来锻炼身体，塑造健康体魄，牛仔服装、多姿多彩的套头衫风靡全球。

2 中国现代形象设计的发展

20世纪初，中国女性的化妆、发式、服饰造型大部分沿袭晚清遗制——崇尚内秀，强调内在美。但这一时期，一些时尚女性逐渐开始认同和追逐欧美时尚。服饰造型上追求“曲线美”，除西式裙装外，出现各式袄裙和受西式服饰影响的富有中国特色的改良旗袍。围绕思想潮流的此消彼长，旗袍在长短、宽窄、开衩高低以及袖长袖短、领高领低等方面展开“较量”，一款款展现玲珑曲线的旗袍成为这一时期的标志性装束。

解放战争时期，女性的面部修饰则以干净清洁为主，发型多是简约大方的短发或梳辫，女学生一般流行齐耳短发。一直到20世纪60年代，军装成为最时髦的装束，搭配格子、小花布衬衫和草帽。70年代，改革开放的春风吹来，各种色彩代替了单调沉闷的蓝灰黑，色彩鲜艳的裙装和羊毛衫是当时流行的服装。80年代，立体化妆、彩绘等新创意发挥得淋漓尽致，尤其是形象设计理念的推出，开始出现形象设计师职业，使形象设计更加突出自我和个性化。

20世纪末，优雅的灰色占据了世纪末中西方年轻人的心，一时之间，许多的女孩子都穿起了深浅不同的灰色，憧憬未来的人们又开始尝试“未来感”运动装。21世纪来临之际，无论是职业装还是休闲装，都向明净柔和的色调靠拢，以简洁的无扣装与具有未来感和展望性的运动风格装来装扮自己，迎接神秘庄严的21世纪。

总之，全方位的形象设计是社会发展的必然产物，也势必成为现代社会的一种时尚。形象设计作为一门新兴的艺术综合学科，正在走进我们的生活。无论是政界要人、商界领袖、演艺界明星，还是平民百姓，都希望有一个良好的个人形象展示在公众面前。掌握了形象设计的要素，就等于掌握了形象设计的艺术原理，也就等于找到了开启形象设计大门的钥匙。

三、职业形象设计的意义

职业形象设计是社会物质文明和精神文明高度发展的需要和必然结果，同时也是由形象设计在职业定位与职业发展中的重要作用决定的。通常，形象设计的意义可以从以下两个方面来概括。

（一）职业形象设计的个体意义

1 识别作用

据科学统计，人与人之间的第一印象是在1～7秒形成的。其中，外表形象占55%（显性因素：服装、个人面貌、形体、发型等），行为表现占38%（显性因素：声音、手势、姿势、动作等），真才实学占7%（隐性因素：教育背景、工作经验等）。由此可以看出，在人际交往中，个人的形象往往起着识别作用，在交往之初甚至起着决定性的作用。

职业形象是个人职业气质的符号，与个人的职业发展有着密切的关系。职业形象设计的个体意义主要体现在，它是以审美为核心，综合个人的职业、性格、气质、年龄、体型、脸型、肤色、发质等因素，通过化妆造型、服饰搭配、形体姿态，以及礼仪规范的合理展示，呈现一个人在职业群体中特定的地位、身份等，也就是其在职业环境中所充当的角色。形象可以被理解为一个人参与社会生活的“名片”。

2 归类作用

职业形象体现个人专业度和信赖感，代表职业竞争力。莎士比亚有一句名言：“如果我们沉默不语，我们的衣裳与体态也会泄露我们过去的经历。”在职场中，人们往往会通过一个人的形象来判断其年龄、身份、性格、专业度等，并予以相应的交往和沟通。正如我们常说的“55387”定律：对一个人的认知，55%是依据其外表形象，38%是通过其肢体动作、声音等，只有7%是通过其语言内容来了解的。

3 光环作用

职业形象设计是对人生的设计。如果说形象是生命，那么职业形象设计就是对人生的设计，是一项系统工程，也称为职业生涯设计，是对从业者的思想、行为和外表的系统设计。通过学习商务着装礼仪塑造外在形象，培养专业素养和价值观修炼内在气质，不断地从服装、化妆、设计、社会学、心理学等学科的学习中提升自己的综合素质和修养。形象提升，是人生成长的手段之一。通过形象管理，人们可以了解自身体格的优劣势，明白性格与服饰的互相映衬，增加信心，使职场、家庭更为融洽，从外在到内里逐一蜕变。

良好的职业形象设计可以帮助人们塑造外在形象，提升内在修养。形象管理不局限于技术，还涉及品位、修养等内在的提升，由内及外，内外兼修，这是形象管理技术所努力达成的效果。

（二）职业形象设计的社会意义

职业形象设计是人类文明的重要标志之一。对个人来说，体现着一个人的文化素质和生活态度；对企业来说，它标志着一个企业的兴衰成败；对于一个城市来说，它还会影响其经济文化的发展。因此，形象设计不仅个体意义重大，其社会意义也不容忽视。

形象管理技术是一门不仅带来美，更能够实现经济价值，且拥有广阔发展空间的实用学科。

■ 知识关联

职业形象与职业发展

职业形象和个人的职业发展有着密切的关系。

首先，一个人的内在品质可以通过形象得以表达，并且容易形成令人难忘的第一印象。第一印象在个人求职、社交活动中起到关键作用。特别是许多公司的人力资源部门在招聘员工时，对应聘者职业形象的关注程度相当高。一个求职者要想得到一个理想的职位，除了要具备丰富的学识及良好的品德等内在要素外，还必须在言谈、举止、服饰打扮、职业礼仪上加以注意，才能充分展示自己的最佳形象。奥斯特是迪金森大学的教授，他曾向300多家公司寄去同一虚构的求职者的个人简历（区别在于所附照片有的是求职者修饰形象前拍的，有的是修饰形象后拍的），请公司确定其薪水。结果，修饰形象后与修饰形象前相比，公司愿意付的薪水要高8%～20%。

其次，职业形象影响个人业绩。如果职业形象不能体现专业度，不能给客户带来信赖感，那么所有的销售技巧都是徒劳，客户认可的更多的是个人本身，特别是一些非物质性销售工作的职业人。即使是人力资源行政部门的人，如果在和政府机关、事业单位、合作伙伴打交道过程中，职业形象欠佳，也极有可能将良好的合作破坏掉。

再次，职业形象影响个人晋升。如果在同级层面上因为职业形象问题导致离群、被孤立、被排斥，那么就严重影响个人晋升；如果因为职业形象问题导致上司误会、尴尬甚至厌恶，也难以晋升。

美国一位形象设计专家对美国财富排行榜前300位中的100人进行调查，调查结果显示：97%的人认为，如果一个人的外表非常有魅力，那么他在公司里会有很多晋升的机会；92%的人认为，他们不会挑选不懂得穿着的人做自己的秘书；93%的人认为，他们会因为求职者在面试时的穿着不得体而不予录用。现实中我们也有很多这样的例子，同样是参加一个招聘会，有的人因为得体的穿着和良好的表现，在求职的过程中获得了很好的职位，有的人则因为没有注意到这一点而与机会失之交臂。所以要成功，就要从形象设计开始。

任务二 职业形象设计的原则

一、符合职业角色

职业形象是职业人从事本职工作时所必须具备的素养、特征、气质，这种职业形象可以显现专业的身份和仪表，在展示人格魅力的同时表现出职业的特点。职业形象设计就是将职业形象的构成元素、管理理论、养成方法和设计理论进行整合，通过系统性设计和习惯养成，使被设计者能够从职业气质、职业素养等方面达到职业的需求，进而达到辅助职业发展、展示职业者特质、提升成功潜力的目的。现代的职业形象设计还包括职业思想的渗透、职业价值观的建立、职业文化的培养等方面，是从思想、文化、制度等方面对职业者进行的有针对性、目的性、系统性的设计。

不同地区、不同行业的人对职业人的形象会有不同的看法与评价。因此，一个职业者区别于其他人的特色，便成为其树立职业形象的关键。职业形象的树立需要以职业角色以及自身品质、价值方式作为其保障和基础。

二、体现审美本质

美是人类的终极追求。从哲学的角度来看，美感是大乐和天地同乐。人需要审美，审美是人类理解世界的一种特殊形式，是人与世界形成的一种无功利的、形象的和情感的关系状态。因而，对审美的培养是人对追求美的需求，最终走向身心和谐的培养。

人们在社会交往活动中，为了相互尊重，在仪容仪表、仪态仪式、言谈举止等方面约定俗成，形成了一种共同认可的行为规范，即以一定的约定俗成的程序、方式来表现律己、敬人的完整行为，追求和谐和美好。从审美体验上来说，形象之美呈现了人们对美的向往和期待。审美所涉及的范围几乎遍及社会生活的各个方面。

形象美好是外在和内在的统一，要内外兼修、知行合一，内在美的输出需要外在表达方式，外在美又需要受到熏陶洗礼和灵魂的升华，最终走向真、善、美。

人们对于“美”的追求已经成为生活的重要组成部分。所以更要关注、引导人们积极正向的审美，塑造出形象美好、内外兼修的风格，引导人们拥有包容向上的心，渴望学习成长，形成传播美好文化的氛围。

因此，职场中，通过提升审美能力，达到从形式到内容、从个人需要到精神追求的实现，从而树立良好的礼仪形象，提高综合能力和素质。为职业人的职业发展及获得社会成功奠定良好的基础。

三、呈现综合素养

形象演绎的是一个人的整体表达，需要文化精神内涵作为支撑。审美的提升意味着内在美与外在美的融合，从自我内在的欣赏延伸到对外在世界美好的欣赏，走向人际关系的和谐。正确的审美观、高级别的审美品位，一一反映在礼仪与形象的表达中，自然呈现美好的人格。从审美体验上来说，美是智慧，美好的人和事会让人心生向往。形象美正是表达了人们对美的向往和期待。

职业形象，是一个人综合职业素养的显现。即使岗位不同，但是专业、自信的职业形象都必须具备。应通过培养正确的审美观和价值观，通过视觉层面、社交层面和精神层面三个维度，全方位塑造职业形象。

积极、美好、正确地表达出个性风格，加之礼仪修养，包括人的举手投足、行为举止和神态表情等，能更好地展示个人气质，通过不断的自我完善，综合呈现一个人的精神面貌和职业精神。

■ **知识关联**

职场中用微信沟通发语音合适吗？

事件1：王强是一家外资房地产公司的资深职业经理人，2020年房地产形势整体不好，但金字塔顶尖的人一直很抢手，找他的猎头很多。有一次，一位猎头说要介绍一个职位给他，王强对市场一直保持敏感，表示可以了解。这位猎头就开始给他发长长的微信语音，他听了一段语音后，猎头又接着发了两条更长的微信语音，王强摇摇头，不再理会。猎头又打来微信电话，王强直接回复“没兴趣，不适合”后挂了语音，并删除这位猎头。

事件2：张静是刚入职的职场新人，工作中用微信语音向领导汇报工作，却被领导批评态度不端正。事情是这样的，张静给领导发去一条文字“领导，给您汇报一下工作”，紧接着又发去了3条时长分别为16秒、18秒和20秒的语音信息。领导回复“在开车，发文字。”张静看到信息，心都凉了，接着就用微信语音转文字功能把语音信息转成了文字，稍做修改后，给领导发过去。本以为这事就这样过去了，可是月末开会，领导提到工作态度问题，就把张静发语音汇报工作的事情当作反面教材拿出来批评。领导是这样说的：“有同事给我发信息，大段大段的语音，阅读十分不便，这样态度很不端正！”虽然没有点张静的名，张静还是羞愧得面红耳赤。

专家提示：①通过微信语音进行信息交流时，很容易受到外界环境的影响，在关键信息中容易夹杂其他的内容，给收听的人带来干扰，获取信息的效率低下。②工作中的正式交流，用文字信息沟通，更容易突出关键信息。这种方式使对方能快速了解信息，使沟通效率更高。③通常对专业要求越高的人越保守，越希望能准确有效地获得信息来快速判断。而文字沟通的准确性能很好地保障沟通的效果。

任务三　职业形象设计的内容

一、职业形象设计的要素

随着社会的发展，形象设计已经不再是明星及专业人士所独有，普通职场人士对自己的形象也越来越重视，因为好的形象可以增加一个人的自信，对个人的求职、开展工作、晋升和社交都起着至关重要的作用。可以说，职场形象影响职场命运。

越来越多的职场人士急于提高自我形象设计能力，但又感到力不从心，往往投入较大却收效甚微，最重要的原因是忽略了职业形象设计的要素。

职业形象设计师有一套标准的服务流程，即通过专业诊断工具，从测试色彩归属、风格类型，到出具形象诊断报告，再到服饰搭配、陪同购物、衣橱整理。

职业形象设计师以精准的眼光、高超的技术，为顾客找到最合适的服饰颜色/款式、搭配方式和各种场合用色及最佳的妆容用色/染发色等，帮助顾客建立和谐的个人形象。

职业形象设计师需要有专业的诊断工具，如色布、图版、领型工具、色彩风格手册等，完成诊断后，根据结果为顾客进行形象打造。就像著名形象指导专家于西蔓老师所说的，你穿的不仅是衣服，更关乎你的价值；你化的不仅是妆，更关乎你的品质；你梳的不是发型，更关乎你的品位。

（一）审美品位

人需要审美，审美是人类理解世界的一种特殊形式，是人与世界形成一种无功利的、形象的和情感的关系状态。审美创造不仅表现在艺术创作中，也表现在人的形象里。形象设计是一种创造活动，审美品位高的人的心灵更丰盈、精神更饱满、人格更完善、能力更彰显。

在审美活动中，主体的整个身心都摆脱了功利欲望的束缚，自由自在地遨游在一个纯净的精神世界中，表现出人特有的对精神自由和绝对人生价值的追求。它对人的精神人格的塑造具有极大的积极作用。

（二）色彩与风格

形象设计的首要要素是色彩与风格的表达。比如，在权威与保守的职场风格中，着装风格应符合严谨低调、沉稳可靠的特点。在现代职场中，专业、权威可以通过外在形象更好地表达与融合，所以色彩表达应以深色和中性色为主。深色给人的心理感受是沉稳可信，中性色有利于平和的表达，冷色呈现理性冷静的情绪。同时，在着装风格上，既可以选择款式简约大方的西服套装也可以直接选择职业装等。衣服的面料要讲究精致考究。另外，配饰、包包等可以采用三色原则，整体呈现极简之美。

（三）化妆基础

化妆造型即利用化妆用品及用具，并运用一定的化妆技法进行的面部和头部的形象塑造，包括面部化妆造型和发式造型。

在化妆造型中，头部是一个人的中心，也是观者的视觉中心，得体、和谐、美丽的面部妆容和发型设计是给人留下美好印象的重要因素。所以说，化妆造型是形象设计构成要素中最为重要的部分。具体来说，在形象设计中要考虑人的身形、气色、声音、姿容等要素。

（四）职业妆容设计

精致的妆容不仅能够提升自信，还能给别人留下深刻的印象。职场化妆主要是为了保持良好的精神面貌，清爽自然的妆容能给人稳重、自信的感觉。职场妆容是职场人士因工作的需要，对自身形象包括面部、身体进行的一些必要的外在形象修饰，形成与职业属性相契合的装束和打扮。职业妆容设计的特点是形式多样、效果明显、男女有别、区域限制。通常化妆包括晨妆、晚妆、上班妆、社交妆、舞会妆等多种形式，这些妆容在浓淡的程度和化妆品的选择及使用等方面，都存在一定的差异。职场人员在工作岗位上应当化淡妆，实际上就是限定在工作岗位上不仅要化妆，而且只适合选择工作妆这一化妆的具体形式。

（五）美容保健与发型设计

通过了解美容保健常识，掌握皮肤的结构与生理功能；了解皮肤的分类和特征，掌握不同类型皮肤护理的原则，了解不同季节皮肤护理的规律；了解头发的生理构造，掌握基础护发、养发的方法。形成打造职业形象的意识，做好个人美容保健，表现良好的职业形象。

（六）服饰搭配

服饰搭配主要体现色彩、款式和风格方面的协调，整体上达到得体、美观的效果。搭配技巧根据不同情况从服饰搭配艺术上进行把握，彰显个人风采。

早在春秋战国时期就有“君子无故玉不去身”的说法。当时的贵族无论男女都佩戴美丽的雕玉，衣服由精致的花锦、文绣、白狐裘等制成，异常精美、价值极高，这些贵族以此来彰显生活的品位和地位。服饰搭配的高级感在于和谐，通过服饰搭配传递出个性、职业、教养与品位。

了解自己的体型，在基础搭配类型的基础上进行搭配。服饰搭配有一个原则，即扬长避短，遮住自己不理想的地方，显露自己的优势。所谓风格，大概如此。

另外，色彩的区分通常是相当细微的，以至于没有任何一个归类的色彩理论能够完美

地解释。不同材质、不同花纹、不同体型都能让相同的颜色给人不同的感觉。因此，在服饰搭配上更倾向于针对自己的情况做个案分析。

（七）职业礼仪修养

在《礼记·冠义》有这样的记载：礼义之始，在于正容体，齐颜色，顺辞令。

这句话的意思是：讲究礼仪的基本要求首先从自身言谈举止开始，做到衣着整洁，表情端庄，说话和气。

“衣冠不整，恕不接待。”许多公共场所经常见到这类提示语，反映出文明在社交场合的重要性。试想，有谁愿意和一个蓬头垢面、袒胸露怀、言语粗俗、举止轻浮的人相处，或者把他当作朋友呢？

从衣着、仪表、言谈举止这些细节入手，不断提高自身素质，既是尊重别人的表现，同时也是获得对方的好感和得到对方尊重的开始。

礼仪也是对礼节、礼貌、仪态和仪式等的统称，追求和谐和美好。从审美体验上来说，礼仪之美呈现了人们对美的向往和期待。礼仪所涉及的范围几乎渗透社会生活的各个方面。

成功的职业形象，展示给人们的是自信、尊严、力量、能力。它并不仅仅体现在表面，同时它也是一种辅助工具，唤起内在沉积的优良素质，通过得体的穿着和良好的礼仪让自身散发出一种成功者的魅力。因此，职业礼仪对于表达感情、增进了解和树立形象来说是必不可少的。职业礼仪是塑造形象非常重要的手段。言谈讲究礼仪，可以变得文明；举止讲究礼仪，可以变得高雅；穿着讲究礼仪，可以变得大方；行为讲究礼仪，可以变得美好。总之，一个人讲究礼仪，可以变得充满魅力。

二、职业形象设计的流程

（一）职业形象内外部环境分析

职业形象规划首先要提高对个人职业形象的认知，良好的个人职业形象规划能够使人全面、系统地了解应具备的基本职业规范，进而能逐步塑造与个人风格相符的形象，帮助人们提升自我认知、内心素养和个人素质，体现自身价值，更具勇气，更有信心，进而更充分地实现自我。

个人职业形象包括外在美（形体美、相貌美、修饰美等）以及内在美（精神美、心灵美、理想美、品德美、智慧美），通过衣着打扮、言行举止，反映人的个性、形象及公众面貌，能体现个人的职业思想、追求抱负、个人价值和人生观，这是与社会进行沟通的重要途径。

（二）职业形象定位

职业形象设计兼顾内外，在职场中打造全面表达自我、展现职业化的综合印象，是职业生涯规划的重要组成部分，是一个持续完善的过程。由于职场环境的转变，很多人缺乏对自我形象的认知，不具备对职业形象整体策划的能力，往往表现出各种不适应性。

如何更好地展示职业形象、适应职业规划发展是职业人士必须要面对的问题。

视觉要素最容易给他人留下深刻的印象。在公众场合中，尤其是第一次见面，形成良好的第一印象至关重要。这在心理学上称为首因效应。通过良好的第一印象可充分展现自己的综合能力，促进职业的持续发展。外化于行，塑造良好的职业形象是每个职场人士都必须具备的一种基本的职业能力。

在形象设计中，如果将体形要素、服饰要素作为硬件的话，那么文化修养及心理要素则是软件。硬件可以借助形象设计师来塑造和变化，而软件则需靠自身的不断学习和修炼。两者合二为一、内外兼修才能达到形象设计的最佳效果。职业形象定位主要构成要素包括：世界观、人生观、价值观；职业理念、职业信念、职业道德等职业价值观要素；自信心、人格、气质、智力、情感、潜意识、想象力等职业发展内部支撑要素。

（三）职业形象设计

职业形象是指在职场中通过外在形象、行为举止反映出的个人职业素养、品德修养和专业能力。

职业形象包含仪容仪表系统和行为系统。仪容仪表系统是职业形象的客观状态，主要包含个人的服饰、举止、姿态、风度等；行为系统是职业形象的运转系统，主要包含职业礼仪行为、职业能力行为等。

在职业形象设计中，提升审美意识是基础，色彩是形象风格的重要元素，妆容和发型的设计提升自信、展现职业精神，服装风格反映时代特色、审美品位和职业特点，礼仪养成构建工作中的行为准则。

人与社会、人与环境、人与人之间是相互联系的，在社交中，外在形象与谈吐、举止同等重要。良好的外在形象是建立在自身的文化修养基础之上的，而人的个性及心理素质则要靠丰富的文化修养来调节；具备了一定的文化修养，才能使自身的形象更加丰满、完善。

在视觉层面，通过形象设计，更好地展现职业人专业、自信的外在形象以及风格品位；在行为层面，通过形象设计，符合职业的社会期望值；在精神层面，通过形象设计，知行合一，实现真善美。

（四）实践反馈与优化调整

如今社会发展多元化，职场竞争激烈，任何职场人士都必须重视职业形象与修养风度的培养。个人形象不仅反映自身素养，也反映企业的管理水平和文化层级。因而，职业形象的塑造也越来越重要，不仅是对美好的追求，更是打造职业品牌、为获得职业可持续发展

奠定良好的基础。同时，职业形象的塑造也是职业素养的强大显现。

首先应建立正确的审美价值观。职业人士在重视专业技能的同时，也不能忽略内涵建设；既要外在表达，也要内在力量；传承文化，美好践行。

现代社会对职业人职业素养的要求越来越高，职业素养反映了企业文化和管理水平。职业者的形象可以向外界传递其知识水平、个人修养、品位层级等信息。因此，职业人根据自身特质，塑造自信专业的职业形象，从形象设计、礼仪规范等方面提升自己的审美品位，展现形象的作用与魅力。这些都对职业人士的综合能力、人格素养、人际沟通素养培养都有良好的促进效果。

■ 知识关联

色彩在职业场合的表达

医护人员一向以素雅洁净的白色着装为形象特征，让患者感受到信任和亲切。但是，这样有时候难免过于冷淡和乏味。近几年，许多医院改变了着装色彩，允许医护人员化淡妆。例如：儿科、妇产科的医护人员改穿粉红色服装，使人感到格外温馨。手术服装改为浅绿色，一方面，绿色象征着生机、祥和，有助于患者消除恐惧感，增强康复的信心；另一方面，绿色手术服不仅可以避免医生因红色血液产生视觉混乱而影响手术，同时还会缓解医护人员眼睛的疲劳。

美国心理学家阿恩海姆在他的《色彩论》中引用了一位足球教练的报告：把球队的更衣室漆成蓝色的，能使球员在半场休息的时候处于缓和放松的环境，室外涂成红色，是为了给教练临阵前激励球员提供一个更为兴奋的背景。

色彩在职业场合中是非常重要的视觉语言，它常常以不同形式的组合配置影响着人们的情感。因此，色彩是表达情感的一门艺术，是整个形象设计的灵魂。

项目小结

一个人的理想形象就是遵守礼仪、尊重他人，展示审美品位，追求美的和谐。形象之美呈现了人们对美的向往和期待。职业人内在的精神要素，是凝结在行为中的思想与理念，向外界传递其知识层次、个人修养、品位等信息。所以，我们应在职业形象的塑造中积累知识，提升自身文化素养。

同时，职场对人才的需求不仅体现在过硬的专业知识上，还要有着较强业务素质、良好职业道德修养。职业人要以正直诚信的品质、积极良好的职业形象和精神风貌，树立专业自信的职业形象。

项目训练

一、关于职业形象设计的认知

实训目标:能够理解职业形象设计的价值,形成正确的自我形象认知。

实训内容:完成自我介绍,了解他人眼中的自己。

实训成果:全班同学上台进行自我介绍,最后教师进行点评,点评内容包括服饰、礼仪和言语表达。

二、思考题

1. 如何理解形象设计的发展?

2. 如何塑造自己的职业形象?

项目二　职业形象设计的美学基础

项目目标

知识目标

以形象设计美学为基础，综合介绍形象设计美学的概念，美学基础知识，探讨形象设计美学的概念与审美等内容。

能力目标

通过对形象设计美学的学习，培养学生启智、育德的能力，提高学生在形象设计上的审美鉴赏力和创造力。

素质目标

具有科学的审美标准，掌握美学原则，在形象设计过程中，实现审美追求并完善。

知识框架

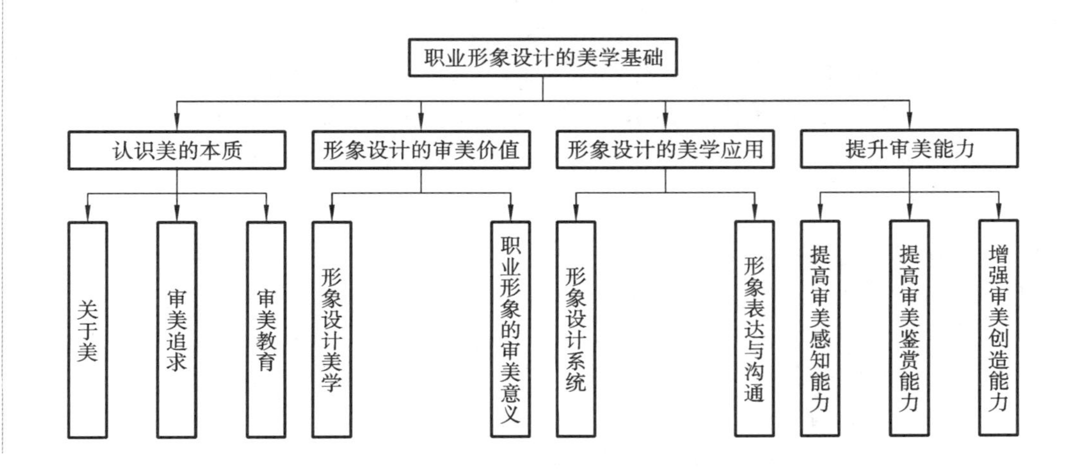

项目引入

2022北京冬奥会开幕式：一次东方美学的回归与超越

2022年2月4日晚，第二十四届冬季奥林匹克运动会开幕式在北京国家体育场举行，图2-1所示为奥运主火炬。

2022年春，世界的目光聚焦"鸟巢"。张艺谋导演作为首位"双奥"总导演兑现了他

图 2-1　第二十四届冬奥会主火炬

的承诺，一场空灵、浪漫、唯美的开幕式，彰显文化之美、艺术之美、精神之美、科技之美，再次惊艳世界。这场开幕式是中国的立春节气与奥林匹克运动会开幕式在时间上的一次邂逅，一朵“雪花”见证奥运与国运的交响。奥运会、G20峰会、园博会、世界文明大会，一次又一次的国际盛会，中国没有辜负世界，中国文艺工作者也没有辜负这个时代，在“用情用力讲好中国故事”中一次次超越自我，找到文化自信、文化自尊、文化自觉的复兴之路，回归真情、回归人民、回归素朴、回归精神。开幕式与其说是一场精彩绝伦的奥林匹克之夜，不如说是久违的东方美学又重新回到世界舞台中央的荣耀之夜。经济崛起与文化复兴是国家发展的双轮驱动力，在人类命运共同体的理念下，中国文艺工作者又一次向全人类贡献了东方智慧，让世界重新认识新时代的中国精神。立春，一个新的开始，一条中国携手世界共赴人类美好的康庄大道正在我们脚下延展。梦在前方，路在脚下，我们一起走向未来。

问题思考

1. 说说中国式审美给世界留下了什么样的印象？
2. 我们如何彰显文化自信？

任务一　认识美的本质

一、关于美

（一）美的定义

“美”作为汉语常用字，本义指漂亮、好看，除了表示具体事物的美好外，还用来表示抽象意义，如一个人品德高尚称为“美德”。美好的事物往往给人愉快的感觉，所以美有令人满意的意思，美有时也作动词使用，指赞美，又指使其漂亮。在许慎的《说文解字》中，“美”是个会意字——从羊、从大。段玉裁作注：羊大则肥美。羊肉味道鲜美，因而人们常常将“美”字拆成“羊”“大”，说“羊大为美”。图 2-2 所示为“美”字的变化。

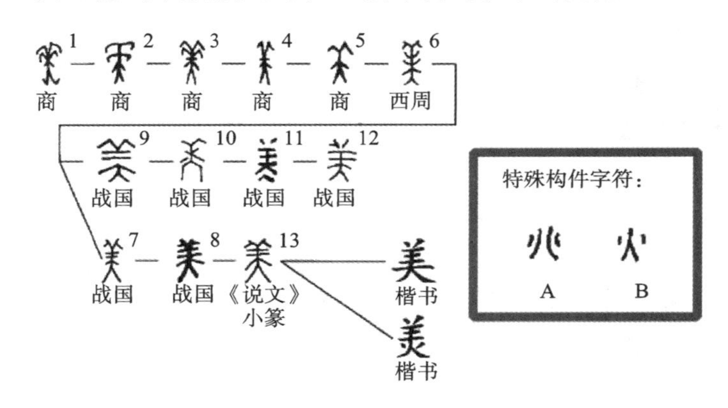

图 2-2　“美”字的变化

从甲骨文来看，“大”上部的构件像羽毛之类的装饰物。一人（大）的头上装饰着高耸弯曲的羽毛或类似的头饰，自然是美丽的，所以才表现美丽、美好等意义。

美，是指能引起人们美感的客观事物的一种共同的本质属性。美包括生活美和艺术美两个主要形态。生活美又分为自然美和社会美。

美是人类的终极追求。人类关于美的本质、定义、感觉、形态及审美等问题的认识、判断、应用的过程是美学。从哲学的角度来看，美感是大乐和天地同乐。人需要审美，审美是人类理解世界的一种特殊形式，是人与世界形成的一种无功利的、形象的和情感的关系状态。因而，对审美的培养是人追求美的需求，最终达到身心和谐的目的。

何为美？这是美学这门学科所研究的基本问题。每位哲学家对这个问题都有着自己的看法。这并不是一个简单的问题，通过美可以拓展世界的本源性问题的讨论。从古到今，从西方到东方，对“美”的解释是复杂的。古希腊的柏拉图认为美是理念；中世纪的圣奥古斯丁认为美是上帝无上的荣耀与光辉；俄国的车尔尼雪夫斯基认为美是生活；中国古代的道家认为天地有大美而不言。

“美”的定义概括起来有以下五个方面。

(1)美在客观说。

这一理论最初注重美的自然属性的研究,发现了有关和谐、比例、对称、多样统一等美的外观形式法则,后来侧重于社会美的研究,对美与生活的关系等问题有精辟的论述,代表人物有狄德罗和车尔尼雪夫斯基等。

(2)美在主观说。

这一理论认为美是人的意识、情感活动的产物或外在表现,这种理论在审美意识、审美心理、审美感情方面做了较为深入的探讨,代表人物有休谟、康德、柯罗齐等。

(3)主、客观关系说。

这一理论认为美既不在客观也不在主观,而在二者的结合中,但在论说中有倾向于客观的也有倾向于主观的。

(4)超自然说。

这一理论认为美是神或某种超越主、客观的“第三力量”创造的。

(5)社会实践说。

这一理论认为美的本质是人的本质的对象化、自然的人化,是合目的性和合规律性的统一、真与善的统一,是自由的形式。

上述各种美论相互对立,又相互影响、批判、吸收、继承,呈现出一种复杂的发展态势。

(二)美学的研究

美学(aesthetic)是一个哲学分支学科。德国哲学家鲍姆嘉通在1750年首次提出“美”学概念,并称其为感性学,也就是美学。

美学是研究人与世界审美关系的一门学科,即美学研究的对象是审美活动。审美活动是人的一种以意象世界为对象的人生体验活动,是人类的一种精神文化活动。

美学,既是一门思辨的学科,又是一门感性的学科。美学与心理学、语言学、人类学等有着紧密联系。鲍姆嘉通认为,美学研究的对象就是美,就是感性认识的完善。他说:“美学的对象就是感性认识的完善(单就它本身来看),这就是美;与此相反的就是感性认识的不完善,这就是丑。”这就是说,作为低级认识论的美学,它的任务就是研究感性认识的完善,也就是研究美。鲍姆嘉通认为美学是研究美的,而且以艺术为研究的主要内容,他说:“美学是以美的方式去思维的艺术,是美的艺术的理论。”

黑格尔在《美学》中指出:美是理念的感性显现,正是概念在它的客观存在里与它本身的这种协调一致才形成美的本质。自然美是理念发展到自然阶段的产物,艺术美是理念发展到精神阶段的产物,艺术美高于自然美。

黑格尔认为,美学对象是研究美的艺术。美学的对象就是广大的美的领域,它的范围就是艺术,或毋宁说,就是美的艺术。他所说的美并非一般的现实美,而是艺术美。他认为美学的正当名称是“艺术哲学”,更确切地说是“美的艺术的哲学”。根据美学是“美的艺术的哲学”这种名称,就把自然美排除在美学研究的领域之外。但黑格尔也研究自然美,他之所以研究自然美,是因为自然美是心灵美,即艺术美的反映形态。

二、审美追求

1 审美的价值与意义

当今社会正向着多元化发展，人的审美需求也不断增加。党的十九大报告指出：中国特色社会主义进入新时代，我国社会主要矛盾已经转化为人民日益增长的美好生活需要和不平衡不充分的发展之间的矛盾。

2 审美需求

随着各个行业的不断升级，审美需求从单一化转变到多元化，形成一个美学生态，这对从业人员的审美能力和美学素养提出了更高的要求。从审美体验上来说，美学呈现了人们对美好生活方式的一种向往和期待。随着人的需求不断增多，其审美需求也提升到前所未有的高度。这同时意味着，能够体现审美的各个环节变得越来越重要。比如，蕴含着品位层级和审美体验的环境和风格设计；人的仪容仪表、仪态仪式、言谈举止，还有礼仪文化、健康理念等，都体现了人们所能提供和创造的美，这都被时代赋予了更高的美的要求。

三、审美教育

审美教育是一种美的教育，狭义上是通过艺术手段对人们进行教育，广义上是运用自然与社会生活、物质与精神中一切美的形式，给人们以美的教育，以达到美化人的内在心灵，修正人的外在行为、视觉形象、举止行为等，从而实现人的美好愿望。18 世纪席勒的美育思想认为审美教育即通过审美使人的感性与理性得到调和，人性获得完满、自由。席勒的审美教育思想对人们今天提倡的素质教育有深远的启发、借鉴作用。审美的过程也是一个唤醒美好的过程，缺乏审美教育，会缺失很多美好而独立的东西。

美育是培养一个人的重要部分。未来的人才更需要提高审美品位、展示良好形象、追求美好和谐。目前，审美教育还是存在着形式单一甚至缺失的现状，美学素养需要多方面的共同努力。当然，美学素养的欠缺，是多方面因素造成的。我们应学会更好地认识美、发觉美，再学会创造美、传播美，在实践中呈现美，学会鉴赏与表达美。从审美教育的角度出发，培养审美的人，以美育来启发引导人，这样可以促进人的全面发展，才能让大学生的心灵更加丰盈、精神更加饱满、人格更加完善、能力更加彰显。

现代社会人们普遍具有生存与发展的压力，加之竞争造成的不平衡，造成了很多人存在对美的认知的不重视和审美取向的偏差，制约了人们审美能力的提升。所以，审美教育尤为重要，审美的时代的到来使得审美在教育中渗透，唤醒对美好的追求，更好地实现人的全面发展。

■ **知识关联**

“只此青绿”，一美千年

央视网消息：2021年，讲述传世名画《千里江山图》创作历程的舞蹈诗剧《只此青绿》（图2-3）以饱含哲思的中国传统美学意蕴征服了观众的心。2022年除夕夜，《只此青绿》登上春晚舞台，用舞蹈之美引领观众步入充满现代意蕴的中华美学殿堂。

图2-3　舞蹈诗剧《只此青绿》

《只此青绿》的表演采用时空交错的叙事结构，讲述了展卷人潜心钻研《千里江山图》，跨越时空走入北宋画家王希孟的内心，看到了王希孟为了绘制《千里江山图》倾注自己毕生心血的曲折历程。《千里江山图》的成型逻辑从织绢、磨石、制笔到制墨，从清淡一直到浓重，最后形成了青绿的色彩。

另外，该剧也是“庆祝中国共产党成立100周年舞台艺术精品工程”重点扶持作品。

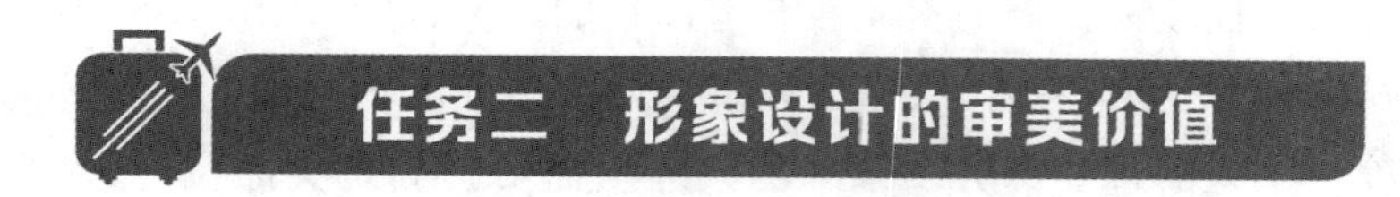

任务二　形象设计的审美价值

随着时代的变迁，互联网技术也不断发展，人工智能的出现，给生活带来了很多改变。审美也与时俱进，开始贴近当下的新时代个性风格和新需求。同时，为彰显时代特征，人们对“美”的追求已经成为自我追求的重要组成部分。所以，形象设计更要关注、引导积极正向的审美，塑造形象美好、内外兼修，引导人们拥有敬畏之心、包容之心和渴望学习成长的心，形成追求自信、美好的状态。因此，可以借由审美教育的渗透，通过提升审美能力，实现从形式到内容、从功利需求到精神追求的实现，从而树立个人品牌，提高综合能力和素质。

美育，能够助力人格的完善，促进人的全面发展。审美的提升意味着内在美与外在美的融合，从自我内在欣赏延伸到对外在世界美好的欣赏，走向人际关系的和谐，自然呈现美好的人格。一个人的综合表达，文化精神内涵非常重要。从审美体验上来说，可以将审美教育链接到专业教育中，渗透个体成长的过程中，通过培养个体正向坚定的审美价值观，从

而指引其实现形象美好、仪式得体、知行合一，走向真善美。

一、形象设计美学

美是人类的终极追求。人需要审美，审美是人类理解世界的一种特殊形式，是人与世界形成一种无功利的、形象的和情感的关系状态。因而，对审美的培养是人追求美的需求，最终走向身心和谐。

审美心理是指人在审美实践中以审美态度感知审美对象，从而在审美体验中获得愉悦和快活的自由心情。审美是人对客观对象的美的主观反映。美学研究是对美感、艺术创造和艺术欣赏等心理学方面的研究，包括人的审美感知、情感、想象、理解等。审美观对审美心理起着一定的导向作用。人的审美心理产生于生产和社会生活实践，并在长期历史进程中逐渐发展、丰富和完善。

从审美体验上来说，形象之美呈现了人们对美的向往和期待。《论语・雍也》中记载：质胜文则野，文胜质则史。文质彬彬，然后君子。君子成为中国人追求内外兼修、德才兼备的目标。在人的社会交往中，审美修养体现在遵守礼仪、尊重他人、好的审美品位、良好的形象、美的和谐等方面。我们常把形象看作一个人精神面貌的体现。形象既是一个人内在修养和素质的外在表现，也是一种交际表达方式。

二、职业形象的审美意义

现代社会对人的职业素养要求越来越高，因为人才素质反映了企业文化、管理水平，以及品牌价值。职业形象可以向外界传递职业人士的知识水平、个人修养、品位层级等信息。随着大众的审美品位和要求不断升级，行业能够体现审美理念的各个环节变得越来越重要。美育应注重如何更好地将内涵外延化，因为内在的能量有时不能被直接感知，内在如何呈现出来，如何更具有优势和风格，都是当下要突破的。在审美培养里，可以学习鉴赏和选择的方法，建立正确的审美观，朝向美好。因而，审美的培养和提升，能够更好地显现外在之美，传播职业之美。

职业之美具体表现在仪容、仪表和仪态等外在的形式上，反映的是内涵、气质和修养。它以最直观的视觉效果，体现在与人沟通时的第一印象中。有研究数据分析了第一印象中影响因素的占比：外在形象占55%，举止行为占38%，谈话内容占7%。这一数据显现了审美的重要价值。所以职业人士应更好地展示职业气质，不断完善自我，综合呈现品牌文化的精神面貌，焕发职业风采。

职业人士想要在社会竞争中把握住机遇、获得优势并不容易。美育能助力职业人士的综合职业素养和全面发展，因而，通过审美教育的潜移默化，能够激发人的潜能，指引更高层级的追求。审美教育不仅能够优化外在形象表达，学会遵守社会规则，而且能够帮助职业人士提升就业竞争力，推动职业规划的进阶，塑造良好的个人形象。

重视个人的职业形象与礼仪修养的培养，不仅要注重专业技能的提升，也要重视内涵建设；既要重视内在力量，也要重视外在表达。

■ **知识关联**

职场女性独立醒目的新风尚

近几年来，热播剧中的职场女性形象在传统媒体与新媒体的推动下逐步走热，下面我们来探究职业女性形象塑造的背后原因。

对现阶段热播剧中所呈现出的比较热门的职业女性形象进行梳理和分析，发现这些职场女性形象包括“女强人”形象、“辣妈”形象等。

热播剧中职场女性形象建构的现实性启示，包括对于职场女性形象文化影响的阐述。随着时代的进步与发展，现代女性的社会地位在逐步提升，以电影电视为社会思想表达与传播的文艺宣传方式层出不穷，其中表达新时代女性形象的都市电影电视正在成为当下一种新的影视文化现象。如今越来越多的人开始关注女性，而影视剧作紧跟社会时代潮流，准确地、多样地、多维度地反映社会价值观。影视剧中的职场女性人物形象上的塑造，重在强调角色的自主性，给予角色自主发展的空间。图 2-4 所示为职场女性形象。

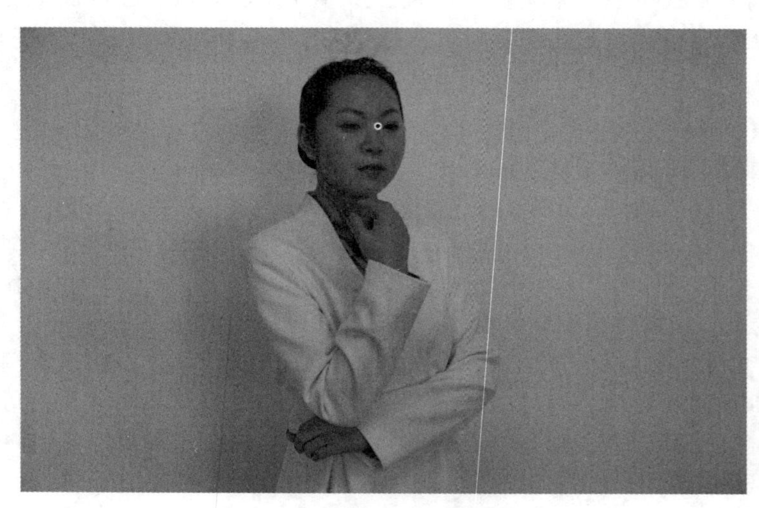

图 2-4　职场女性形象

任务三　形象设计的美学应用

每个时代都有自己的审美，随着社会进步和人们生活水平的提高，当下人们对审美有着极为全面的需求，也更加注重审美文化带来的价值。

美学越来越受到人们重视，不断地对社会各个层面产生更为深远的影响。形象美学将独特的美学思维融入职业形象，美学应用对职业发展起着积极的作用，特别是呈现了形象设计与气质美。

一、形象设计系统

通过形象设计来美化和塑造个人风格，通过提升个人审美来正确表达出个性风格，加之行为举止和神态表情管理等，更好地展示个人气质，不断完善自我，焕发一个人良好的精神面貌。

在视觉层面和内在层面，通过形象设计建立形象设计系统，更好地展现专业、自信的外在形象及风格品位。

首先，视觉层面最容易给他人留下深刻的印象。形象设计的首要要素是形象色彩的表达。比如权威与保守的职场风格中，着装应符合严谨低调、沉稳可靠的特点。在现代职场中，专业权威可以通过外在形象更好地表达与融合。

着装款式应简约大方，可直接选择职业装、西服套装等。面料讲究精致考究。另外，配饰可以采用三色原则，整体呈现极简之美。着装应遵循国际通用的着装规范——TOP 原则。TOP 分别代表时间(time)、场合(occasion)和地点(place)，指的是在不同场合应有不同的着装特点和要求。着装要符合时间、地点和场合，重点在于得体，并追求人与场合的和谐与平衡。例如：比较正式的场合里选择正式的职业装或西服；社交场合选择得体的礼服或西服；而较为轻松的环境里可选择简单方便舒适的搭配。着装还要考虑与具体的职业岗位匹配。但是忌过于时尚和夸张的装扮。

形象设计也应注重如何更好地将内涵外显，将内在能量呈现出来，因为内在的美有时未能被感知。因而，审美的培养和提升，要将内在能量通过外在表达，更好地显现并传播。

二、形象表达与沟通

世界是个大舞台。莎士比亚曾经写过：所有男女不过是这舞台上的演员，他们各有自己的活动场所，一个人在其一生中要扮演很多角色。形象演绎的是一个人的整体表达，需要背后的文化精神内涵支撑。职业人士由于工作场合的转变、生活社交的需要，经常会处于不同的环境中，场合意识尤为重要。在不同的场合，其外在形象就要根据身份角色和场合规则适当调整，符合礼仪规范和惯例，做到与身份、与周围环境、与场合一致。这样才能展现职业人士可靠、值得信赖的职业形象。稳重大方、干练果断，更有利于建立信任与合作。这些都体现在形象表达与沟通中。

首先，建立亲和力。人们在社会交往活动中，为了相互尊重，在仪容仪表、仪态仪式、言谈举止等方面约定俗成了一种共同认可的行为规范，以约定俗成的程序、方式来表现律己、敬人的完整行为。职场中树立良好的形象和建立良好的信誉是职场必修课。现代职业人士必备的素质包括仪容仪表、语言谈吐和行为举止的整体和谐。通过提升个人品位，更好地展示个人风格，建立亲和力。

其次，提升表达力。通过有效沟通来实现表达。通过有效的沟通，将所学知识和工作能力得以更好地发挥与展现。职业人士应带着责任心和使命感，在工作中创造更多的价值。从职业素养来说，现代社会对职业人士的职业素养要求越来越高，因为反映了所在的企业文化和管理水平。职业人士的形象可以向外界传递其知识水平、个人修养、品位层级等信息。我们常把形象看作一个人精神面貌的体现。既是一个人内在修养和素质的外在表现，也是一种交际表达方式，是交往中约定俗成的示人以尊重、友好的习惯做法。

事实上在生活中，为了更好地实现目标，建立更顺畅的人际关系，我们几乎随时随地都在进行自我呈现，而且作为一个职业人，职业形象是外在和内在的统一，要内外兼修，知行合一。

■ **知识关联**

形象设计师

20世纪80年代末，我国的形象设计业开始发展，随着人们对美的认识和要求不断增多，市场需求越来越大，形象设计人员开始出现，形象设计职业也越来越受到欢迎。

人物形象设计作为一门新兴的综合艺术学科，正在走进我们的生活。无论是政界人士、商界领袖、演艺界明星，还是平民百姓，都希望有一个良好的个人形象，并展示在他人面前。掌握了人物形象设计的要素，就等于掌握了形象设计的艺术原理，也就相当于找到了开启形象设计大门的钥匙。人物形象设计的要素包括体型要素、发型要素、化妆要素、服装款式要素、饰品配件要素、个性要素、心理要素、文化修养要素等。

任务四 提升审美能力

有人认为，一个人的审美水平，决定了这个人的竞争力水平，确实如此。审美能力是指人感受、鉴赏、评价和创造美的能力。审美主体凭自己的生活体验、艺术修养和审美趣味有意识地对审美对象进行鉴赏，从中获得美感。审美能力是可以后天培养的，发展审美能力，是审美教育的重要任务。

一、提高审美感知能力

爱美之心，人皆有之。审美在我们的生活中随处可见：当你漫步在美术馆，为一件美术作品而驻足和思考时；当你打开手机或者印刷精美的书籍，为映入眼帘的艺术作品而惊叹时；当你与某个建筑合影，为其精美和宏伟感叹时。无论何时何地，当一件艺术作品带给我们某种美好的感受时，我们就进入了审美的世界。

人的审美意识起源于人与自然的相互作用过程中。美育以一定的教育手段，培养和强化人的感知力、想象力，丰富人的情感，拓展人的精神世界，提高人的创新求异能力，具有形象性、娱乐性、情感性、个人创造性和潜移默化等特点。

很多人在个人发展中出现信心不足、急功近利、精神世界匮乏等偏差，可通过参加艺术活动、艺术鉴赏等形式，借助各种形态的美的魅力来唤醒人们对美的感知力、想象力，引导人们形成积极的心态，以最饱满的状态投入生活或学习中。拓展和丰富人们的精神世界，

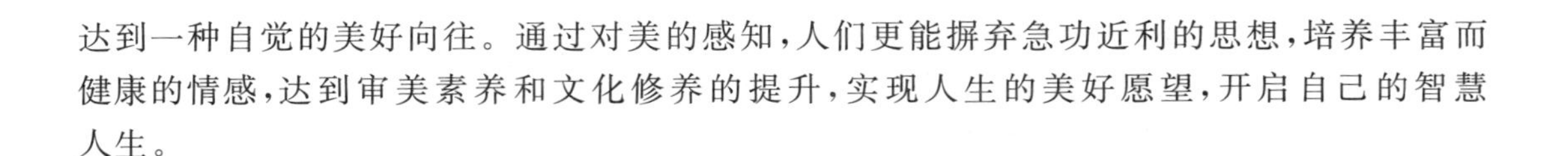

达到一种自觉的美好向往。通过对美的感知，人们更能摒弃急功近利的思想，培养丰富而健康的情感，达到审美素养和文化修养的提升，实现人生的美好愿望，开启自己的智慧人生。

二、提高审美鉴赏能力

美是智慧，美好的人和事会让人心生向往。审美的过程是一个唤醒美好的过程。通过审美鉴赏的学习，培养审美鉴赏能力，形成正确的审美观，拥有了一双审美的眼睛，这对于个人未来人生发展有着重要价值和意义。

审美观的培养是从审美的角度看世界。审美观是在人类的社会实践中形成的，和政治、道德等其他意识形态有密切的关系。社会集团的人具有不同的审美观。审美主体通过主体性的发挥，自觉建构审美观。大道至简，通过培养正向坚定的审美观，能指引和实现美好形象，知行合一，走向真善美。

拥有鉴赏能力可以让人们鉴别和判断事物的好坏、真伪，从而激发对于美好事物的想象与追求，并通过鉴赏活动提高自己的艺术修养，最终提升自己的创作能力。

三、增强审美创造能力

审美创造能力是人在审美中能动创造的能力。审美创造能力是人的创造力中的一种基本能力，包括创造新观念、新理论、新思维、新方法、新手法的能力和创造新审美意象、新艺术形象的能力，表现在审美感受力、判断力、概括力、想象力、审美意象创造力等形象思维能力和艺术意象、意境创造力、艺术表现力以及审美评价的分析综合力等方面。

人们应勇于挑战自我、探索未知。审美创新能体现人的本质力量。人的学习和成长，是一个发现自我、认识自我到自我觉醒的过程，这不仅能实现人们对美好的追求，更能塑造个人形象，为从事职业并获得可持续发展奠定良好的基础。

审美创造能力的培养可通过广义上运用自然与社会生活、物质与精神中一切美的形式，顺其自然地感知世界，激发人的潜能，指引更高层级的追求。所以，通过知行合一来培养审美创造能力，是人生的重要必修课。

■ 知识关联

美育，有什么用？

中共中央办公厅、国务院办公厅印发《关于全面加强和改进新时代学校美育工作的意见》（以下简称《意见》），这一重要文件对标习近平总书记重要讲话和全国教育大会精神，从更高站位出发，对学校美育工作进行再认识、再深化、再设计、再推进，进一步凸显美育的价值功能，聚焦突出问题，内容极其丰富。

1. 弘扬中华美育精神，塑造美好心灵

《意见》强调学校美育要弘扬中华美育精神。弘扬中华美育精神有许多方面，其中一个重要方面就是把塑造“心灵美”放在首位。

2. 完善美育课程和教材体系，注重中国特色，注重艺术经典

《意见》强调要完善美育课程设置，构建大、中、小、幼相衔接的美育课程体系，明确各级各类学校美育课程目标，同时要加强大、中、小学美育教材一体化建设，注重教材纵向衔接。

3. 关注美育的理论支撑，加强美学艺术学基础理论的研究和美学艺术学课程建设

《意见》在全面深化教学改革这一部分，提出要加快艺术学科的发展，鼓励有条件的地区建设一批高水平艺术学科创新团队和平台，整合美学、艺术学、教育学等学科资源，加强美育基础理论建设，建设一批美育高端智库。在美育课程和教材体系建设这一部分，《意见》提出，高校公共艺术课要形成以美学和艺术史论类、艺术鉴赏类、艺术实践类为主体的教材体系，同时鼓励高校和科研院所将美学、艺术学课程纳入研究生教育公共课程体系。

4. 加强美育教师队伍的建设和校内外文化环境的建设

加强美育教师队伍建设，这是新时代学校美育工作的重中之重。加强美育还需要加强校内外文化环境建设。

《意见》还提出，要营造全社会共同促进学校美育发展的良好社会氛围，这非常重要。影响学生的不仅是学校环境，而是整个社会的文化环境。影视、美术、音乐、网络游戏、平面媒体、广告以及互联网的人文内涵、格调、趣味、价值观和政治倾向，是构成社会文化环境、文化氛围的重要因素，对青少年的人生观、审美和性格、人格的形成影响非常大。我们必须加强对社会文化环境的管理和建设，清除不利于青少年精神健康的因素，特别要注意扫除各个文化领域的垃圾和文化毒品。

（选取部分来自网络：《光明日报》）

项目小结

随着各个行业的不断升级，对美的需求从单一化到多元化，审美被提到了前所未有的高度。职业形象设计不再以单一职业特征为唯一，能够体现职业审美的各个环节变得越来越重要。通过平衡人与美学之间关系，让人们通过对美学的认识和形象设计美学的应用，达到职业审美的需求。在形象设计中融入美学，体现了不同企业文化与时代发展的重要特征，这对职业人员的审美能力和美学素养提出了更高的要求。

审美能力不仅与审美主体的身心结构、审美经验、美学知识、文化素养有关，更与审美主体的审美鉴赏标准有直接关系。由于审美观的不同而显现出个性差异，因此个体审美鉴赏能力，既存在个性差异也存在着职业共性。审美能力在学习、训练、实践经验、思维能力、艺术素养的基础上形成与发展，是感性与理性、认识与创造的统一。审美能力的提高，有助于以美的规律和美的理想去改变世界，发展文明的、健康的、科学的生活方式。

如今的职业形象无论在美学理念以及文化内涵，还是在造型设计应用等方面都有了极大的需求和变化。我们不仅需要学习美学基础和应用，还要关注形象美学与自我的和谐，不仅要从人的审美需求出发，也要贯穿始终地考虑职业的特点和发展。

审美的提升意味着内在美与外在美的融合，从自我内在欣赏延伸到对外在世界美好的欣赏，走向人际关系的和谐。美学是智慧，美好的人和事会让人心生向往。大道至简，让美学渗透到形象设计中，渗透到每一个个体职业成长的过程中，通过培养正向坚定的审美价值观，指引并实现形象美好、仪式得体，知行合一，走向真善美！

项目训练

1. 结合专业，思考如何培养审美能力。
2. 分享你喜欢的或印象深刻的一件艺术作品、一位艺术家或一种艺术风格。

项目三 职业形象设计的色彩应用

项目目标

知识目标

通过本项目的学习与实践，了解形象设计中色彩的基本概念和内容，重点理解形象设计应具备的色彩表达能力。

能力目标

通过对色彩基础的学习和色彩表达的体验，从而掌握职业形象设计的色彩应用。

素质目标

色彩作为形象设计中一个重要的因素，在服饰搭配、发型妆容设计等过程中体现整体造型美，呈现完美的形象。

知识框架

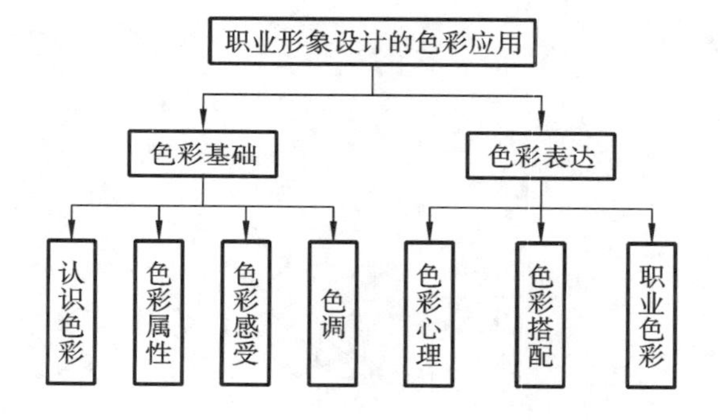

项目引入

海南航空第五代乘务员制服——古典美与现代美的极致色调

2018年6月6日，海南航空控股股份有限公司（以下简称“海南航空”）打造全新乘务员形象——“海天祥云”（图3-1），搭配温婉素雅的全新妆容，实现海南航空品牌形象的全面升级。

海南航空第五代乘务员制服为“海天祥云”。由知名服装设计师劳伦斯·许和知名化妆师毛戈平合作设计，海南航空成为首家登上巴黎高定时装周的中国航企。“海天祥云”的最大亮点在于中国传统元素与国际时尚的结合。制服用旗袍作底，领口为“祥云漫

图 3-1　最美制服“海天祥云”

天”，下摆为“江涯海水”，以“彩云满天”为基，寓意海南航空大鹏金翅鸟翱翔于云海之间的辉煌意境。

新制服整体色彩以灰色为基底，搭配黄色海浪和红色蝠燕，凸显了恢宏大气的设计观感，也传递着东方的神圣魅力；旗袍袖口采用七分袖，简洁大方的视觉更增加了干练感。精致的西式立体剪裁，既紧跟时尚潮流，彰显国际化品质和品位，又营造出精致和专业化的观感。

“海天祥云”既是“祥云漫天，江崖海水”设计理念的直观表达，亦寓意着海南航空大鹏金翅鸟翱翔于云海之间的辉煌意境；英文名“The Rosy Clouds”取自徐志摩经典诗作《再别康桥》中的“To the rosy clouds in the western sky”。将东西方文化的美好意蕴融入全球美学语境，呈现海南航空的诗意人文与匠心情怀。

全新妆容搭配“海天祥云”制服，海南航空联合东方文化化妆艺术大师毛戈平，共同打造温婉内敛又干练精致的全新妆容。新妆容采用清透、无瑕的“裸”底妆，给人轻松愉悦的感受。典雅哑光浅豆沙色唇妆和客舱内饰相呼应，微珠光大地色暖色调眼影与蓝灰色旗袍制服和暖色客舱内饰统一协调，整个造型突出了女性的温婉和空中乘务员的亲切感。经典造型与美丽优雅的制服搭配在一起，塑造出海南航空空中乘务员专业、优雅的东方女性职业形象。

此次品牌形象的全面升级，以全新的形象为广大旅客带来更多美好体验。

问题思考

1. 你认为这次形象升级会给品牌带来怎样的优化？

2. 形象塑造对品牌建设的影响有哪些？

任务一 色彩基础

提到“中国红”,你的脑海中会出现怎样的红色?通常大家会想到五星红旗,内心汹涌澎湃,充满自豪感!

色彩,不仅仅是视觉感受,还承载了文化和历史。色彩表达成为独有的语言。

一、认识色彩

说到色彩,人们的第一反应往往是红、橙、黄、绿、蓝、靛、紫。现代科学研究表明,一个人从外界接收的信息90%以上是由视觉器官输入大脑的,来自外界的一切视觉形象,如物体的形状、空间、位置的界限和区别,都是通过色彩区别和明暗关系反映的,而视觉的第一印象往往是对色彩的感觉。

色彩是一种涉及光、物与视觉的综合现象。对于色彩的研究,自17世纪的科学家牛顿真正给予科学揭示后,色彩才成为一门独立的学科。在漆黑的房间里,只在窗户上开一条窄缝,让阳光照射进来并使阳光通过一个玻璃三棱镜,结果出现了神奇的现象——在对面墙上出现的不是一片白光,而是一条七色光带,按红色、橙色、黄色、绿色、蓝色、靛色、紫色的顺序一色紧挨一色排列着,这条七色光带就是太阳光谱。牛顿之后大量的科学研究成果进一步告诉人们,色彩是以色光为主体的客观存在,给人一种视像感觉,产生这种感觉基于三种因素:一是光;二是物体对光的反射;三是人的视觉器官——眼。不同频率的可见光投射到物体上,一部分频率的光被吸收,另一部分频率的光被反射出来刺激人的眼睛,经过视神经传递到大脑,形成对物体的色彩信息,即人的色彩感觉。光、眼、物三者之间的关系,构成了色彩研究和色彩学的基本内容,同时亦是色彩实践的理论基础与依据。现在,色彩已经成为一门独立的学科,人们对色彩的认识与应用从感性上升到理性。

(一)色彩的概念

“色彩”作为汉语词汇,意思是颜色,即物体表面所呈现的颜色。色彩也用来比喻某种情调或思想倾向。

色彩还因用途之不同,有以下定义。

1 化学

色彩表示染料、颜料及其他物质等的特性。

运用范围:颜料、油漆、染料等的制造以及使用。

2 物理学

色彩表示光学范畴中某种现象。

运用范围:光学仪器制造业。

3 心理、生理学

色彩表示观测者所意识到的意识。

色彩涉及的内容很多，包含了美学、光学、心理学和民俗学等。心理学家近年提出许多色彩与人类心理关系的理论。他们指出每一种色彩都具有象征意义，当视觉接触到某种颜色，大脑神经便会接收色彩发出的信号，即时产生联想。例如：红色联想到热情，于是看见红色便令人兴奋；蓝色联想到理智，看见蓝色便使人冷静下来。

随着社会的发展，影响人们对颜色感觉联想的因素越来越多，人们对于颜色的感觉和需求也越来越复杂。比如对于都市“高级灰”的热衷，低饱和度的配色给人带来现代都市气息以及距离美的安全感。现代人更期待去掉繁杂的浓郁与厚重，回归生活的本真与淡然。

（二）色彩的作用

我们的生活从不缺少色彩，从视觉感知开始，进而承载着人的情感，唤醒美好的积极意义也由此而生。

歌德曾说：“颜色对于人的心灵有一种作用，它能够刺激感觉，唤起那些使人激动、使人痛苦或使人快乐的情绪。”色彩是能引起我们共同审美愉悦的、最为敏感的形式要素。色彩是极具表现力的要素之一，因为它能直接影响人们的心理感受。

色彩作为一种物理现象，是光在传播过程中产生的一种宏观光学现象。人的眼睛受到光的刺激后，视网膜的兴奋传达到大脑中枢而产生的感觉，让人们能够感知色彩。从视觉传达的角度，色彩又作为一种视觉语言，反映了人的心理，每一种色彩都可以表达不同的心理状态。比如，我们看到天蓝色会联想到天空的自由明亮；看到深蓝色会联想到星空的神秘和大海的深邃，带给我们平静稳定和理性思考等。

色彩不能脱离形体、空间、位置、面积、肌理等而独立存在。色彩的相互作用，是从人们对色彩的知觉和心理效果出发，用科学分析的方法，把复杂的色彩现象还原为基本要素，利用色彩在空间、量与质上的可变幻性，按照一定的规律组合各要素之间的相互关系，再创造出新的色彩效果过程。

心理学家认为，人的第一感觉就是视觉，而对视觉影响最大的则是色彩。色彩之所以能影响人的精神状态和心绪，在于颜色源于大自然的先天因素，蓝色的天空、鲜红的血液、金色的太阳…… 看到与大自然色彩相关的颜色，自然就会联想到与自然物相关的感觉体验，这是最原始的影响。所以，大自然是最好的色彩大师，这样美好的颜色搭配，正是来自大自然的馈赠。我们总能在世界万物中得到关于色彩的启发。

因为色彩，让人从视觉上，直观感受着大自然的生命力量，让人心态放松。色彩是一种能量，虽然是视觉层面上的感受，但对色彩的感知实际上是一个对人的精神世界的关照过程，色彩具有影响人的心理、唤起情感的作用，使我们能从大自然的生命色彩里，感受生长的希望。

（三）色彩的艺术

色彩是艺术表达的重要元素。我们的世界是一个多彩的世界，色彩具有真实显现对象、创造幻觉空间的效果。色彩研究以科学事实为基础，要求精准和明晰的系统性，人们将考察色彩关系的这些基本特征，使色彩能够帮助艺术作品实现题材创造和意义。

色彩是能引起我们共同的审美形式要素，也是极具表现力的要素之一。随着审美的提升，人们对于色彩美学的关注和需求也不断增加。新时代审美的体验和需求越来越受到关注与重视，对色彩美学的表达及其运用越来越专业。

色彩之美具体表现在空间设计、衣食住行以及人的仪容仪表、仪态等外在形式上，反映的是人们的生活态度、文化内涵和个性风格。色彩追求的和谐之美，意味着内在美和外在美的不可分离。

从审美体验上来说，色彩之美表达了人们对美的向往和期待。美好的设计和呈现会让人心生向往。大道至简，色彩美学渗透在每一个过程中，助力建立和谐环境，引领色彩美学生活，进入审美时代。

色彩在人们的社会生活、生产劳动以及日常的衣、食、住、行中的重要作用是显而易见的。对色彩的兴趣导致了人们的色彩审美意识，成为人们应用色彩装饰美化生活的前提因素，正如马克思所说的“色彩的感觉是一般美感中最大众化的形式”。

色彩体现着文化传承。中国色彩观，尤其是经过两千多年发展的“五色观”色彩理论，不仅支配着我们的艺术风格，同时也广泛地影响着人们的日常生活、礼仪等诸多方面，形成了一套独特的东方色彩文化体系。图 3-2 所示为北京故宫的五色。

彩图

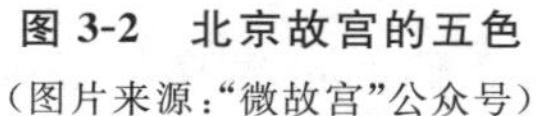

图 3-2　北京故宫的五色

（图片来源：“微故宫”公众号）

二、色彩属性

当描述色彩时，使用色相、明度、纯度这三个属性就能准确识别颜色并将其与其他颜色区分开来。每一种色彩都具有这三种特性，这是识别色彩差异的基本要素。当某一色彩中这三种要素当中的任何一个要素发生变化时，这一色彩的面貌也会随之改变。

色彩大致分为无彩色和有彩色：无彩色只包含明度的黑白以及黑白之间一系列的灰色；有彩色具备色相、明度、饱和度三个属性的所有颜色，即除黑、白、灰以外的所有颜色。

另外，在色彩应用中，还有一些特殊色，比如金属色、大地色等。

（一）色相

色相指色彩所呈现出的相貌，通常以色彩的名称来体现。这也确立了色彩的价值。色相是色彩的首要特征，是区别各种不同色彩的标准，除了黑、白、灰三色（无彩色），任何色彩都有色相。即便是同一类颜色，也能分为几种色相，如红色可以分为大红色、橘红色、玫红色等。

对于色彩的命名，中国传统名称优雅古典，既代表的是意象，也是人们看待色彩、看待世界的方式，如“紫蒲”“月白”“石绿”“黄栗留”等。这是中国人几千年审美文化和智慧的结晶。

色相的了解可以帮助我们学习色彩，在学习初期，最简单、最基础的工具是 12 色相环。由色彩三原色（红色、黄色、蓝色）两两混合形成间色，然后原色和间色两两混合形成复色，得到的 12 色相环（图 3-3）。

彩图

图 3-3　12 色相环

（二）明度

明度指色彩明暗的程度。我们要看到物体的颜色，必须具备一定的光线，物体表面吸收或反射光线的状态决定该物体的颜色。所以同一颜色由于光的强弱而产生明暗变化。

某物体能吸收所有进入的光线，即不反射任何颜色，就形成了黑色。相反，若某物体反射了所有进入的光线，则这些反射光就汇集成白色。反射的光线强弱不同使物体所呈现的光亮不同，从而生成亮色与暗色，这就是色彩的明度。

在色彩搭配里，颜色中添加白色，明度会升高，添加黑色，明度则会下降。在无色彩中，明度最高的是白色，明度最低的是黑色，中间存在一个从亮到暗的灰色系列。在有彩色中，任何一种颜色的纯度都有着自身的明度特征。黄色为明度最高的色，紫色为明度最低的色。

（三）纯度

纯度指色彩中包含色相的程度，即色彩的鲜艳程度（彩度）。色彩越接近纯色，说明纯度越高，色彩中混合的颜色越多，纯度越低。无彩色是不分纯度的。

在色彩搭配里，颜色的纯度取决于含有多少灰色成分，灰度越高，纯度也就越低。纯度低的颜色，缺少色彩的鲜艳感，会变得灰暗，但可以营造柔和、低调的印象。纯度高的颜色会给人带来强烈的刺激感，给人留下深刻的印象。

三、色彩感受

视觉对色彩的反应随外在环境的改变而改变，因此人们受色彩的明度及纯度的影响，会产生冷暖、轻重、远近、胀缩、动静等不同视觉感受与心理联想。色彩由视觉辨识，但却能影响人们的心理，触动人们的情感，甚至左右人们的精神与情绪。就本质而言，色彩并无感情，而是人们在生活中积累的普遍经验的作用，所以人们形成了对色彩的心理感受和联想。

（一）冷暖感

色彩在视觉上首先能感觉到的是冷暖感。在设计中，色彩的冷暖感有着很大的适用性，因此得到广泛的使用。如橙红色、黄色常与热烈、温暖、热情有关；蓝色会带给我们沉稳、安静、理性等印象。冷暖感是对色彩的心理感觉，可将色彩区分为冷暖色。

色彩的冷暖感主要取决于色调：让人感觉温暖、膨胀的颜色为暖色，基调受黄色支配；让人感觉清冷、收缩的颜色为冷色，基调受蓝色支配。而除了明显可以区分冷暖感的颜色以外，较难区分冷暖感的颜色（如紫色、绿色）又称为中间色。

夏日，室内用冷色的窗帘，关掉白炽灯，就会有一种变凉爽的感觉。快餐店内暖色调的装饰设计会给人热情、温馨的感受。冷色与暖色除给我们以温度上的不同感觉外，还会带来其他感受，如重量感、密度感等。通常暖色偏重，冷色偏轻；冷色的透明感更强，暖色则透明感较弱；冷色有距离拉开感，暖色则有距离拉近感等。这些感觉都是偏向于受我们的心

理作用而产生的主观印象，它属于一种心理错觉。

（二）轻重感

色彩的轻重感主要取决于明度。明度高的色彩感觉轻，富有动感，明度低的色彩具有稳重感。明度相同时，纯度高的比纯度低的色彩感觉更轻。以色相分，轻重感次序依次为白色、黄色、橙色、红色、灰色、绿色、蓝色、紫色、黑色。设计者常利用色彩的轻重感处理画面的均衡问题，通常会收到良好的效果。

（三）远近感

远近感是色相、明度、纯度和面积等多种对比造成的错觉现象。亮色、暖色、纯色，如红色、橙色、黄色等暖色系，看起来有逼近之感，称为前进色；暗色、冷色，如青色、绿色、紫色等冷色系，有推远之感，称为后退色。色彩的前进与后退还与背景和面积对比密切相关，进退效果可以造成空间感觉，这是设计者重要的造型手段之一。色彩的远近感能产生千变万化的美妙构想，并使主题得以突出和强调。

（四）胀缩感

色彩的胀缩感是一种错觉，明度的不同是形成色彩胀缩感的主要因素。如法国的三色国旗的设计，其红色、白色、蓝色三色的宽度之比为 30∶33∶37，三色虽不等分，但在视觉上却造成了感觉上的等分。

（五）动静感

色彩的动静感，是人的情绪在视觉上的反映。红色、橙色、黄色给人以兴奋感，青色、蓝色给人以沉静感，而绿色和紫色属中性，介于两种感觉之间。白色和黑色以及纯度高的色彩给人紧张感，灰色及纯度低的色彩给人以舒适感。动静感也源于人们的联想，与色彩对心理产生作用密切相关。色彩的动静感与画面色调气氛和意境也有着紧密的关系。

四、色调

色调是指统一的色彩感受和色彩倾向，是给人的整体色彩印象。在统一的色调下形成的丰富色彩变化，给人以美感，也符合人们对于色彩的基本审美要求。

常见色调有以下几种。

(1)以色相来分：可分为红色、黄色、蓝色、绿色、紫色等。

(2)以明度来分：可以分为亮调、灰调和暗调。

(3)以纯度来分：可以分为纯调、中纯调和灰色调。

(4)以冷暖来分：可分为冷色调、暖色调和中性色调。

■ **知识关联**

PCCS 色彩体系

PCCS(practical color coordinate system)色彩体系(图 3-4)是日本色彩研究所研制的，色调系列是以其为基础的色彩组织系统。从色调的观念出发，平面展示了每一个色相的明度关系和纯度关系，从每一个色相在色调系列中的位置，明确地分析出色相的明度、纯度及其成分含量。

PCCS 色彩体系最大的特点是将色彩的三属性关系，综合成色相与色调两种观念来构成色调系列，在意配色应用，商业性强，在形象设计中服饰搭配领域较为常用。

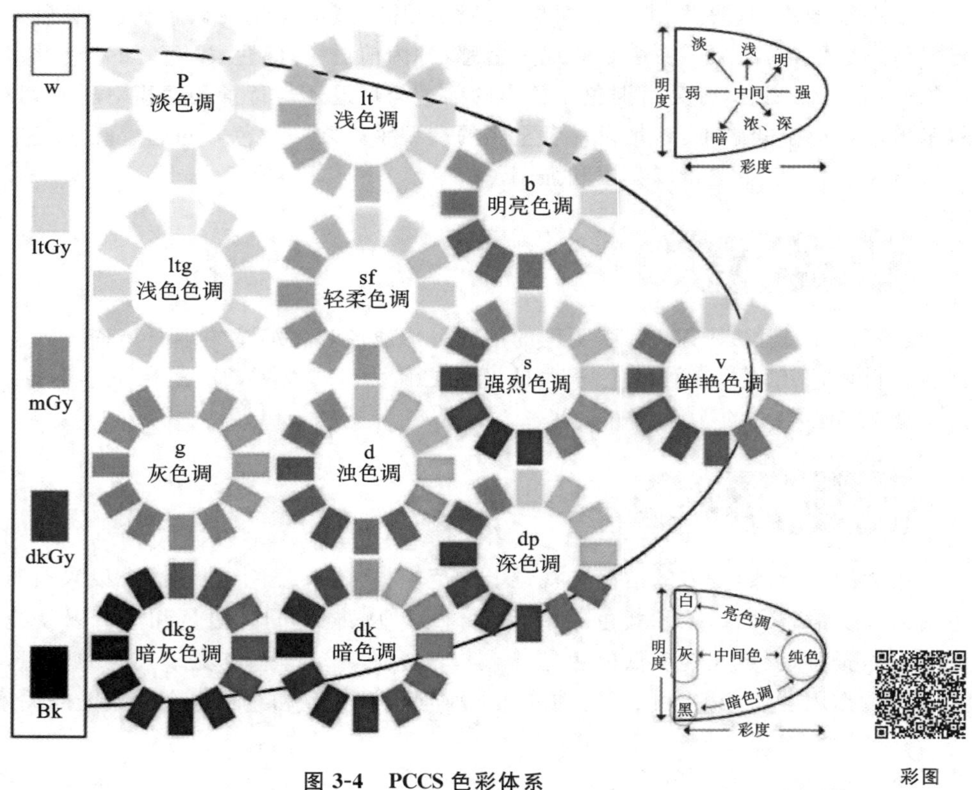

图 3-4 PCCS 色彩体系

人们在日常生活中无时无刻不在表达对色彩的热爱和应用。

不同的年代、不同的意识形态、不同的领域，人们有着不同的色彩喜好，使得色彩在心理上的作用也开始被分析研究，并通过色彩来认识人与世界。

科学研究发现，人类能够观察到数百万种颜色，也正是这些颜色的存在，使得我们所看到的世界五彩缤纷。对于这些色彩及其更为丰富的变化，人们应怎样去认识和应用呢？

色彩的研究和应用，在社会不断进步和科学技术迅猛发展的背景下，在设计、人文、生活、环境等领域，发挥着越来越重要的作用。例如在设计领域，色彩是最为活跃的视觉因素，在设计中占有特别重要的地位，色彩具有传达、塑造和提升设计品牌的作用，而这些都需要色彩工作者的智慧与贡献。

■ **知识链接**

Pantone 将极致灰与亮丽黄设置为 2021 年的流行色。

2021 年是机遇和挑战并存的阶段。极致灰是介于黑色与白色的颜色，人们能找寻隐藏其中的希望，极致灰代表着沉稳、冷静与从容。亮丽黄温暖、明亮、不刺眼，让人倍感舒适，这样多元化的颜色象征逐渐累积的希望。

一、色彩心理

人们常常能感受到色彩对心理的影响，这些影响总是在不知不觉中发生作用，反映着人们的情绪。随着色彩与人类心理关系的研究越来越多，“色彩心理学”的概念应运而生。色彩对人类心理存在的影响已经开始被关注，用于解决现实生活中的心理问题。

（一）色彩心理效应

在日常生活、文娱活动甚至职场等各种领域，人们的心理和行为受各种色彩的影响。人的行为之所以受到色彩的影响，是因为行为很多时候容易受情绪所支配。看到与大自然色彩一样的颜色，自然就会联想到与这些自然物相关的感觉体验，这是最原始的影响。

科学研究发现，色彩对人的心理和生理都会产生影响。色彩的直接心理效应来自色彩的物理光刺激对人的生理发生的直接影响。心理学家对此曾做过许多实验。心理学家注重实验所验证的色彩心理的效果。他们发现，在红色环境中，人的脉搏会加快，血压升高，情绪兴奋激动。而处在蓝色环境中，脉搏会减缓，情绪也较镇静平缓。有科学家发现，颜色能影响脑电波，脑电波对红色的反应是警觉，对蓝色的反应是放松。这些研究向我们明确地肯定了色彩对人心理的影响。

色彩心理效应发生在不同层次中，有些是直接的刺激，有些要通过间接的联想，更高层次则涉及人的观念与信仰。

人们的切身体验表明，色彩对人们的心理活动有着重要影响，特别是和情绪有非常密切的关系。因此，古代的统治者、现代的企业家、艺术家、广告商等都在自觉不自觉地应用色彩来影响甚至控制人们的心理和情绪。

在红光的照射下，人们的脑电波和皮肤电活动都会发生改变。在红光的照射下，人们的听觉感受性下降，握力增加。同一物体在红光下看要比在蓝光下显得大一些。在红光下工作的人比一般人力量大，但工作效率低。色彩心理效应来自色彩的物理光刺激对人的生理发生的直接影响。

色彩心理学是十分重要的学科，在自然欣赏、社会活动方面，色彩在客观上是对人们的一种刺激和象征，在主观上又是一种反应与行为。色彩心理透过视觉开始，从知觉、感情到记忆、思想、意志、象征等，其反应与变化是极为复杂的。色彩的应用，很重视这种因果关系，即将色彩的经验积累变成色彩的心理规范，当受到什么刺激后能产生什么反应等，都是色彩心理所要探讨的内容。

（二）色彩的象征意义

日常生活中我们因看到的色彩而生发出的感受，在很大程度上受心理因素的影响，即形成心理颜色视觉感。当然，人们对色彩的感受并不相同。不同年龄、性格、爱好、兴趣、气质、修养的人对色彩的反应不同；同时，处于不同社会、文化、艺术、风俗等背景下的人，对色彩的感悟也是千差万别的。比如，在对服饰色彩的选择中，人们有意无意地融入了个人与社会的意识。色彩就具有了一定的象征性和情感意义。

1 红色

红色，是使人感受到强烈能量的色彩。红色象征着热情、自信和激情，是非常引人关注的颜色。当在公众场合需要展现自我魅力和威望的时候，可以让红色来助力。不过，红色容易造成心理压力，有时会给人火爆和难以控制的印象，因此，建议在重要谈判或协商时避免穿红色衣服。

粉红色象征温柔、甜美、浪漫，不会使人感觉到压力，可以安抚情绪，但比较容易显得孩子气。因此，在职场中塑造威望的场合，不宜穿大面积的粉红色衣服，如果是表达创意或从事咨询沟通工作时，粉红色倒是不错的选择。

粉红色是大多数女性喜欢的色彩，具有放松、愉悦心情的效果。心理学家也观察到了粉红色对安定情绪有明显的效果。例如有的医院在儿童病区等空间内会使用粉红色。有研究指出，粉红色影响心率和血压并使其下降。还有研究指出，在粉红色的环境中休息一会儿，会使得人的心脏活动舒缩变慢，肌肉放松。

玫红色象征着女性化的热情，是比起粉红色显得更为洒脱、大方的色彩。

2 橙色

橙色是介于红色和黄色之间的混合色，其欢快活力的特质、给人率真、健康、乐观、开朗的感觉，如阳光般的温暖。在社会服务工作中使用橙色让人感到安适、放心。

橙色在空气中的穿透力仅次于红色，而色感较红色更暖，最鲜明的橙色应该是色彩中感受最温暖的，是一种富足、快乐而幸福的颜色。同时，橙色为柑橘类水果的颜色，可以传达一种阳光、健康的感觉。因此橙色往往作为标志色和宣传色。

3 黄色

黄色同样也是极其温暖的颜色，能刺激大脑，同时也具有警告的效果，所以警戒色多使用黄色。黄色象征信心、聪明、希望。但是鲜艳的黄色有不稳定甚至挑衅的味道，不适合在可能引起冲突的场合（如谈判场合）穿着鲜艳黄色的服装。黄色适合在任何快乐的场合穿

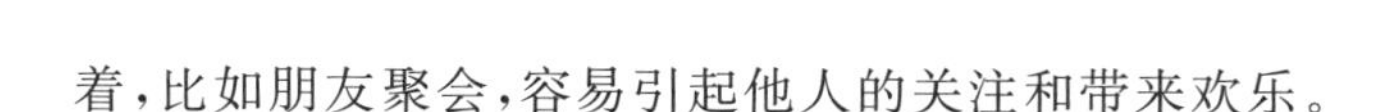

着，比如朋友聚会，容易引起他人的关注和带来欢乐。

4 绿色

绿色给人安全感，在人际关系的协调上扮演重要的角色。绿色象征自由和平、新鲜舒适，给人清新、有活力、快乐的感受，能消除疲劳感。

较深的绿色，如墨绿、橄榄绿，给人沉稳、知性的感觉。但同时绿色暗示了隐藏、被动，容易失去参与感，所以在搭配上可以用其他色彩来调和。

绿色是适合环保、生态休闲活动的颜色，也是适合修习的着装色。与红色相反，绿色可以提高人的感受性，有利于精力集中，提高工作效率，消除疲劳。还会使人减慢呼吸，降低血压。

5 蓝色

蓝色是代表理性、知性和未来感的色彩，色彩心理学测试发现几乎没有人对蓝色反感。这一经典又特别的颜色，营造出稳定可靠的感觉，呈现出恒久性与信赖感。明亮的天空蓝，象征希望、理想和自由；深蓝，意味着诚实、信赖与威望；鲜艳的宝蓝，带给人热情、坚定与智能；浅蓝，可以让彼此放松，容易建立信任感。

蓝色的应用非常广泛。比如在职场中为表现专业、威望和可信赖感，不妨多穿深蓝色服装；参加商务会议、公司面试或讲演严肃或传统主题时，甚至与人谈判或协商时，也可穿蓝色服装。

6 紫色

紫色是由温暖的红色和冷静的蓝色融合而成。在中国传统文化里，紫色是尊贵、权威的象征，如北京故宫称为“紫禁城”、成语“紫气东来”等，借以比喻吉祥的征兆。在西方，紫色亦代表尊贵，常被贵族所喜爱，当时紫色染料仅供贵族穿着，制成的衣物近似绯红色，甚受当时君主所好。

紫色，在色环中明度上表现最低，但是运用得恰到好处能够表现出高雅和时尚。高级灰搭配紫色，优雅自成一派，对感官形成极致的冲击。在可见光谱中，紫色波长最短，对人有冷静、抑制作用，形成深沉、庄重的情感。高贵、庄重一定是稳重、成熟的，紫色大概都是这种庄重的基调。

紫色象征权贵、典雅，代表尊严、高贵、庄重、奢华，除此之外，紫色又富有神秘和浪漫的气息。当你想要展现与众不同、浪漫优雅的气质，或想要表现浪漫中带着冷傲感的时候可以搭配紫色服饰。

7 黑色

现代社会，越来越多的人喜欢极简的无彩色。当需要表现专业、展现品位、神秘低调时，黑色特别适合，同时还可以展示极度威严感。另外，黑色也意味着孤傲、执着、隐藏、防御等。

黑色给人以庄重之感。很多从事艺术、设计、创意以及跟“美”有关工作的人，多会穿着有设计感的黑色服装。

8 白色

白色让人联想到纯洁明净、神圣高洁、雅致飘逸。白色也是无彩色，象征着善良、信任、开放，干净利落。在职场中基本款的白衬衫就是必备单品。

西方人的婚纱通常为白色，他们把白色视为爱情纯洁和坚贞的象征。有些国家和地区认为白色是吉祥的象征，是善的化身，代表纯洁、温和、善良、慈悲，而在有些地区白色则象征着悲哀、忧伤和消极。

9 灰色

灰色表现为素净、沉稳、考究、简约和时尚。灰色属于一种中和色。灰色同别的色彩均可以搭配。较深的灰色显现智慧和成功，而较浅的灰色显现都市化和现代感。

但是注意，如果穿着的灰色服饰质感不佳，整个人看起来会黯淡无光、没精神，甚至有不干净的错觉。灰色具有威望中带着专业的感觉，特别受金融业人士喜爱；在需要表现智能、成功、威望、诚恳、认真、沉稳等场合，可穿着灰色服装。

（三）色彩心理的应用

随着审美的提升，人们对美好生活的追求不断升级，对于色彩美学的关注和需求也不断增加。色彩是引起人们共同审美形式的要素，也是最有表现力的要素。

1 色彩心理在日常生活中的应用

大家有没有想过，日常生活中的色彩，会给人的心理和行为带来很大影响。色彩心理所带来的影响被应用到了各个领域。研究发现，蓝色可以促进人的记忆力、识别能力的提高，还具有稳定精神、集中注意力的作用；红色刺激人的神经，可能使人血压升高；绿色可以让人放松，看到绿色的植物就会感到安心；在明亮的橙色房间里，人们会感觉到温暖；等等。

对色彩的选择能体现出人的性格特征。性格不同的人喜好不同的色彩。性格内向的人往往喜欢比较深沉、低调的颜色；性格外向的人一般喜欢明快、鲜艳的颜色；性格温和的人喜欢较为淡雅或温暖的颜色。年轻人大多喜欢无彩色（黑、白、灰）的搭配，年长者往往选择鲜艳、明亮的颜色。

2 色彩心理在形象设计中的应用

在色彩表达中，只有选择与性格、气质相搭配的服饰色彩，才会让形象更加和谐与自然，从而身心愉悦。在寒冷的冬季，将室内色彩设计为暖色，就会增加温暖感和舒适感；餐饮店合理搭配色彩会引起人们对美食无限的憧憬和向往等。色彩心理在自然欣赏、文艺活动方面，从视觉开始，到内心的反应与变化是极为复杂的。色彩的应用必须考虑色彩心理所要探寻的内在。

色彩是吸引视觉关注的重要因素。形象设计中色彩通过视觉传达和表现符号的色彩象征意义呈现，可以吸引人们的注意、满足人们的某种心理需求，从而关注事物的内涵，达到展示某些理念、文化的目的，并塑造美好的形象，提升美誉度和影响力。因而，色彩在形象设计识别中起到重要的作用，有品牌、有传播就会有色彩更需要色彩的表达呈现。色彩用独特的表达方式发挥着积极作用。

色彩是传递信息、表现情感的重要手段，它一方面可以通过强烈的视觉冲击力，直接引起人们的注意与情感上的反应；另一方面又可以更深刻地揭示形象的个性特点和标志的主题，强化感知力度，给人留下深刻的印象。

恰如其分的色彩设计可以使标志的主题内容得到充分、准确的体现，使得标志的形象更加生动、更富感染力。选择切合设计主题的色彩来表达创意的思想情感，赋予作品内容和形式以活力，是标志设计的一个非常重要的环节。

标志的色彩设计一定要从表现主题内容出发，把握住色彩变化的时代特征，研究人们的色彩心理，打破常规或者习惯用色的限制和禁忌，大胆探索与创新，以形成新颖、独特的色彩格调并赋予色彩新的内涵。

3 色彩在文化背景下的应用

色彩从来不曾缺席我们的生活，从视觉感知开始，承载着人的情感，进而具有唤醒美好情感的积极意义。色彩可以被当作一种能量，虽然是视觉层面上的感受，但色彩的应用实际上可以作为一个对人的精神世界的关照过程，色彩具有影响人的心理、唤起情感的作用。

20 世纪 80 年代出现了色彩营销理论。在短短的 0.67 秒里，消费者就会产生对产品外观的第一印象，其中，色彩的作用占到 67%，人们对色彩有很高的敏感度和感受力。色彩营销主要根据消费者的审美需求，运用色彩的和谐搭配方法，制定合理的色彩方案进行品牌营销。

由于文化不同，色彩印象也不同。我国经常使用的红色，有喜庆、热情的意思，在某些西方国家就容易联想到危险、紧急之意。这样看来，色彩能对人的心理产生不同的效应，而且同一个颜色在不同国家、不同文化背景下的印象也是各不相同，不能过度期待这种色彩对心理的影响。

在中国传统文化中，色彩与工艺、色彩与美术、色彩与诗歌、色彩与风俗等之间密不可分。城市建设、壁画和绘画方面，对于色彩的运用也是多样的。中国是一个统一的多民族国家，不同地域、不同民族也有各自不同的色彩信仰和审美习惯。

二、色彩搭配

我们研究色彩是为了更好地运用色彩，是要最大限度地发挥色彩的作用。色彩的意义与内容在形象设计方面是丰富、多变的，但在欣赏和解释方面又有共通的审美特性。所以，需要通过感受力和分析力综合搭配来实现形象色彩的风格化。

在形象设计中，利用色彩的搭配可以创造出适合表达风格的设计效果。服饰也因为拥有色彩而更具魅力。从心理实验中我们可以发现，在引起视觉兴奋的过程中，人的注意点，总是有意无意地集中于有色彩的地方。

研究调查显示，在给人的第一印象中，个人服饰中色彩达到了约 65%的主要作用，其次是款式和面料材质。人们在选择服饰的时候，并不是只看重其款式和面料，色彩往往是首选。这是因为着装所产生的效果在很大程度上取决于服饰的色彩。

（一）基本原理

色彩的种类千变万化，将不同风格的色彩加以搭配运用可以使画面更具表现力，从而设计出更好的效果。

色彩搭配是指对色彩进行搭配，也称为配色，从而取得整体和谐的视觉效果。从形象设计到商业企划以及城市与建筑的规划，色彩在视觉效果上起到了重要的作用。用两种或是两种以上的颜色进行搭配，色彩都具有巨大的影响力。

配色主要有两种方式：一种是通过色彩的色相、明度、纯度的对比来控制视觉刺激，达到配色的效果；另一种是通过心理层面感观传达，间接性地改变颜色，从而达到配色的效果。

（二）色相搭配

我们知道，色相是指色彩所呈现出的相貌，通常以色彩的名称来体现。不同色相的搭配组合可以形成色彩对比的效果，正是这种对比才确立了色彩的价值。

通常，我们把红色、橙色、黄色、绿色、蓝色、紫色和处在它们各自之间的红橙色、黄橙色、黄绿色、蓝绿色、蓝紫色、红紫色这 6 种中间色——共计 12 种颜色作为色相环。再裂变可以形成 24 色相环、36 色相环等，包含更多颜色种类的大色相环还包括 48 色相环、72 色相环等。

色彩搭配的初步练习，可以用黄色、红色、蓝色三色为基础，由此三原色配置组合成 12 色相环。在这个色相环之中，任何色相，都具有不纷乱、不混淆的明确位置。这种色相环的色相顺序，与彩虹和自然光线分光后产生的色带顺序完全相同。

这些色相环上的位置是根据视觉和感觉的相等间隔来进行安排的。用类似这样的方法还可以再分出差别细微的多种颜色来。

色相配色是以色相为基础的配色，是基于色相环进行思考的。比如，用色相环上类似的颜色进行配色，可以得到整体统一的感觉，如黄色、橙黄色、橙色的组合；用相距远的颜色进行配色，可以达到一定的对比效果。在色相环上，与环中心对称，并在 180°的位置两端的颜色被称为互补色。黄色与紫色的组合，就是对比色相配色。

掌握色相搭配最直接的办法就是掌握色相环上每一种色相的位置。在色相环上，距离比较远的色相组合对比效果非常强烈，而距离较近的色相组合在视觉上给人一种稳定内敛之感。

1 同一色相搭配

同一色相搭配是指在色相环上间隔夹角在 15°范围以内的色相搭配，可以有深浅、明暗之分。这样的配色呈现出微妙的变化，可以保持画面的单纯与统一。

在着装搭配里，这是较简单、保守的颜色搭配。但是对衣服的质感要求比较高。可以通过明度与纯度的变化体现层次感，从而使造型产生不同的视觉效果。

2 类似色相和邻近色相搭配

类似色相搭配是指在色相环上间隔夹角为30°的色相搭配。在类似色相搭配中，由于色相区别不大，使得色相间的对比较弱，所以产生的效果常常趋于平面化，但是正是这微妙的色相变化，与同一色相的配色一样，类似色相搭配容易产生单调的感觉，但视觉效果比较清新、雅致。

在色相环上间隔夹角为45°的色相搭配属于邻近关系。邻近色相搭配既能保持色调的亲近性，又能突显色彩的差异性，使得效果比较丰富。也就是色相性质相近，比如红色与橙色，橙色与黄色，黄色与绿色，绿色与青色，青色与紫色，紫色与红色等。

3 对比色相搭配

对比色相搭配是指色相环上间隔夹角为120°的色相搭配。对比色相搭配是采用色彩冲突性比较强的颜色进行搭配的，从而使得视觉效果更加鲜明、强烈、饱满，给人兴奋的感觉。对比色相搭配是利用两种颜色的强烈反差突出美感。由于特殊性和不稳定，在搭配中一定要处理好这种情况，不然会使得画面失去平衡，非常突兀，并破坏整体感觉。

4 互补色相搭配

互补色相搭配是指在色相环上直径两端互成180°的色相间的配色。互补色相搭配产生的色彩对比是最为强烈的，相较于其他类型的色相搭配，互补色相更具有感官刺激性，是产生视觉平衡的最好的组合方式。

多个互补色相配色可呈现出丰富饱满的视觉效果。例如，红色与绿色、黄色与紫色、橙色与蓝色的搭配，令画面在视觉上更具震撼力。

（三）明度搭配

明度是指色彩的明暗程度。可以体现色彩的层次感与空间感，明度在搭配设计中占有重要位置。在无彩色中，白色的明度最高，黑色的明度最低；在有彩色中，黄色的明度最高，紫色的明度最低。

跟色相搭配规律的道理一样，在同一明度配色中，色彩呈现出的明度差异比较小，缺乏变化，视觉效果比较平面化。

明度搭配既可以保持搭配色彩的沉稳与和谐，视觉效果比较平稳，其明暗变化还可以使画面效果更加丰富。

对比明度搭配，明度差最大的，往往产生的色彩效果也是最强烈的，加强了空间感，给人刺激、明快的视觉感受。

（四）纯度搭配

纯度是指色彩的饱和程度与清浊程度，它取决于可见光波长的单一程度。人类的视觉能辨别出来的颜色都是有一定的纯度的，比如：当一种颜色表现为最纯粹、最鲜艳的状态时，即处于最高纯度。纯度的变化不仅使色彩更加丰富，还会带来色彩性格的变化。

1 低纯度配色

低纯度的色彩搭配，通常会倾向于黑色、白色、灰色这三种色调，可以使画面看起来整体比较和谐。由于色相纯度相差不大，所以一般都是通过色相的对比来体现的。

例如，整体的灰色调使视觉较为平缓，给人一种静谧、平和的感觉；在色彩中加入不同程度的灰色，减小了色彩的视觉冲击力。

2 中纯度配色

所谓中纯度配色，是指介于高低纯度色彩间、相对稳定的一种色彩表现，会给人们带来舒适、缓和的视觉体验。中纯度配色对于强调展现柔和的印象及温馨的氛围有着重要的作用。

3 高纯度配色

高纯度配色可以产生强烈的视觉反差，从而使色相的明度产生变化，令原本鲜艳的色彩更加鲜亮。高纯度配色可使色彩效果更加饱满，强烈的对比效果更具视觉冲击力而更加精彩。

（五）色调搭配

在大自然中，我们经常见到这样一种现象：不同颜色的物体或被笼罩在一片金色的阳光之中，或被笼罩着某一种朦胧的色彩，使不同颜色的物体都带有同一色彩倾向，这样的色彩现象就是色调。

色调指的是色彩的总体倾向，是一种色彩效果。每个人都有一种与生俱来的对某种色彩的偏爱，如果每个人都能在自己偏爱的颜色上去充分发挥并延伸，那就会形成一个完整的和自身相协调的色彩定位，利用色彩定位结合自己的性格、体形来搭配自己的服饰，必然会取得理想的形象效果。这就是色彩定位和风格。

在形象设计中，色调营造出的视觉感受有很多搭配经验，具体如下。

（1）搭配上深下浅：端庄、大方、恬静、严肃。

（2）搭配上浅下深：明快、活泼、开朗、自信。

（3）突出上衣时：裤装颜色要比上衣稍深。

（4）突出裤装时：上衣颜色要比裤装稍深。

（5）塑造职业感：比如蓝色有理性和镇定的作用，非常适合职场和商务场合。

三、职业色彩

职业形象可引领人们感受不同的职业风采。在企业文化传播中，通过提升职业审美，实现从形式到内容、从功利需求到精神追求，从而树立良好的职业形象，提高综合能力和素质，为职业发展奠定良好的基础。

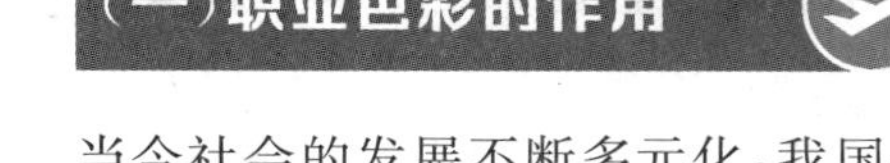

(一)职业色彩的作用

当今社会的发展不断多元化，我国进入新时代，我国社会的主要矛盾已经转化为人民日益增长的美好生活需要和不平衡不充分的发展之间的矛盾。人的审美需求不断提高，各行各业为了自身发展，企业为了树立自己的品牌文化，也越来越注重和展现企业形象。其中，职业形象中的色彩设计能够更好地优化职业形象，传播职业美好。

1 呈现职业形象的美好

职业色彩之美虽然具体表现在职业着装、仪容仪表和仪态等外在的形式，但反映的都是职业品牌的文化内涵和风格。在各个行业中，职业色彩是职业形象与风格的重要元素。色彩的视觉传达是最直观有效的，带来直接效果和视觉冲击力，并且色彩极易引起人的情感反应与变化。色彩真实传递了品牌风格以及独有的形象氛围效果。品牌文化内涵的输出需要外在表达方式，色彩不仅赋予了品牌形象独特的个性，而且也建立了完美的视觉形象。

职业人士应注重如何更好地将内涵外延化，以及如何将内在能量呈现出来。色彩追求的和谐之美，意味着内在美和外在美的不可分离。

2 满足职业人士的审美需求

新时代，职业人士都有自己的审美价值观，其知识水平、个人修养、品位层级等都不断提升，所以，职业者不仅需要美的感受和体验，还要仪态得体、从容大方，追求和谐。外在上的表达，更要感受到内在力量，最终得以美好地践行。

从审美上来说，审美素养越高，反映了对所在的企业文化和管理水平的要求也越高。因此，从一个行业的形象与色彩可以向外界传递更多信息，这些都对企业文化与品牌的综合实力、营销传播都有良好的促进效果。

当人们看到外在形象中的色彩占比时，并没有特定的感情要素，色彩对人起到一定的视觉刺激作用，产生联想和情感，才使人们产生各种各样的感情。在第一印象中，人们看到不同的色彩时会产生不同的心理感受。不少色彩理论都通过实验和经验，明确验证了色彩对人们心理的影响。人们在生活中积累了很多的色彩印象和视觉经验，所以色彩在每个领域通过先进的色彩搭配技术，在视觉美化上实现其应用。

我们知道色彩是一种能量，对于色彩，虽然是视觉层面上的感受，但实际上是对一个人的精神世界的观照过程，色彩具有影响人的心理、唤起情感的作用。所以，塑造良好的职业色彩，是形象传播的关键，不仅能够优化外在形象表达，而且能够帮助职业者提升竞争力，更有利于推动职业的进阶。这不仅是实现对美好的追求，更是为塑造个人品牌并获得可持续发展奠定良好的基础。

3 实现品牌形象的升级

随着时代及互联网技术的不断发展，人工智能的出现，给各个行业带来了很多改变，社会多元化，品牌建构也需要与时俱进。色彩作为品牌形象的重要载体，更是呈现美的一个方式，所以，色彩表达在职业中的渗透，可以唤醒对职业审美的追求，更好地传递对人们生活方式的关注和满足。

色彩表达演绎的是一个职业者的整体表达，感受的是背后的品牌文化精神内涵。色彩美学的提升意味着企业文化品牌内在美与外在美的融合，从内在延伸到对外在世界美好的欣赏，走向美的和谐。从审美体验上来说，色彩之美正是表达了人们对美的向往和期待。美好的设计和呈现会让人心生向往。

市场日益激烈，并转向多元化的趋势，品牌在时代和行业的激烈竞争中已成为不可或缺的重要因素。企业在建立和维护自己品牌时，要随着行业经营环境的变化和消费者需求的变化，不断变化发展品牌的内涵和表现形式，以适应行业发展的需要。品牌升级的战略和策略包括品牌定位升级、品牌形象（品牌名称和品牌标识）升级、营销策略升级、管理创新等范畴。

当下，各个行业也在探索新的发展模式，促使人们对未来重新规划。因而，传统模式已不能满足新时代下多元化的需求。想要在社会竞争中把握住机遇，并获得优势并不容易。企业在品牌塑造和美学传播的过程中，可以实现企业品牌的升级。

4 助力职业形象与素质的优化

职业形象和素质反映了所在的企业文化和管理水平。一个职业者的形象修养可以向外界传递其知识水平、个人修养、品位层级等信息。因此，随着审美的开展，让职业者根据自身特质，塑造自信专业的职业形象，提升个人形象力，从形象设计、礼仪规范等方面提升自己的审美品位，在亲身实践中讲究场合仪式规范，感受礼仪的作用与魅力。这些都对职业人士的综合能力、人格素养、人际沟通素养培养都有良好的促进效果。

（二）职业形象设计中的色彩

1 职业色彩的实用价值

人们在日常生活中离不开色彩，在职场也一样。尤其是在职业形象设计中，服饰色彩凭借着它独有的特性，反映出人类社会物质文明及精神文明的发展面貌。服饰色彩作为服饰设计中的重要组成部分，在视觉上能产生美好的感受，使人更加积极有能量，从而创造更多的附加价值。

随着社会的发展，越来越多的企业在打造企业文化的时候都会对企业的职业装进行精心设计，在满足服装功能性、审美性的同时，也提高职业装的标识性和服务性。目前，很多行业职业装的色彩都不是单一的，因此在职业装的设计过程中应注意职业装色彩的搭配。合理的色彩搭配不仅能够提高职业装的视觉效果，还能给人以心理上的愉悦感和满足感。

互联网时代，每一位职场人士，都有必要注重自己的职场视觉形象和职业着装品位，进一步提高自己的职业素养。这对企事业单位中高层管理人员显得尤为重要，职场形象和现场表现稍微不佳，都有可能影响职业前途。

服装色彩的特殊功能性使得设计者在进行职业装的设计时应考虑服装色彩的这一特性，充分发挥服装色彩在职业装中的作用。

2 职业色彩的美好能量

职业装的色彩搭配通常遵循在追求服装美感的同时，又兼顾实用性因素，更要考虑色彩的功能性和特殊的表现力。职业装是展示现代企业形象的重要元素，不仅可以传播企业文化，而且还可以体现企业的商业价值，具有很强的行业属性。职业装就是能够代表行业特点，符合行业团队文化，彰显行业精神的特制工作服。

职业装应注意色彩搭配原则，符合现代企业文化要求，实现服装功能性与行业标识性相统一。

不同的职业装，代表不同的文化内涵与不同的功能。现代职业装在中国应用的时间并不长，但在很短的时间内，这种整齐划一、体现行业员工精神面貌的服装便在我国普及。由于职业装已经成为很多现代企业文化的重要组成部分，适合员工穿着又能彰显企业文化的职业装已经成为现代企业，包括一些机关政府部门的文化及标识的重要组成部分，具有特殊的内涵及意义。

影响色彩选择的因素很多，而主要的影响因素就是标识性。由于职业装具有表明行业的特点，因此很多企业倾向于选择使用较为鲜明且区别于其他行业的色彩，一个成熟的企业职业装色彩体系具有其一定的稳定性，这样不仅能够成为企业的一张名片，也能够培养员工穿着职业装的自豪感。

公务人员、企业中高层人员等，着装会保守严谨、理性和讲究规则；而非保守职场，比如一般的科研技术、教育文化等企业的职业装比较自然朴素大方；创意职场，比如文化、艺术企业及自由职业等，着装明显带有时尚风格和个人气质。

中国职场人士形象的色彩设计，要符合国际化、民族化、个性化的要求。国际化，就是要符合人类共同的审美观，体现国家和社会开放进步的精神风貌。民族化，就是要有鲜明的民族特色，显示自尊自强的文化理念。个性化，就是个人风格，也是对职场认知程度及自我认知的呈现。注重根据职业的需求，做到形象色彩与职业场合有效结合。

3 职业色彩关键看场合

在各个行业的职场中塑造职业化形象时，找到自己风格形象的前提是要遵循场合规范。我们时常看到，面试者因为展示的形象不合时宜导致面试失败。因为在面试这样一个正式的、严肃的场合，我们相信，专业良好的形象是成功的一半。不同的外在形象给我们的视觉和心理感受是截然不同的。在职场中，我们的形象色彩应符合社会的期望值。

职业人士，在正式场合，优选都市化的风格，比如中性色、灰色调等作为正装主流色彩。职业女性，可以增加喜好色和流行色作为点缀。职业男性，可以遵循“三色”原则，即全身服装的颜色不超过三种颜色。另外，着装规范有“三一定律”：职业正装中三个部位的颜色必须保持一致，职业男性身着西服正装时皮鞋、皮带、皮包的颜色一致。职业男性的西装首选深蓝色（藏青色）、黑色、灰色，职业女性的皮鞋、皮包、皮带及下身所穿着的裙裤及袜子的颜色应当一致或相近。以上这些穿搭建议，都可以在整体搭配时作为参考。

由于社会文明不断发展，更多的职场人士会参加公务活动、大型集会、采访、发布会等活动，都会暴露在灯光下、阳光下，对光线色彩的现场处置，就要注意一些基本原则，处理得好，就显得光鲜亮丽、仪表大方，可以让人的精神面貌提升一个层次。

职业形象是个人职业气质的符号，体现专业度和信赖感，更与个人的职业发展有着密切的关系。而色彩表达更容易凸显形象特征，其影响和意义也必然是全方位的。

■ 知识关联

1. 流行色的概念和渊源

美是人类的终极追求。人需要审美，审美是人类理解世界的一种特殊形式。不同的时代里，人们有着不同的审美追求，同样，色彩也被赋予时代精神的象征意义，色彩永远是一个文明自我表达和时代精神传递不可或缺的部分。当色彩适合人们的认识、理想、兴趣、爱好、需求时，那这些具有特殊感染力的色彩就会流行起来。

每年会有一大批来自世界各地的流行色专家聚集在一起，共同商量下一年度的流行色提案。他们在调查研究消费者上一季度使用最多的颜色的基础上，找出新流行、新趋势的颜色。通过分析消费者的心理与对颜色的喜好，窥探消费者的内心需求，猜测在下一季度的政治、经济和社会形势下，消费者喜欢什么颜色，在充分讨论和分析的基础上，商定出下一季度的流行色。由此可见，流行色是客观存在于社会之中的，这种预测的流行色也是指某个时期内人们的共同喜好，带有倾向性的色彩。所以，流行色是某个时期人们对某几种色彩产生共同美感的心理呈现。作为流行的风向标，掌握了流行色，就能引领潮流方向。目前流行色的标准在中国被广泛应用的领域较少，时尚消费行业亟待流行色的创新应用。

作为全球权威的色彩机构，Pantone（潘通）就是这样一个存在。它通过缔造标准化的颜色，在全球范围激起了很大的浪潮，无数品牌都是用它来定义颜色的。1963 年，世界上第一册印刷版《Pantone 色彩指南》出现了，该指南将每种颜色的油墨配方固定，确保每个有编号的颜色在哪里看起来都一样。至此人们终于可以彼此交流“某个颜色”，而不会有认知偏差。

自 2000 年开始，Pantone 每年都会发布当季流行色。Pantone 年度流行色是一种试图与当下的时代精神潮流契合的产物。值得注意的是，年度颜色不一定是最流行的，但需要贯穿所有设计领域，对消费者起到引领作用并传递一种态度。每一年，Pantone 会选择一个欧洲国家的首都举行一个秘密会议，邀请来自全球工业、时装等领域的零售商、设计师和制造商展开调查和会晤，询问他们对下一季主打色的看法和设计，再由高管和客户组成的委员会从调查报告和色板的销售情况中做出选择。

总之，决定生产商家需要生产什么颜色的产品，是通过万千时尚设计师已经在 T 台上展示的时装及生产厂商已经制造出来的厨房用品来告诉 Pantone 未来的潮流走向。流行色是背后产业推动下的更迭换代，以及新一轮消费。流行色一经推出，就会进入传播与宣传阶段。

在万众期待中，Pantone 发布了 2022 年度代表色 Pantone 17-3938 长春花蓝（Very Peri）（图 3-5）。

彩图

图 3-5　2022 年度代表色 Pantone 17-3938 长春花蓝(Very Peri)

一个新的色彩,以勇气十足的风貌激发个人的创意与创造力。

Pantone 17-3938 长春花蓝包含蓝色的特质,同时又保有紫红色的基调,这个注入红色与紫色的全新蓝色调,在大自然的调色盘中,除了蓝色长春花,还有其他美丽踪迹。

2. 流行色在各个领域的应用

评选流行色更重要的前提就是该色彩一定要代表一个时代。

流行色就是流行的风向标,掌握风向,就能引领色彩的潮流方向。流行色已经影响众多产业的产品开发与采购,包括服装、家饰纺织品和工业设计,以及产品、包装和平面设计。目前流行色的标准在中国被广泛应用的领域较少,时尚消费行业也更需要流行色的创新应用。这些色彩体验启发了创作者与消费者以不同的角度看待色彩,善于把握每一季的流行色彩,引领时尚潮流,鼓励不断创造和多元化。

流行色与形象设计关系紧密,特别显现在服饰搭配、美妆造型等方面,通过各种色彩的组合运用,形成独特的风格。对于大多数人来说,"流行色"是一个时尚的名词,与时俱进。

流行色也是相对常用色而言的。这是因为不同的国家、地区和民族的人民都有自己的服饰传统和服饰习惯,每个人又有着不同的服饰嗜好或偏爱。这些传统、习俗和嗜好都会在服装色彩上有所反映,不会因为追求流行而放弃本身的底蕴。一般而言,服饰的基本用色在服饰中所占的比重较大,而流行色所占的比重较小,这样可使服饰的颜色既保持自我风格又跟上时代的步伐与潮流。

项目小结

在职业形象设计中，通过色彩可以优化形象表达，可以准确地输出个性风格。其中，色彩应用包括色彩基础和色彩表达。色彩的语言是丰富的，遵循色彩构成的均衡、韵律、强调、反复等法则，以产生色彩美感为最终目标，将色彩进行合理组织搭配就能产生和谐优美的视觉效果。同时，作为形象设计中一个重要的因素，色彩成为服饰搭配、发型妆容设计、心理传达等过程中的关键因素。有助于整体造型的展现与优化。因为一切风格的定位，源于最初对色彩的精确辨析。

每个时代都有自己的审美，我们所处的当下，审美有着极为全面深入的需求，注重文化带给人的价值。个人风格更是通过色彩、材质、造型(图案)三个维度来体现。色彩的重要性非常显著。色彩应用能综合呈现一个人的精神面貌，使其在职业中焕发风采。

项目训练

1. 收集 1～2 个有关职业服饰中色彩搭配失败的小案例，进行分析并给出正确色彩搭配方法。

2. 能够进行自我色彩定位与分析。

3. 选定一位形象设计对象，进行团队合作为其制作一份个人职业形象设计报告，完成职业形象的色彩搭配。

问题：(1)作为一名职业者，应该如何选择日常服饰色彩？

(2)制作一份个人职业形象设计报告并进行汇报。

项目四 身体塑形与仪态管理

项目目标

知识目标

了解和掌握身体各部位日常训练的基本知识、基本技术，掌握形体日常姿态训练的基本原理和方法，以及塑形效果的自我评价，用科学的理论知识指导实践。

能力目标

通过对练习者身体形态进行系统、专门的训练，改变练习者身体形态的原始状态，逐步形成正确、规范、富有美感的身体姿态，提高练习者形体动作的优美性与灵活性。

通过身体各部位的基本训练，使练习者身体各部位的力量、柔韧度等得到均衡；塑造美的形体；掌握专项训练原理；能够制订训练计划，进行自我纠正与整体塑形。

素质目标

了解某些工作岗位职业人，如民航服务人员所需具备的身体素质、能力和礼仪修养。

掌握仪态礼仪规范要求，增强自身文明修养。

知识框架

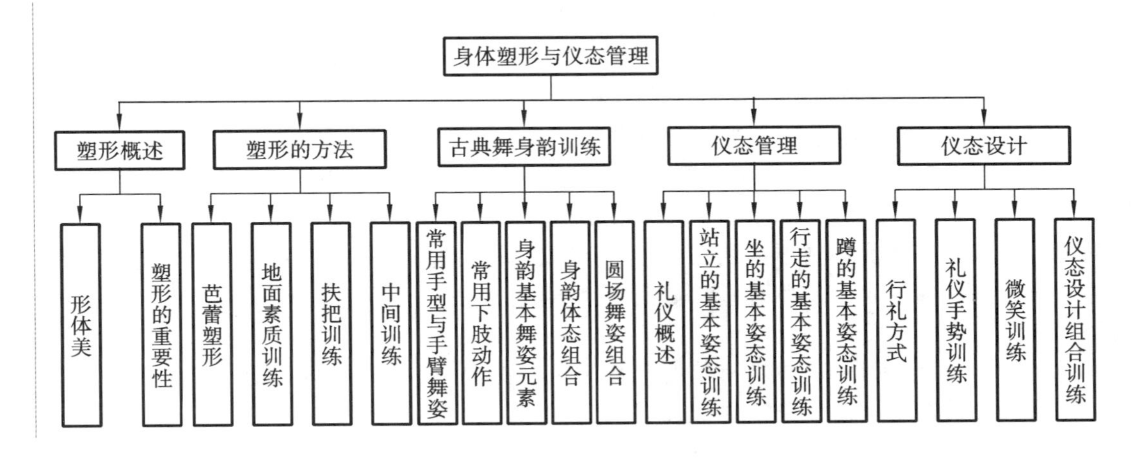

项目引入

有一位华侨来某公司洽谈合作业务。最后一次来之前，他曾对朋友说，“这是我最后一次洽谈了。我要跟他们的最高领导谈，谈得好就可以定了”。过了两个星期，朋友问他谈成了吗？他说没谈成。朋友问其原因，他回答："对方很有诚意，进行得也很好，就是跟我谈判的这个领导坐在我的对面不停地抖着他的双腿，这让我觉得有些不适。"

问题思考

1. 这个案例说明了什么？
2. 在商务交往中，礼仪的作用是什么？

任务一　塑形概述

一、形体美

（一）形体美概述

形体美是人本质力量在身体活动和身体活动实践这个特定领域中的感性显现，它反映的是人与人自身及运动的审美关系。由于形体美是以人为审美对象，以人体活动和人体运动为主要手段，因此，形体美是人的本质力量在人的身体表面轮廓的直接展示、直接确证和实现。具体而言，形体美就是人的身体曲线美，是人的身体线条结合人的情感和品质，通过形象、姿态展现于欣赏者眼前的一种美。形体美是由视觉器官所感知的空间性的美，其特点是感知身体外部轮廓线运动所构成的具有广度和深度的空间形体，即点动成线、线动成面、面动成体。

形体美有物的形体美和人的形体美之分，物的形体美乃属外表之美，而人的形体美则是人的外表美与心灵美的有机契合，是人体由内向外散发出来的美。真正的形体美乃精神美与体形美的高度融合。精神美包括温柔、娴静等因素。体形美是人体的一种自然的美，比较集中地表现在人体的比例均衡、对称、和谐等形式上：女性以柔和秀美的生理曲线为美；男性则以粗犷强壮和威严的倒三角形（哥特式体形）的体形为美。每个人都希望通过科学、系统的训练塑造自己匀称、协调、健美的体形，这也是人们不断追求身体塑形、形体美的目标。

英国著名哲学家培根说过，相貌的美高于色泽的美，而秀雅恰当的动作美又高于形貌的美，这是美的精华。动作美是体形美、姿态美的核心。体形的相对完美和正确的身体姿态可以有效地促进人体的正常发育和人体外形的相对完美，也在某种程度上反映出一个人的精神面貌和气质。

（二）形体美的一般评价标准

绝对的美的标准是不存在的，并且也不可能存在。这是因为，在人类历史的发展过程

中，形体美的标准是变化的，即使是同一时代的人，由于民族特点、种族差异、地理环境、审美习惯的不同，标准也不尽相同。所以，我们在这里只能根据国内外的专家、学者对形体美的研究成果提出以下相对的评价标准。

1 标准体重

标准体重计算公式：

男性标准体重（千克）=［身高（厘米）－100］×0.9

女性标准体重（千克）=［身高（厘米）－105］×0.95

肥胖度（%）=（实际体重－标准体重）/标准体重×100%

肥胖度在±10%范围内为正常，在10.1%～20%为过重，超过20.1%则为中度肥胖。

2 标准比例

（1）男子以股骨大转子为中心，上下身长相等；女子以肚脐为界，上下身比例5∶8。

（2）男女两臂侧举时的长度等于身高。

（3）男子腰围约小于胸围18厘米；女子腰围不大于1/2身高。

（4）男子大腿围约小于胸围22厘米；女子大腿围小于腰围8～10厘米。

（5）男子小腿围约小于大腿围18厘米；女子小腿围小于大腿围18～20厘米。

（6）男子脚腕围约小于小腿围12厘米；上臂围约等于1/2大腿围；前臂围约小于上臂围5厘米；颈围等于小腿围。

二、塑形的重要性

塑形是练习者通过对形体的认知，运用科学的健身理念和方法，以身体练习为手段，以促进健康、增强体质、塑造体型、培养姿态、陶冶情操、提升气质、增添魅力为目的，它是一个有目的、有计划、有组织的运动教育过程。

（一）培养正确的身体姿势，塑造健康优美的体型

大学生正处于身体成型的关键时期，第二性征的成熟和未来职业的需要，使大学生在形体美的追求上，具有了自觉而强烈的萌动。生理机能旺盛的代谢，心理品质极富可塑性，使大学学习阶段成为身体姿态教育与训练的良好时期。大学时期形成的良好体态，能为终身体态的良好奠定坚实的基础。良好的体态是道德风貌和职业素养的重要组成部分，体态良好，有益于内脏器官的正常发育和工作。形体训练能有效地帮助练习者养成正确、良好的身体姿势，塑造健康优美的体型。

（二）学习掌握形体训练的基础知识、基本方法

形体训练基础理论知识的学习是练习者进行科学训练的先导，也是发展练习者智力能力的基础。通过学习，练习者进一步明确形体训练的目的、任务、方法以及基本要求，掌握形体训练的基本原则与方法，提高审美情趣和审美素养。

形体训练的基本手段是身体练习，即按照美化塑造健康优美的形体姿态和发展身体能力的需求而选择编排的各种动作和动作组合练习。练习者反复进行身体操练，才能体会和正确掌握身体动作练习的技术与方法，并在经常练习的基础上逐步形成动作技能，获得良好的训练效果。因此，在科学全面安排形体训练的同时，应特别注意和加强基础知识、基本技术的学习训练和培养，掌握科学的形体训练方法，形成良好的自觉锻炼身体的习惯，真正提高独立锻炼身体的意识和能力。

（三）陶冶情操提升审美力，发展良好的个性和创造性

人的身体健康且体形优美意味着生命充满活力，意味着对美好人生的无限追求和向往，意味着永无止境的探索与创造。所以，形体美的训练是健与美的和谐统一。形体美的训练首先是促进人体的健康发展，因为健康是美的前提和基础。人体美分为内在美和外在美，内在美是指人的心灵美，即健康完美的精神世界；外在美则指人的容貌、言行举止、身形、服饰、发型、气质、风度等。人的美应该是内在美和外在美两个方面的和谐统一。

形体训练是有目的、有组织的系统运动训练。它不仅影响人的外在形象，还影响着人的品格和气质的塑造。形体训练的内容丰富、形式多样，但其核心仍然是认识美、展示美、塑造美、创造美。因此，形体训练具有培养人们审美情趣、审美感受、审美能力、审美创造的作用。形体训练是在音乐伴奏下进行的，人们在优美的旋律中通过自己的身体练习活动来感受音乐的美，诠释音乐的情感表达，这无疑是美好的情感体验和良好的审美享受。美好形体的获得是长期坚持锻炼、日积月累、从量变到质变的教育学习过程。练习者在训练中受到形体美训练因素的潜移默化的影响，从而实现陶冶情操、美化心灵的目的。形体训练的过程也是培养毅力、磨炼意志和塑造美、创造美的过程。能在训练过程能够战胜自己，坚持不懈、持之以恒地进行美的探索与追求和勇于实践的人，也一定能获取健康优美的形体，培养出常人所不及的坚强品格和创造美的精神，使身体的美与心灵的美和谐统一，实现人的内在美和外在美的完美统一。

判断人的形体美，可以依据人体美的基本法则，包括：五官端正、肤色红润、皮肤细腻并富有光泽；生长发育良好、脊柱正直、双肩对称；以骨骼为支架构成人体各部分比例匀称、适度；肌肉均衡发达、线条清晰、富有弹性；姿态规范、端庄。

艺术史学家潘诺夫斯基深刻地指出："美，不在于各种成分，而在于各个部位和谐的比例。"在现实生活中，美与不美关键是看比例是否恰当。比例失调不能产生美感，比例适中则给人以和谐匀称的美感。此外，一个人尽管体型很美，却病态奄奄，站无站相，坐无坐相，走起路来耸肩弓背、摇头晃脑，也不能让人产生美感。这就告诉我们，姿态美对充分表现体型美、烘托体型美起着十分重要的作用。因此，在鉴赏和评价体型美时，练习者应着眼于人的整体，全面、综合地观察、分析。而在塑造自身的形体美时，则要根据自身的自然条件，从整体美的视觉出发，扬长避短、科学训练，才能实现美化形体的愿望。

任务二　塑形的方法

一、芭蕾塑形

芭蕾训练

（一）芭蕾基训基本概念

舞蹈，是提高人体协调性、灵活性、控制力、表现力和塑造体形的一种基本素质训练方法，通过规范、系统的训练，不但能提高身体素质，还能增强心理素质，提高气质。芭蕾基训是常见的和效果比较明显的一种训练方式。在芭蕾基训的过程中，一个部位伴随着另一个部位的运动关系，使身体的肌肉、关节、韧带、伸展性、耐力、爆发力、协调能力等方面得到进一步的锻炼和增强。

芭蕾基训，是让练习者在得到优美的体形的同时，还能运用身体语言配合音乐表达内心情绪的一种方式。通过基本素质及不同小组合的训练，提高对音乐节奏感的理解和对美的感受，使得形体美能得到更好的展现，进一步提高了练习者的自信心和气质。

“芭蕾”是法语“ballet”的音译，起源于意大利，兴盛于法国。芭蕾最初是欧洲的一种群众自娱或者广场表演的舞蹈，主要表现形式是女演员穿上特制的足尖鞋，用脚尖跳舞。在发展过程中，芭蕾形成了严格的规范和结构形式。通过芭蕾基训的地面、把杆等系统训练，运用芭蕾基训的“开、绷、直、立”四大原则，使自身体态更加挺拔，姿态更加优雅，身体各部位发展更加均衡，同时在悠扬的音乐伴奏下，让美得到直观又含蓄的展现。

（二）芭蕾的常用术语

目前，我们常用的芭蕾基训的术语都是来自法语，下面介绍芭蕾形体训练中常用到的术语。

（1）A terre：在地面，指用脚底完全接触地面，或者本应抬起一个位置的腿仍然留在地面上。

（2）En l’air：空中。

（3）En face：正面。

（4）En dehors：向外，动作过程中以支撑腿为准。

（5）En dedans：向里，动作过程中以支撑腿为准。

（6）Adagio：慢板，原意为缓慢的、安详的，现多指控制类的动作。

（7）Battement：腿部动作的总称，原意为拍打，泛指伸直或者弯曲的腿向外所做的一切动作。

（8）Demi plie：Demi，半，指原来姿势的一半。Demi plie，意为“半蹲”。

(9)Grand plie:Grand,大的。Grand plie 意为“大蹲”“深蹲”。

(10)Battement tendu:tendu,指绷脚尖压脚。Battement tendu 意为“擦地”,是大踢腿的开始或结尾的部分。

(11)Battement tendu jete:小踢腿,俄罗斯学派术语。

(12)Rond de jambe:单腿划圈,可在地面、空中向里或者向外划圈。

(13)Battement fondu:单腿蹲。

(14)Cou-de-pied:动作脚位于主力脚脚腕。

(15)Battement frappe:小弹腿。

(16)Grand battement jete:大踢腿。

(17)Releve:上升,多指半脚尖、脚尖动作。

(18)Saute:小跳。

(三)方位

在选择和明确身体的方向时,就身体而言,小腹所向的方向就是整体所向的方向。如果就局部而言,则按照不同局部所向的方向而选择、明确局部方向。一般分为以下 8 个方向:一方向、二方向、三方向、四方向、五方向、六方向、七方向、八方向(图 4-1),也称为一点、二点、三点、四点、五点、六点、七点、八点。

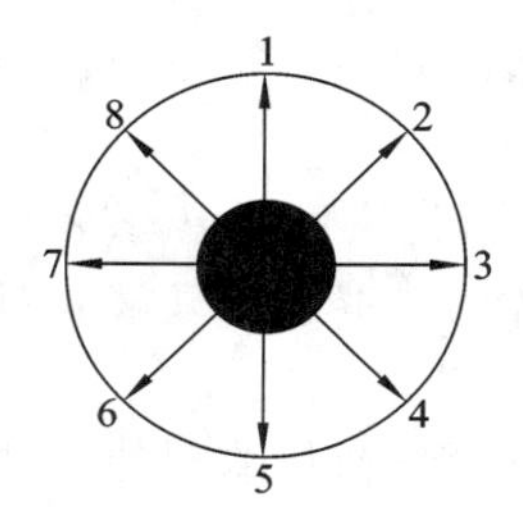

图 4-1　方位

身体的正前方称为一方向,顺时针转动 45°为二方向,以此类推共 8 个方向。

(四)芭蕾基训的常用词汇 

1 起法儿

在正式做动作以前,从力量或动作上做准备称为起法儿。一般在正式动作前的 4 拍或 8 拍时间,做起法儿动作,也叫准备拍。

2 面向

身体正面所朝的方向称为面向。

3 视向

眼睛所看的方向称为视向,一般也包括脸的朝向,如“眼看二方向”,即脸、视线均朝二方向。

4 对称动作

对称动作指左、右相对的同一动作。

5 正面、反面动作

在训练过程中，教师会提到“正面”“反面”这些词汇，这两者之间是相对而言的。例如：将左腿定为主力腿，右腿则为动力腿，此时，称为正面动作；相反，则为反面动作。

6 动力腿与主力腿

动力腿，也称为动作腿，指运动过程中主要完成动作的腿；而主力腿，也称为支撑腿，主要起到支撑身体的作用，与动力腿共同协调完成动作。

二、地面素质训练

地面素质训练主要包括在地面上完成的各个部位的一系列动作，以活动筋骨、韧带，提高身体柔韧度、开度为主，内容包括压腿、踢腿、压胯、压脚背、开肩、活动腰等，在使舞蹈动作优美、身体柔软的同时，使肌肉能力达到一定的要求。训练时在保证训练量的基础上，训练强度可因人而异，根据自身条件慢慢提高。

（一）基本坐姿

基本坐姿的练习是整个地面素质训练的基础，没有正确的坐姿，地面素质训练就如纸上谈兵，很多人有驼背、含胸等现象，故在训练的过程中，不能像舞蹈专业的人那样进行大幅度的基本功的训练。

基本坐姿的训练方法：双腿并拢，脚部用力下压（绷脚尖）迫使脚后跟离开地面，并使腿部拉至最长且直的状态，脊椎向上拉长，使后背与地面成90°角，肩膀下压。眼睛平视前方，下巴微抬，脖子拉长，双手手臂伸直放在身体的两侧。

（二）勾绷脚组合

（1）准备姿态：基本坐姿，双腿并拢向前伸直，绷脚，双脚脚后跟及脚尖并紧，两手置于身体两侧，肩膀下压，上身挺立。

（2）音乐：2/4，中速。

（3）动作组合：8×8 拍。

①第 1×8 拍。

1～2 拍：勾双脚脚尖。

3～4 拍：在 1～2 拍的动作基础上，勾脚掌。

5～6 拍：双脚脚背慢慢绷紧下压，保持勾脚尖状态。

7～8 拍：双脚脚尖下压，呈准备姿态。

②第 2×8 拍。

1～8 拍：重复上一个 8 拍。

③第 3×8 拍。

1～2 拍：勾右脚脚尖。

3～4 拍：勾右脚脚掌。

5～6 拍：绷右脚脚掌。

7～8 拍：绷右脚脚尖。

④第 4×8 拍。

1～2 拍：勾左脚脚尖。

3～4 拍：勾左脚脚掌。

5～6 拍：绷左脚脚掌。

7～8 拍：绷左脚脚尖。

⑤第 5×8 拍。

1～2 拍：勾双脚脚掌。

3～4 拍：在勾脚掌的基础上将双腿双脚外旋，双腿内侧肌肉夹紧，脚后跟并拢，打开脚尖。

5～6 拍：绷直全脚。

7～8 拍：将双腿双脚并拢，还原至准备姿态。

⑥第 6×8 拍。

1～2 拍：双腿双脚外开。

3～4 拍：勾全脚掌。

5～6 拍：并拢双腿双脚。

7～8 拍：绷全脚。

⑦第 7×8 拍。

1～8 拍：双脚向外慢慢打开，脚腕向外转一圈，完全打开后绷直收紧。

⑧第 8×8 拍。

1～8 拍：做上一个 8 拍的反向动作。

三、扶把训练

扶把训练，也叫把杆练习、把上练习。扶把训练是芭蕾基训里必不可少的部分，扶把训练指借助把杆进行单一动作或组合动作的练习，把杆可以帮助练习者完成动作时调整重心、掌握平衡，避免在支撑困难的情况下出现变形、错误动作等。扶把训练是气息、力量、稳定性及柔韧性的结合，是全方位综合训练的基础，初学者更加不能忽略扶把部分的训练。

芭蕾基训的把上组合练习主要有：Releve 组合、脚位组合、Battement tendu A、Plie、Battement tendu B、Battement tendu jete、Rond de jambe、Battement fondu、Battement frappe、Adagio、Grand battement jete 组合，通过把上组合系统的训练，使身体的稳定性进一步提高，身体的柔韧性、灵活性也随之得到锻炼。

（一）Releve 组合

(1)准备姿态：双手扶把，一位站立，双腿膝盖收紧。

(2)音乐：4/4，慢速。

(3)动作组合：8×8 拍。

①第 1×8 拍至第 4×8 拍。

1～8 拍：由一位慢慢 releve 到最高点。

1～8 拍：脚后跟慢慢下降到准备姿态。

1～8 拍：由一位慢慢 releve 到最高点。

1～8 拍：脚后跟慢慢下降到准备姿态。

②第 5×8 拍至第 8×8 拍。

1～4 拍：由一位慢慢 releve 到最高点。

5～8 拍：脚后跟慢慢下降到准备姿态。

1～4 拍：由一位慢慢 releve 到最高点。

5～8 拍：脚后跟慢慢下降到准备姿态。

1～2 拍：由一位慢慢 releve 到最高点。

3～4 拍：脚后跟慢慢下降到准备姿态。

5～6 拍：由一位慢慢 releve 到最高点。

7～8 拍：脚后跟慢慢下降到准备姿态。

1～2 拍：由一位慢慢 releve 到最高点。

3～4 拍：脚后跟慢慢下降到准备姿态。

5～6 拍：由一位慢慢 releve 到最高点。

7～8 拍：脚后跟慢慢下降到准备姿态。

注意：整个过程要慢，不能偏移重心，非常缓慢地上升和下降。

（二）脚位组合

一位。在正步的基础上，以脚后跟为轴，紧贴地面，不能向前或者向后偏重心（倒脚），两脚跟相贴，呈一直线，重心在两腿上（图 4-2）。

二位。两脚外开站平，两脚脚后跟之间为一个脚的距离，重心在两腿之间（图 4-3）。

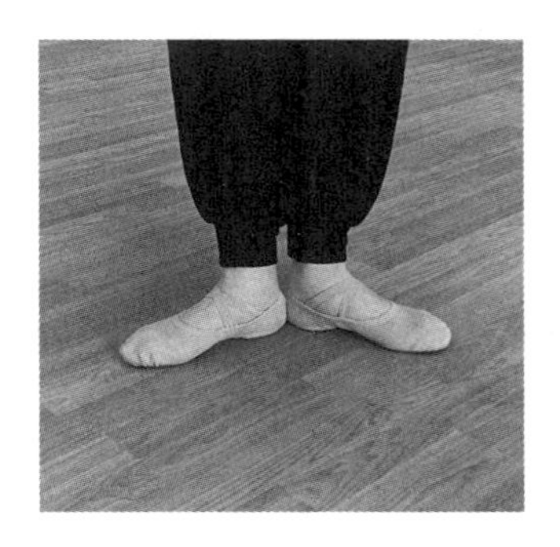

图 4-2　一位

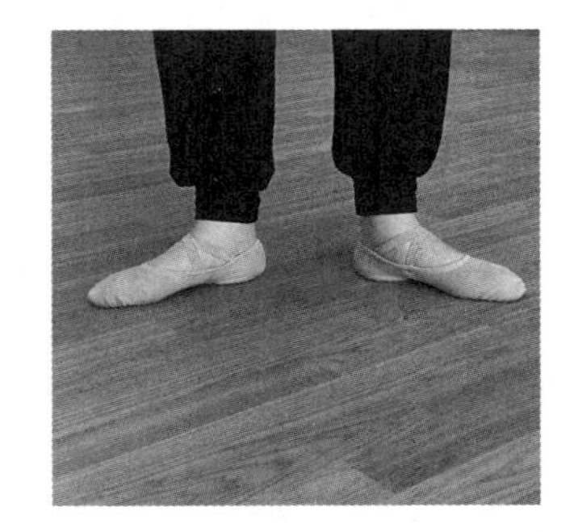

图 4-3　二位

三位。主力腿外开站立，动力腿的脚跟（外开）放在主力腿脚的中间，双脚相互紧贴，前脚遮住后脚的一半（图 4-4）。

四位。两脚外开平行前后站，重心在两腿上，前脚脚尖对准后脚脚后跟，两脚之间隔一个脚的距离（图 4-5）。

五位。在四位的基础上，前脚向后收，脚贴紧（图 4-6）。

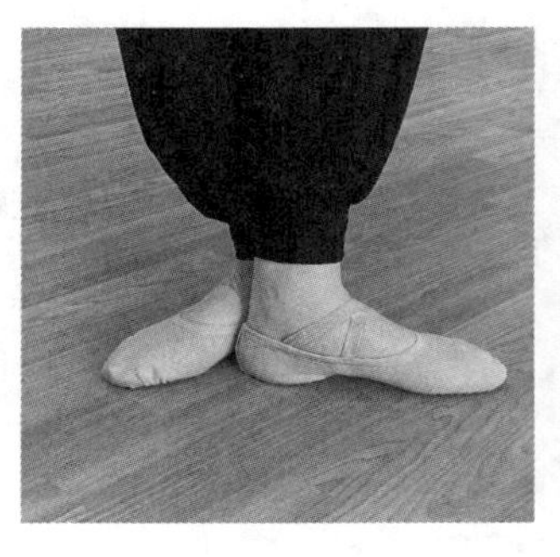

图 4-4　三位

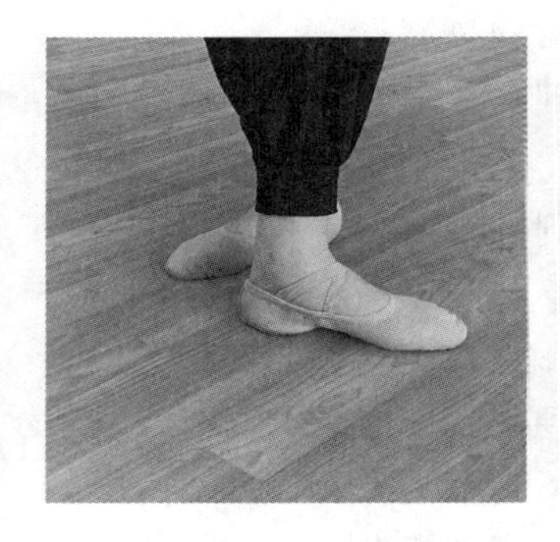

图 4-5　四位

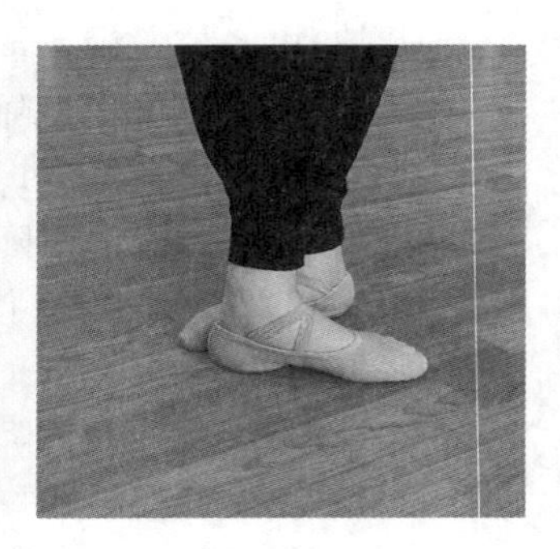

图 4-6　五位

(1)准备姿态:双手扶把,一位站立,双腿膝盖收紧。
(2)音乐:4/4,慢速。
(3)动作组合:12×8 拍。
①第 1×8 拍至第 2×8 拍。
1～4 拍:一位脚站立保持,重心在两脚之间,不能偏移。
5～6 拍:右脚 tendu 向旁,重心在左脚。
7～8 拍:右脚脚后跟落下,变二位脚,重心回到两脚之间。
1～4 拍:二位脚站立保持。
5～6 拍:重心移到左脚。
7～8 拍:右脚 tendu 收三位脚,重心回到两脚之间。
②第 3×8 拍至第 4×8 拍。
1～4 拍:三位脚站立保持。
5～6 拍:重心移到左脚,右脚 tendu 向前。
7～8 拍:落脚后跟呈四位脚,重心回到两脚之间。
1～4 拍:四位脚站立保持。
5～6 拍:重心移到左脚。
7～8 拍:右脚 tendu 收五位脚,重心回到两脚。
③第 5×8 拍至第 6×8 拍。
1～4 拍:五位脚站立保持。
5～6 拍:重心移到左脚。
7～8 拍:右脚 tendu 向旁,收一位脚,重心回到两脚之间。
1～8 拍:保持一位脚,姿态不动。
④第 7×8 拍至第 12×8 拍。
同上:左脚做相反的动作,6 个 8 拍。
注意:
(1)四位脚注意胯部要保持平行,左右胯两点一条线。
(2)整个过程上身都必须保持基本站姿的上身姿态。
(3)变化脚位时不能低头看脚,臀部要收紧。

(三)Battement tendu A(一位擦地组合)

(1)准备姿态:双手扶把,一位脚站立。

(2)音乐:4/4,中速。

(3)动作组合:8×8 拍。

①第 1×8 拍至第 4×8 拍。

1~4 拍:右脚 tendu 向旁。

5~8 拍:收回到一位脚。

1~4 拍:右脚 tendu 向旁。

5~8 拍:收回到一位脚。

1~4 拍:左脚 tendu 向旁。

5~8 拍:收回到一位脚。

1~4 拍:左脚 tendu 向旁。

5~8 拍:收回到一位脚。

②第 5×8 拍至第 8×8 拍。

1~4 拍:右脚 tendu 向前,头转向右 45°,下巴微抬,上身重心向后。

5~8 拍:收回到一位脚。

1~4 拍:左脚 tendu 向前,头转向左 45°,下巴微抬,上身重心向后。

5~8 拍:收回到一位脚。

1~4 拍:右脚 tendu 向后,头转向左 45°,下巴微收,上身重心向前。

5~8 拍:收回到一位脚。

1~4 拍:左脚 tendu 向后,头转向右 45°,下巴微收,上身重心向前。

5~8 拍:收回到一位脚。

注意:tendu 时,胯要保持外开,不能松,保持髋部中正,擦地向旁,逐渐绷直中间不能停顿,不能用大脚趾和小脚趾点地,要用脚趾的中间部分点地,脚后跟应用力往前顶。这个训练可以拉长腿部的肌肉线条,让腿部线条匀称修长。

(四)Plie(蹲组合)

(1)准备姿态:左(右)手扶把,一位脚站立,准备动作 4 拍。

(2)音乐:4/4,中速。

(3)动作组合:16×8 拍。

①第 1×8 拍至第 4×8 拍(一位 plie)。

1~2 拍:一位半蹲一次,右(左)手在七位。

3~4 拍:收回,右(左)手在七位。

5~6 拍:一位半蹲一次,右(左)手在七位。

7~8 拍:收回,右(左)手在七位。

1~2 拍:开始一位深蹲,右(左)手由一位至二位。

3~4 拍:一位深蹲,右(左)手变为七位。

5～6 拍:由一位深蹲变为一位半蹲,右(左)手至一位。

7 拍:双腿站直,右(左)手至二位。

8 拍:右(左)手打开至七位。

1～8 拍:一位上的立半脚尖 releve(眼睛看二位方向),右(左)手保持七位。

1～4 拍:双脚的脚后跟落下,右(左)手保持七位。

5～6 拍:右(左)脚向旁 tendu,右(左)手保持七位。

7～8 拍:右(左)脚至二位,右(左)手至一位。

②第 5×8 拍至第 8×8 拍(二位 plie)。

1～2 拍:二位半蹲一次,右(左)手在七位。

3～4 拍:收回,右(左)手在七位。

5～6 拍:二位半蹲一次,右(左)手在七位。

7～8 拍:收回,右(左)手在七位。

1～2 拍:开始二位深蹲,右(左)手由一位至二位。

3～4 拍:二位深蹲,右(左)手变为七位。

5～6 拍:由二位深蹲变为二位半蹲,右(左)手至一位。

7 拍:双腿站直,右(左)手至二位。

8 拍:右(左)手打开至七位。

1～8 拍:二位上的立半脚尖 releve(眼睛看二位方向),右(左)手保持七位。

1～4 拍:双脚的脚后跟落下,右(左)手保持七位。

5～6 拍:右(左)脚向旁 tendu,右(左)手保持七位。

7～8 拍:右(左)脚至五位,右(左)手至一位。

③第 9×8 拍至第 12×8 拍(五位 plie)。

1～2 拍:五位半蹲一次,右(左)手在七位。

3～4 拍:收回,右(左)手在七位。

5～6 拍:五位半蹲一次,右(左)手在七位。

7～8 拍:收回,右(左)手在七位。

1～2 拍:开始五位深蹲,右(左)手由一位至二位。

3～4 拍:五位深蹲,右(左)手变为七位。

5～6 拍:由五位深蹲变为五位半蹲,右(左)手至一位。

7 拍:双腿站直,右(左)手至二位。

8 拍:右(左)手打开至七位。

1～8 拍:五位上的立半脚尖 releve(眼睛看二方向),右(左)手保持七位。

1～4 拍:双脚的脚后跟落下,右(左)手保持七位。

5～6 拍:右(左)脚向旁 tendu,右(左)手保持七位。

7～8 拍:右(左)脚至四位,右(左)手至一位。

④第 13×8 拍至第 16×8 拍(四位上的 plie)。

1～2 拍:四位半蹲一次,右(左)手在七位。

3～4 拍:收回,右(左)手在七位。

5～6 拍:四位半蹲一次,右(左)手在七位。

7～8 拍:收回,右(左)手在七位。

1～2 拍：开始四位深蹲，右(左)手由一位至二位。

3～4 拍：四位深蹲，右(左)手变为七位。

5～6 拍：由四位深蹲变为四位半蹲，右(左)手至一位。

7 拍：双腿站直，右(左)手至二位。

8 拍：右(左)手打开至七位。

1～8 拍：四位上的立半脚尖 releve(眼睛看二位方向)，右(左)于保持七位。

1～4 拍：双脚的脚后跟落下，右(左)手保持七位。

5～6 拍：右(左)脚向旁 tendu，右(左)手保持七位。

7～8 拍：右(左)脚至一位，右(左)手至一位，回准备姿态。

(五)Battement tendu B(五位擦地组合)

(1)准备姿态：左(右)手扶把，右(左)手在一位，右(左)脚在前五位脚站立，4 拍音乐准备，手由一位经过二位，打开至七位。

(2)音乐：2/4，中速。

(3)动作组合：8×8 拍。

①第 1×8 拍至第 4×8 拍。

1～2 拍：右脚 tendu 向前，手七位保持，头转向二点。

3～4 拍：收回前五位脚，手七位保持，头保留在二点。

5～8 拍：重复以上 4 拍的动作。

1～2 拍：右脚 tendu 向旁，头回正面。

3～4 拍：收回前五位脚。

5～6 拍：右脚 tendu 向旁，头保持在正面。

7～8 拍：收回后五位脚。

1～2 拍：右脚 tendu 向后，头向二点。

3～4 拍：收回后五位脚。

5～8 拍：重复以上 4 拍的动作。

1～2 拍：右脚 tendu 向旁(头回正面)。

3～4 拍：收回后五位脚，手七位保持，头保留在二点。

5～6 拍：右脚 tendu 向旁。

7～8 拍：右脚收前五位。

②第 5×8 拍至第 8×8 拍。

1～2 拍：右脚 tendu 向前，手七位保持，头转向二点。

3～4 拍：右脚保持外开、直腿、勾脚尖，脚后跟着地，同时左腿保持外开半蹲。

5～6 拍：还原至 1～2 拍的动作。

7～8 拍：右脚收前五位。

1～8 拍：重心移至右腿，腿脚向后做上一个 8 拍的动作。

1～2 拍：重心移回至左腿，右脚 tendu 向旁，手七位保持，头转向一点。

3～4 拍：右脚保持外开、直腿、勾脚尖，脚后跟着地，同时左腿保持外开半蹲。

5～6 拍：还原至 1～2 拍的动作。

7～8 拍：右脚收后五位。

1～6 拍：左脚做上一个 8 拍中 1～6 拍的动作。

7～8 拍：右脚收前五位，手收回一位，结束组合动作。

（六）Battement tendu jete（小踢腿组合）

（1）准备动作：左（右）手扶把，右（左）手在一位，右（左）脚在前五位，脚站立。4 拍音乐准备，手由一位经过二位，打开至七位。

（2）音乐：2/4。

（3）动作组合：8×8 拍。

①第 1×8 拍至第 4×8 拍。

1～4 拍：右（左）脚向前 jete，脚尖距离地面 15 厘米。

5～8 拍：收回前五位。

1～4 拍：右（左）脚向旁 jete，脚尖距离地面 15 厘米。

5～8 拍：收回后五位。

1～4 拍：右（左）脚向后 jete，脚尖距离地面 15 厘米。

5～8 拍：收回后五位。

1～4 拍：右（左）脚向旁 jete，脚尖距离地面 15 厘米。

5～8 拍：收回前五位。

②第 5×8 拍至第 8×8 拍。

1～2 拍：右（左）脚向前 jete，脚尖距离地面 15 厘米。

3～4 拍：收回前五位。

5～6 拍：右（左）脚向前 jete，脚尖距离地面 15 厘米。

7～8 拍：收回前五位。

1～2 拍：右（左）脚向旁 jete，脚尖距离地面 15 厘米。

3～4 拍：收回前五位。

5～6 拍：右（左）脚向旁 jete，脚尖距离地面 15 厘米。

7～8 拍：收回后五位。

1～2 拍：右（左）脚向后 jete，脚尖距离地面 15 厘米。

3～4 拍：收回后五位。

5～6 拍：右（左）脚向后 jete，脚尖距离地面 15 厘米。

7～8 拍：收回后五位。

1～2 拍：右（左）脚向旁 jete，脚尖距离地面 15 厘米。

3～4 拍：收回后五位。

5～6 拍：右（左）脚向旁 jete，脚尖距离地面 15 厘米。

7～8 拍：收回前五位，结束组合。

（七）Rond de jambe（划圈组合）

（1）准备动作：左（右）手扶把，右（左）手在一位，右（左）脚在一位脚站立。4 拍音乐准

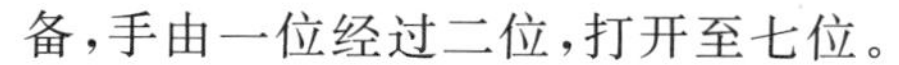

备，手由一位经过二位，打开至七位。

(2)音乐：3/4，中速。

(3)组合动作：16×3 拍。

①第 1×3 拍至第 8×3 拍。

1～3 拍：右(左)腿向前 tendu。

1～2 拍：由前划至旁。

3 拍：收至一位。

1～3 拍：右(左)腿向后 tendu。

1～2 拍：由后划至旁。

3 拍：收至一位。

1～3 拍：右(左)腿前擦。

1～2 拍：右(左)腿由前向后划 1/2 圈。

3 拍：收至一位。

1～3 拍：右(左)腿后擦。

1～2 拍：右(左)腿由后向旁划 1/2 圈。

3 拍：收至一位。

②第 9×3 拍至第 16×3 拍。

1～3 拍：右(左)腿向前抬起至空中 90°。

1～3 拍：右(左)腿由前抬起至空中 90°划至旁。

1～3 拍：右(左)腿由旁向后划。

1～3 拍：右(左)脚点地后收至一位。

1～3 拍：右(左)腿向后抬起至空中 90°。

1～3 拍：右(左)腿由后抬起至空中 90°划至旁。

1～3 拍：右(左)腿由旁向前划。

1～3 拍：右(左)脚脚尖点地前收至一位。

(八)Battement fondu(单腿蹲)

(1)准备姿态：左(右)手扶把，右(左)手一位，五位脚站立，四拍准备时间，右(左)手由一位经过二位，打开至七位，头转向二点。

(2)音乐：4/4。

(3)组合动作：8×8 拍。

①第 1×8 拍至第 4×8 拍。

1～4 拍：右(左)腿做前 cou-de-pied，两腿保持外开半蹲。

5～8 拍：右(左)腿向前伸出至空中 45°，两腿保持外开伸直。

1～4 拍：右(左)腿做前 cou-de-pied，两腿保持外开半蹲。

5～8 拍：右(左)腿向旁伸出至空中 45°，两腿保持外开伸直。

1～4 拍：右(左)腿做后 cou-de-pied 两腿保持外开半蹲。

5～8 拍：右(左)腿向后伸出至空中 45°，两腿保持外开伸直。

1～4 拍：右(左)腿做后 cou-de-pied 两腿保持外开半蹲。

5～6 拍:右(左)腿向旁伸出至空中 45°,两腿保持外开伸直。

7 拍:右(左)脚点地。

8 拍:右(左)脚收回前五位。

②第 5×8 拍至第 8×8 拍。

1～2 拍:右(左)腿前 passe,收至左(右)腿的膝盖内侧。

3～4 拍:右(左)腿向前伸出至空中 90°,左(右)腿半蹲。

5～6 拍:左(右)腿伸直,右(左)脚脚尖点地。

7～8 拍:右(左)腿收回至前五位。

1～2 拍:右(左)腿旁 passe,收至左(右)腿的膝盖内侧。

3～4 拍:右(左)腿向旁伸出至空中 90°,左(右)腿半蹲。

5～6 拍:左(右)腿伸直,右(左)脚脚尖点地。

7～8 拍:右(左)腿收回至后五位。

1～2 拍:右(左)腿后 passe,收至左(右)腿的膝盖内侧。

3～4 拍:右(左)腿向后伸出至空中 90°,左(右)腿半蹲。

5～6 拍:左(右)腿伸直,右(左)脚脚尖点地。

7～8 拍:右(左)腿收回至后五位。

1～2 拍:右(左)腿旁 passe,收至左(右)腿的膝盖内侧。

3～4 拍:右(左)腿向旁伸出至空中 90°,左(右)腿半蹲。

5～6 拍:左(右)腿伸直,右(左)脚脚尖点地。

7～8 拍:右(左)腿收回至前五位。

结束:手收回一位,脚五位,眼睛看二点方向。

(九)Battement frappe(小弹腿)

(1)准备动作:左(右)手扶把,右(左)手在一位,右(左)脚在前,五位脚站立。4 拍音乐准备,手由一位经过二位,打开至七位,右(左)脚向外收回至前 coude-pied 位置。

(2)音乐:2/4。

(3)动作组合:12×8 拍。

①第 1×8 拍至第 4×8 拍。

1～4 拍:小弹腿向前一次。

5～8 拍:右(左)腿收回至准备拍。

1～4 拍:小弹腿向旁一次。

5～8 拍:右(左)腿收回后 cou-de-pied。

1～4 拍:小弹腿向后一次。

5～8 拍:右(左)腿收回后 cou-de-pied。

1～4 拍:小弹腿向旁一次。

5～8 拍:右(左)腿收回前 cou-de-pied。

②第 5×8 拍至第 8×8 拍。

1～4 拍:小弹腿向前一次。

5～6 拍:右(左)脚脚尖向前点地。

7～8 拍:右(左)腿收回至前 cou-de-pied。

1～4 拍:小弹腿向旁一次。

5～6 拍:右(左)脚脚尖向旁点地。

7～8 拍:右(左)腿收回后 sur le cou-de-pied。

1～4 拍:小弹腿向后一次。

5～6 拍:右(左)脚脚尖向后点地。

7～8 拍:右(左)腿收回后 sur le cou-de-pied。

1～4 拍:小弹腿向旁一次。

5～6 拍:右(左)脚脚尖向旁点地。

7～8 拍:右(左)腿收回前 sur le cou-de-pied。

③第 9×8 拍至第 12×8 拍。

1～2 拍:右(左)腿向后、前各一次脚的 sur le cou-de-pied 位置做 Battement frappe double。

3～4 拍:小弹腿向前一次。

5～6 拍:右(左)腿向前、后各一次脚的 sur le cou-de-pied 位置做 Battement frappe double。

7～8 拍:小弹腿向旁一次。

1～2 拍:右(左)腿向前、后各一次勾脚的 sur le cou-de-pied 位置做 Battement frappe double。

3～4 拍:小弹腿向前一次。

5～6 拍:右(左)腿向后、前各一次 sur le cou-de-pied 的位置做 Battement frappe double。

7 拍:小弹腿向旁一次。

8 拍:右(左)腿收至绷脚的前 sur le cou-de-pied。

1～8 拍:右(左)腿向后、前勾脚的 sur le cou-de-pied 的位置做 battement frappe double 4 次,2 拍一次。

1～8 拍:右(左)腿向后、前勾脚的 sur le cou-de-pied 的位置做 battement frappe double 8 次,1 拍一次。

(十)Adagio(控制)

(1)准备动作:左(右)手扶把,右(左)手在一位,右(左)脚在前五位脚站立。4 拍音乐准备,手由一位经过二位,打开至七位。

(2)音乐:4/4,慢速。

(3)动作组合:8×8 拍。

①第 1×8 拍至第 4×8 拍。

1～4 拍:右(左)腿前 passe,收至左(右)腿的膝盖内侧。

5～8 拍:右(左)腿保持腿部外开向前控制 90°。

1～4 拍:保持 90°。

5～6 拍:右(左)腿落下,脚尖前点地。

7～8 拍:右(左)腿收回前五位。

1～4 拍:右(左)腿旁 passe,收至左(右)腿的膝盖内侧。

5～8 拍:右(左)腿保持腿部外开向旁控制 90°。

1～4 拍:保持 90°。

5～6 拍:右(左)腿落下,脚尖旁点地。

7～8 拍:右(左)腿收回后五位。

1～4 拍:右(左)腿后 passe,收至左(右)腿的膝盖内侧。

5～8 拍:右(左)腿保持腿部外开向后控制 90°。

1～4 拍:保持 90°。

5～6 拍:右(左)腿落下,脚尖后点地。

7～8 拍:右(左)腿收回后五位。

1～4 拍:右(左)腿旁 passe,收至左(右)腿的膝盖内侧。

5～8 拍:右(左)腿保持腿部外开向旁控制 90°。

1～4 拍:保持 90°。

5～6 拍:右(左)腿落下,脚尖旁点地。

7～8 拍:右(左)腿收回前五位。

②第 5×8 拍至第 8×8 拍。

1～4 拍:右(左)腿向前直腿控制 90°。

5～6 拍:控制 90°不动。

7 拍:右(左)腿落下,脚尖前点地。

8 拍:右(左)腿收回前五位。

1～4 拍:右(左)腿向旁直腿控制 90°。

5～6 拍:控制 90°不动。

7 拍:右(左)腿落下,脚尖旁点地。

8 拍:右(左)腿收回后五位。

1～4 拍:右(左)腿向后直腿控制 90°。

5～6 拍:控制 90°不动。

7 拍:右(左)腿落下,脚尖后点地。

8 拍:右(左)腿收回后五位。

1～4 拍:右(左)腿向旁直腿控制 90°。

5～6 拍:控制 90°不动。

7 拍:右(左)腿落下,脚尖旁点地。

8 拍:右(左)腿收回前五位。

(十一)Grand battement jete(大踢腿)

(1)准备动作:左(右)手扶把,右(左)手在一位,右(左)脚在前五位脚站立。4 拍音乐准备,手由一位经过二位,打开至七位。

(2)音乐:2/4,快速。

(3)动作组合:8×8 拍。

①第 1×8 拍至第 4×8 拍。

1～2 拍:右(左)腿前 jete 一次。

3～4 拍:点地。

5～8 拍:收回前五位。

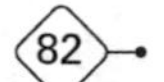

1～2 拍:旁 jete 一次。
3～4 拍:点地。
5～8 拍:收回前后位。
1～2 拍:后 jete 一次。
3～4 拍:点地。
5～8 拍:收回后五位。
1～2 拍:旁 jete 一次。
3～4 拍:点地。
5～8 拍:收回前五位。
②第 5×8 拍至第 8×8 拍。
1～2 拍:右(左)腿前 jete 一次。
3～4 拍:收回前五位。
5～6 拍:前 jete 一次。
7～8 拍:收回前五位。
1～2 拍:旁 jete 一次。
3～4 拍:收回前五位。
5～6 拍:旁 jete 一次。
7～8 拍:收回后五位。
1～2 拍:后 jete 一次。
3～4 拍:收回后五位。
5～6 拍:后 jete 一次。
7～8 拍:收回后五位。
1～2 拍:旁 jete 一次。
3～4 拍:收回后五位。
5～6 拍:旁 jete 一次。
7～8 拍:收回前五位。

四、中间训练

中间训练也称脱把练习、把下练习,即脱离把杆,进一步强化把杆部分所练习的内容,提高身体的平衡性、稳定性、灵活性。

(一)基本手位

1 手型

基本手型:双手自然并拢,食指向上抬起,大拇指向中指靠拢,女生保持 3 厘米的距离,男生保持约 5 厘米的距离。

2 手位

一位。双手自然下垂，向内弯曲，手心向上，两手中指接近靠拢，两肘呈弧形，手到大腿的距离为 3～5 厘米，两手中指指尖约 10 厘米的距离（图 4-7）。

二位。在一位手的基础上，双手手臂保持一位手的弧度与形状，向上的同时向前抬起至与胃部平行，以小指、手肘为支撑点端平，双肘比一位手略弯（图 4-8）。

图 4-7 一位

图 4-8 二位

三位。在一位手的基础上向上抬，肘往旁打开，指尖相对，眼睛往上看到手（图 4-9）。

四位。一只手在二位手位置上，另一只手在三位手位置上（图 4-10）。

图 4-9 三位

图 4-10 四位

五位。在四位手的基础上，将在二位手位置上的手（动力手），向旁打开至七位手的位置，另一只手保持三位手位置不动（图 4-11）。

六位。一只手在七位手位置保持不变，另一只手从三位手位置保持手臂的弧度及形状向下垂直落下至二位手位置（图 4-12）。

七位。双手的手臂呈弧形，在身体两侧打开抬起至二位手的水平面上，使两只手臂之间形成一个半圆的形状，两肩膀之间呈一自然下滑的弧线（图 4-13）。

注意：结束手位练习时，双手从七位划一个小半圈，呼吸，手心朝下，向两边伸长后，胳膊肘先弯曲下垂，逐渐收回到一位结束。

3 舞姿组合

（1）准备动作：一位手、右脚在前五位脚站立，面向八点，头向一点。

（2）音乐：4/4，缓慢。

（3）动作组合：4×8 拍。

图 4-11　五位

图 4-12　六位

图 4-13　七位

①第 1×8 拍。

1～2 拍:双腿半蹲,看二点下方。

3～4 拍:主力腿保持半蹲,右脚前擦,双手至二位。

5 拍:四位半蹲。

6～7 拍:起身的同时中心移向右腿,手呈正面的五位手。

8 拍:左脚收回。

②第 2×8 拍。

1～2 拍:右脚旁擦,手变为七位,身体面向一点。

3～4 拍:二位蹲,手保持七位,身体面向一点。

5～6 拍:重心移至右腿。

7～8 拍:身体转向二点,手收回一位,头向一点。

③第 3×8 拍。

1～2 拍:双腿半蹲,看八点下方。

3～4 拍:主力腿保持半蹲,左脚前擦,双手至二位。

5 拍:四位半蹲。

6～7 拍:起身的同时重移向左腿,手呈反面的五位手。

8 拍:右脚收回。

④第 4×8 拍。

1～2 拍:左脚旁擦,手变为七位,身体面向一点。

3～4 拍:二位蹲,手保持七位,身体面向一点。

5～6 拍:重心移至左腿。

7～8 拍:身体转向二点,手收回一位,头向一点。

任务三　古典舞身韵训练

中国古典舞身韵的基本元素有“提”“沉”“冲”“靠”“含”“移”“腆”等,训练中加入了大量的呼吸方法,这样才能使动作顺畅,如行云流水,体现出中国古典舞的独特魅力,同时这也是训练灵活性和协调性的极好方法。

身韵即身法与韵律的总称。身法属于外部的技法范畴，韵律则属于艺术的内涵风采，二者的有机结合和渗透，才能真正体现中国古典舞的风貌及审美的精髓。换句话说，身韵即形神兼备、身心并用、内外统一，这是中国古典舞不可缺少的标志，是中国古典舞的艺术灵魂。

一、常用手型与手臂舞姿

(1)兰花式：手型整体向上翘，中指下压，大拇指指尖靠近中指指根，食指指尖与无名指指尖靠近。

(2)女指式：食指向上伸直，中指与大拇指指尖相连，无名指紧贴中指右侧，小指微微弯曲上翘，手心空。

(3)女拳式：食指、中指、无名指并拢弯曲与大拇指指尖相握；小指弯曲，指尖紧贴无名指第二关节，手心空。

(4)小五花：双手在兰花指的基础上盘腕绕花，呈上下两个圈画“8”字。提腕背手，手腕轻靠；右手小指带向上由左至右盘腕，同时变腕，手心向上；左手同时变腕，由右至左，手心向上；双手不停，右手小指带由右至左继续盘腕，左手向右跟随；双手不停，同时变腕，为手背相对。

(5)掌式：手指并拢，虎口向下撑开，正面看不见大拇指。

(6)摊掌：在兰花指的手型上，手心向上摊开。

(7)按掌：在兰花指的手型上，手心向下。

(8)托掌：手臂在三位，手指呈兰花指，手心向上。

(9)背手：在兰花指的手型上，双手提腕，手腕靠于双臀。

(10)顺风旗：在五位的手位上，手心向外，手型呈兰花指。

(11)男拳式：食指到小指靠拢弯曲，指尖捏于手心；大拇指弯曲，手指内侧紧靠食指和中指。

(12)男指式：食指和中指并拢伸直，小指靠近无名指，无名指与大拇指指尖相连。

(13)男叉腰：在掌式的基础上，虎口叉于腰间；双臂展开，不宜向后或向前倾斜。

二、常用下肢动作

(1)踏步：前脚全脚掌着地，脚尖打开；后脚前脚掌着地，双膝并拢。

(2)半脚尖：双腿在小八字的基础上，前脚掌着地；双脚跟抬起到极限。

(3)大步：身体正对一点，左腿一点半蹲，脚尖略开，右腿对七点，脚背着地。可做反面。

(4)横弓步：身体正对一点，重心在左腿，左腿对八点半蹲，右腿对三点伸直，全脚着地。

(5)竖弓步：身体正对一点，左腿对一点半蹲，脚尖略开，右腿伸直对五点，前脚掌着地。

三、身韵基本舞姿元素

(1)提:吸气,由吸气带动尾椎、腰椎、胸椎、颈椎依次向上推起,双目自然抬起平视前方。

(2)沉:吐气,随吐气由尾椎、腰椎、胸椎、颈椎依次向下放松,双目随头低下放松眼皮,目视地面。

(3)冲:吐气,肩和地面保持平行,肩和胸带动冲向左前或右前。

(4)靠:吐气,肩和背平行,用肩向左后或右后靠。

(5)含:吐气,低头,含时凹胸,背向后突。

(6)移:肩、肋、腰同时向左旁或右旁移动;双肩保持平衡。

(7)腆:含必沉,腆必提;腆时凸胸向前,不可叩背。

(8)卧鱼:坐于地面,双腿弯曲,双膝重叠。

(9)旁提:经过移动以后,往斜上方领;旁提时须先沉再移、拉、提。

(10)横拧:以腰为中心轴,双肩平行,右背向前推,左肋向回拉。可做反面。

四、身韵体态组合

音乐:2/4 拍,中速,稍慢,舒畅的。

准备姿态:身体对一点,双盘腿坐,双手扶膝,双肩下沉,气沉丹田,双目平视。

准备动作:一个 8 拍。

1～6 拍:静止。

7～8 拍:吐气沉。

动作节奏及做法如下。

第一个 8 拍。

1～4 拍:提(慢吸气),从尾椎到颈、头慢慢提起。

5～8 拍:沉(慢吐气),由腰部放松至头部。

第二个 8 拍。

重复第一个 8 拍的动作。

第三个 8 拍。

1～4 拍:提,双手压腕背手。

5～6 拍:双手提腕向前方一点,同时沉。

7 拍:提,双手由一点直接到三位,低头。

8 拍:吐气,双手压腕从两旁分开下来,稍沉。

第四个 8 拍。

重复第三个 8 拍的动作。

第五个 8 拍。

1～2 拍:提,双手扶膝。

3～4 拍:冲向八点,头眼同向。

5～6 拍:提,头、眼回一点。

7～8 拍:靠向四点,头眼转向八点。

第六个 8 拍。

1～2 拍:提。

3～4 拍:冲向二点,头、眼同向。

5～6 拍:提,头、眼回一点。

7～8 拍:靠向六点,头眼转向二点。

第七个 8 拍。

重复第五个 8 拍的动作。

第八个 8 拍。

重复第六个 8 拍的动作。

第九个 8 拍。

1～4 拍:提,头回一点。

5～8 拍:沉。

第十个 8 拍。

1～2 拍:移向三点,右手拉山膀。

3 拍:靠向四点,右手单盘腕。

4 拍:含向五点,右手向内放置胃前。

5 拍:靠向六点,右手慢慢向左旁伸出。

6 拍:移向七点,右手向左伸出。

7～8 拍:冲向八点,腆向一点,右手心向上平打开到右旁。

第十一个 8 拍。

1～4 拍:提,头回一点。

5～8 拍:沉。

第十二个 8 拍。

重复第十个 8 拍对称的动作。

第十三个 8 拍。

1～4 拍:右旁提,右背手,左波浪手顺大腿外侧延伸到小七位,头和双目随左手。

5～8 拍:含,头手原路线收回。

第十四个 8 拍。

重复第十三个 8 拍对称的动作。

第十五个 8 拍。

1～4 拍:提,双波浪手到小七位。

5～8 拍:沉,双手收回,背手。

第十六个 8 拍。

1～4 拍:提,双手回到双膝上。

5～6 拍:沉。

7～8 拍:提,动作结束。

五、圆场舞姿组合

音乐:2/4,中速,平稳、行如流水。
队形:圆圈。
预备姿态:左脚在前踏步,双背手,左拧身,右略旁提,双目顺看左斜前,面向外圈。
准备动作:
1~4 拍:静止。
5~6 拍:吸气。
7~8 拍:吐气沉。
音乐:2/4,中速,平稳、行如流水。
队形:圆圈、散点。
准备动作:左脚在前踏步,双背手,左拧身,右略旁提,双目顺看左斜前,面向外圈。
1~6 拍:静止,吸气。
7~8 拍:吐气沉。
动作节奏及做法如下。
第一个 8 拍。
顺时针右脚起 4 次慢步,左手经前撩手还原背手。
第二个 8 拍。
反复第一个 8 拍的动作。
第三个 8 拍。
两次圆场慢步,向旁画立圆,双晃手。
第四个 8 拍。
同第三个 8 拍对称的动作。
第五个 8 拍。
圆场,左拧身。
1~4 拍:左单手波浪出至小七位。
5~8 拍:收回。
第六个 8 拍。
圆场,右拧身。
1~4 拍:右单手波浪出至小七位。
5~8 拍:收回。
第七个 8 拍。
圆场,左单晃手。
第八个 8 拍。
圆场,右单晃手。
第九个 8 拍。
圆场,横拧对内圈,左臂拉山膀、右臂提襟。
第十个 8 拍。
重复第九个 8 拍的动作。

第十一个 8 拍。
重复第九个 8 拍的动作。
第十二个 8 拍。
转身向内圈跑圆场，提气，双手由前捧起。
第十三个 8 拍。
碎步退回大圆圈，沉，双手收回到胸前。
第十四个 8 拍。
1～4 拍：转身圆场对外圈，双手由旁大波浪起。
5～8 拍：原地圆场向左转身，左手在身前，右手在身后。
第十五个 8 拍。
1～2 拍：逆时针跑圆场，双手分开到小七位。
3～4 拍：收回背手。
5～8 拍：右拧身，右手小波浪到小七位停住。
第十六个 8 拍。
反复第十五个 8 拍的动作。
第十七个 8 拍。
保持动作。
第十八个 8 拍。
保持动作。
第十九个 8 拍。
保持动作。
第二十个 8 拍。
圆场，变换队形；手臂动作：小五花。
1～4 拍：提。
5～8 拍：沉。
第二十一个 8 拍。
圆场，变换散点队形到位。
1～4 拍：提，小五花到头顶，身对一点。
5～6 拍：沉，双手从旁打开收回背手。
7～8 拍：提，脚下不停。
第二十二个 8 拍。
左脚对二点上步，立身射燕，头转向八点，双目平视，亮相。
第二十三个 8 拍。
右脚向八点上步，立身射燕，头转向二点，双目平视，亮相。
第二十四个 8 拍。
1～4 拍：左脚对七点上步，由七点至三点双晃手。
5～6 拍：右脚对七点上步，由七点至三点双晃手。
7～8 拍：左手在上的高低手，头随手走到七点斜上方，动作结束。

■ **知识链接**

飞机起飞前，一位乘客请空姐给他倒一杯水吃药。空姐很有礼貌地说："先生，为了您的安全，请稍等片刻，等飞机进入平衡飞行后，我会立刻把水给您送过来，好吗？"

15 分钟后，飞机已进入平衡飞行状态。突然，乘客服务铃急促地响了起来，空姐猛然意识到由于太忙，她忘记给那位乘客倒水了。当空姐来到客舱，看见按响服务铃的果然是刚才那位乘客，她小心翼翼地把水送到那位乘客面前，微笑着说："先生，实在对不起，由于我的疏忽，延误了您吃药的时间，我感到非常抱歉。"这位乘客抬起左手，指着手表说道："怎么回事，有你这样服务的吗？你看看，都过了多久了？"空姐手里端着水，无论她怎么解释，这位乘客都不肯原谅她。

接下来的飞行途中，为了弥补自己的过失，每次去客舱为乘客服务时，空姐都会特意走到那位乘客面前，面带微笑地询问他是否需要水或者别的帮助，然而，那位乘客余怒未消，摆出不合作的样子，并不理会空姐。

临到目的地时，那位乘客要求空姐把留言本给他送过去，很显然，他要投诉这名空姐，此时空姐心里很委屈，但是仍然表现得非常有礼貌，面带微笑地说道："先生，请允许我再次向您表示真诚的歉意，无论您提出什么意见，我都会欣然接受。"那位乘客想说些什么，可是没有开口，他接过留言本，开始在本子上写了起来。

等到飞机安全降落，所有的乘客陆续离开后，空姐惴惴不安地打开留言本，却惊奇地发现，那位乘客在本子上写下的并不是投诉信，相反，这是一封热情洋溢的表扬信。

是什么使得这位挑剔的乘客最终放弃了投诉呢？在信中，空姐读到这样一句话："在整个过程中，你表现出了真诚的歉意，特别是你的 12 次微笑深深打动了我，使我最终决定将投诉信改成表扬信！你的服务质量很高，如果下次有机会，我还将乘坐你们的航班。"

任务四　仪态管理

人的性格、教养、受教育的程度、所处的环境等，对其成长及气质的形成具有重要的作用。良好的气质是能够通过后天培养、训练获得的，但是这种培养是一个漫长而有意识的过程，它不仅有对身体本身的训练，更多的是文化修养和文化素养的培养，这是一个有目的的行为过程。气质底蕴的形成是文化长期积累的成果，形体美的最终表现是良好的形体加上优雅的气质。

一、礼仪概述

人除了具有自然属性外，还具有社会属性。在社会生活中，人与人要交流、要相处。随着社会文明程度的提高，人们对彼此的交往与相处有了一定的要求和制约，礼仪随即产生。礼仪是社会文明程度的重要展现。从几千年文明史来看，人们对文雅的仪风和悦人的仪态一直是孜孜以求的。而今，随着现代生活水平的提高，人们对个人的礼仪也倍加关注。从表面看，礼仪涉及穿着打扮、举手投足之类的小事小节，但通过这些小事小节可以显示个人的精神风貌，在举止言谈中显现个人的文化修养。

礼仪作为一种社会文化，不仅影响个人的形象，而且事关组织社会乃至国家和民族的整体形象。强调礼仪，是为了倡导现代文明，旨在提高个人素养、强化社会良好礼仪风范。良好的礼仪形象是我们立足、立业之源。下面我们对礼仪进行具体说明。

（一）礼仪的特征

1 以个人为基点

礼仪是针对个人行为的种种规定，但群体都是由一定个体所组成，因此，个人行为将直接影响群体、组织，乃至社会的生存与发展。从此意义看，加强礼仪学习、规范个人行为，不仅是为了提高个人自身修养，更重要的是为了促进社会有序发展。

2 以修养为基础

礼仪不是简单的个人行为表现，而是个人的公共道德修养在社会活动中的体现，它反映的是一个人内在的品格与文化修养。若缺乏内在的修养，个人也就不可能自觉遵守、自愿执行社会公共道德。因此，礼仪必须以个人修养为基础。

3 以尊重为原则

在社会活动中，讲究礼仪必须奉行尊重他人的原则。“敬人者，人恒敬之”，只有尊重别人，才能赢得别人的尊重。

4 以美好为目标

遵循礼仪，尊重他人，按照礼仪的标准行动，是为了更好地塑造个人的自身形象，更充分地展现个人的精神风貌。礼仪教会人们识别美丑，帮助人们明辨是非，引导人们走向文明，它能使个人形象日臻完善，使人们的生活日趋美好。

5 以坚持为方针

良好的礼仪的确会给人们以美好，给社会以文明，但所有这一切，都不可能立竿见影，也不是一日之功，不可急于求成，必须经过个人和集体长期不懈的努力。

（二）礼仪的培养

我们知道，良好的礼仪、规范的处事行为并非与生俱来，也非一日之功，是靠后天的不懈努力和精心教化才能逐渐形成的。因此，可以说礼仪由文明行为标准真正成为个人的一种自觉自然的行为，是一个渐变、升华的过程。

首先必须有个人的主观能动性，它是人的行为和思想发生变化的根本条件，也是提高自身素质、形成良好礼仪风范的基本前提。因此，我们每个人要不断完善自己，战胜自我，

在行动中表现出较强的自律性，自觉克服自身的不良行为习惯和失礼行为。不断学习，不断进取，心中常想，行动中常做，把礼仪深植在自己心中。

其次是加强学习。学习可以使人知书达礼。教师的引导、指点和言传身教是我们学习的直接途径，书本是我们获取礼仪知识的重要渠道，亲身实践是成功的关键。这些对礼仪的形成都起着重要的作用。礼仪的形成如积跬步而致千里，积小流而成江河，只要努力坚持，一定会达到。

最后是坚持实践。礼仪的形成，个人行为的变化，除了自身的主观努力和坚持不懈的学习外，关键是坚持实践，生活中我们会受到所处环境的影响，但一定要有辨别是非的能力，要按照礼仪的标准来严格要求自己。

（三）礼仪的意义

首先，加强礼仪修养有助于提高个人素质，体现自身价值。“金无足赤，人无完人。”在现实生活中，人们都在以各种不同的方式追求着自身的完美。只有将内在美与外在美统一起来才称得上唯真唯美，而加强礼仪修养正是实现完美的最佳方法。加强礼仪修养可以丰富人的内涵，提高自身素质，使人们面对纷繁社会时更具勇气和信心，进而更充分地实现自我。

其次，加强礼仪有助于增进人际交往，营造和谐友善的气氛。礼仪是人际交往的通行证。我们每天都要与他人交往，如不能很好地相处，那么在生活中、事业上就会寸步难行，一事无成。加强修养，注重礼节，在你尊敬他人的同时也赢得别人对你的尊敬，从而使人与人之间的关系更融洽，使人们的交往气氛更加愉快。

最后，加强礼仪有助于促进社会文明。人与社会密不可分，社会文明需要所有成员的共同努力。礼仪修养的加强，可以使每位社会成员进一步强化文明意识，端正自身行为，从而促进社会文明程度的提高。

二、站立的基本姿态训练

标准的站姿，是指人在停止行动之后，直立身体，双脚着地，或者踏在其他物体之上的姿势。它是人们平时所采用的一种静态的身体造型。“站如松”比喻人的站立姿势要像松树一样端直挺拔。这是一种静态美，是培养优美的仪态的起点，是发展不同质感动态美的起点和基础。正确健美的站姿会给人以挺拔笔直、舒展大方、精力充沛、积极向上的印象。

在人际交往中，得体的站姿是一个人全部仪态的根本。如果站姿不够标准，那么这个人的其他姿势便谈不上优雅。对空乘服务人员而言，标准的站姿尤为重要。

（一）基本站姿

1 站姿的基本要领

双脚后跟相靠，双膝紧贴绷直，关节收紧；脚尖分开 30°，身体重心放在两脚之间，防止重心偏移；后背挺直，双肩放松，肩膀向左右延伸；腹部微收，抬头脖颈挺直，下巴和喉部成

90°。双目平视远方，嘴唇微闭，面带微笑，呼吸平和自然；气沉丹田，身体直立，做到收腹、提腰、立背、沉肩。

2 常用的4种站姿

(1)肃立式。

动作要领及要求：在基本站姿的基础上，两脚后跟、脚尖并拢，挺胸抬头，收腹立腰，双臂自然下垂，下颌微收，双目平视。

(2)前交叉式。

动作要领及要求：

①男士：左脚向左边水平方向迈一小步，两脚分开之间的距离以小于肩宽为宜，两脚脚尖向外微展开10°～15°；双手在腹前交叉，左手轻握拳，右手虎口微开，其余四指微并，搭在左手腕部；身体重心放在两腿之间，腰背挺直，双肩展开，颈部直立，下颌微收，面带微笑。

②女士：左脚在前丁字步，即两脚尖稍稍展开，左脚尖对十一点的方向，左脚跟靠于右脚内侧中间位置；右脚尖对二点的方向；两腿绷直并严，腰背立直，双臂向左右微开，两手在腹前交叉，右手握左手的手指部分，使左手四指不外露，左手大拇指内收在手心处。双肩向左右展开，颈部直立，下颌微收，面带微笑。

(3)体后交叉式。

动作要领及要求：两腿分开与肩同宽，两脚尖展开，两腿绷直并拢，腰背直立，两手在身后交叉，左手半握拳，右手轻握左手腕部。

(4)体后单背式。

动作要领及要求：站成左丁字步，即左脚跟靠于右脚内侧中间位置，使两脚尖展开成90°，身体重心放在两脚上，左手后背半握拳，右手自然下垂。

另外也可站成右丁字步，即右脚跟靠于左脚内侧中间位置，使两脚尖展开成90°，右手后背半握拳，左手自然下垂。

(二)生活中的站姿

在日常生活的某些场合，常常有人站立时手足无措，其实站姿可以随着场合进行调整。同别人站着交谈时，如果空着手，双手可以在体前相握，右手在上；若有背包，可利用背包摆出优雅的站姿；问候长辈、朋友、同事或向他们做介绍时，不论握手或鞠躬，双足应当并立，膝盖要挺直；等车或等人时，双足的位置可一前一后，保持45°，肌肉放松而自然，但保持身体的挺直。

总之，站立的姿势应该是自然、轻松、优雅的，不论站立时摆出何种姿势，两脚的姿势及角度和手的位置如何变化，身体都应保持绝对的挺拔直立。

(三)挺拔站姿的练习方法

训练是为了让身体形成一种新的习惯，心理学研究表明，21天以上的重复会形成习惯，90天的重复会形成稳定的习惯。因此我们的训练一般会在一学期后有明显效果。习惯的形成大致分三个阶段。

第一阶段:第 1～7 天。此阶段的特征是刻意、不自然。练习者需要十分刻意地提醒自己改变,其间,练习者会觉得有些不自然、不舒服。

第二阶段:第 8～21 天。不要放弃第一阶段的努力,继续重复,跨入第二阶段。此阶段的特征是刻意但自然。练习者已经觉得比较自然、比较舒服了,但是一不留意,还是会恢复到从前的状态,因此,练习者还需要刻意提醒自己改变。

第三阶段:第 22～90 天。此阶段的特征是不经意、很自然,其实这就是习惯了。这一阶段被称为习惯的稳定期。一旦跨入此阶段,练习者已经完成了自我改造,这项习惯就已经成为练习的一个有机组成部分。

下面简单介绍几种练习方法。

(1)“九点靠墙法”。

背墙而立,让后脑勺、双肩、臀部、小腿肚及脚后跟都与墙壁轻贴,收腹、提腰、立背。每次训练 15～20 分钟。坚持 1 个月以上有效。

(2)夹纸顶书法。

双腿伸直双膝间夹住一张纸片,头顶一本厚书,身体会自然地把颈部挺直,为了使书本不掉下来,头部会有自然向上延伸、控制的感觉。每次训练 15～20 分钟。

(3)双人练习法。

身高相近的两人为一组,背靠背站立,要求两人脚跟相距 5～6 厘米,小腿、臀部、双肩、后脑勺紧贴,每次训练 15～20 分钟。

三、坐的基本姿态训练

优雅的坐姿传递着自信与良好修养的信息,同时也显示出高雅端庄的风范。我们经常会看到一些不雅坐姿,比如双腿岔开、腿抖个不停、脚跷得很高,这些坐姿实在让人不敢恭维。其实跷腿也不是完全不可以的,只要注意姿态就好。例如,女士想跷腿,那双腿需要是合拢的,如果裙子比较短更要小心。一些工作时经常走动或上下楼梯的女士,都不适合穿太短的裙子。如果是男士,坐的时候膝盖可以分开一点,但不要超过肩宽,不能双腿叉开半躺在椅子上。

(一)入座时的基本要求

(1)从座位左侧入座。

如果条件允许,入座时最好从座椅的左侧靠近,这样做是一种礼貌,而且也方便入座。

(2)在同伴之后入座。

出于礼貌,和同伴一起入座或同时入座时,不可抢先入座。

(3)安静地入座。

入座时动作要轻,不要拖动座椅,要轻轻坐下。

(4)向周围的人致意。

就座时,如果附近坐着熟人,应该主动打招呼。即使是不认识的,也应该先微笑点头示意。如果是在公共场合,要想坐别人旁边的空位,还必须征得对方的同意。

(5)入座的动作规范。

在别人前面就座,最好背对着自己的座椅,这样就不至于背对着对方。得体的做法是:先侧身走近座椅,背对着站立,右腿后退半步,以小腿确认一下座椅的位置,然后随势坐下。必要时,用一只手扶着座椅的扶手,女士还应一只手扶裙。

(二)离座的要求

(1)事先说明。

离开座椅时,身边如果有人在座,应该用语言或动作向对方示意,随后再起身。

(2)注意先后。

和别人同时离座,要注意起身后先让他人离开。地位低于对方的,应该稍后离座;如双方身份相似、地位相同,可以同时起身离座。

(3)起身缓慢。

起身离座时,最好动作轻缓,但不要"拖泥带水",不要拖动座椅或将椅垫、椅罩等碰到地上。

(4)从左离开。

坐起身后,应该从左侧离座。和"左入"一样,"左出"也是一种礼节。

(5)离座动作规范。

右脚退后半步,小腿轻靠凳子,女士单手或双手轻轻扶裙,重心前移起立。

(三)下肢的动作

入座后,身体的下肢也会落入别人的视野内。不管是从文明礼貌还是从优雅舒适的角度来讲,坐好后下肢的摆放应多加注意。

(1)正坐式:适用于正规的场合。

要求:上身与大腿、大腿与小腿都应当成直角,小腿垂直于地面;双膝、双腿包括两脚的脚后跟,都要完全并拢;双手重叠轻压于裙缝上。

(2)前伸后屈式:女士适用的一种坐姿。

要求:大腿并紧后,向前伸出一条腿,并将另一条腿屈后,两脚脚掌着地,双脚前后要保持在一条直线上。

(3)双腿叠放式:适合穿短裙的女士。

要求:将双腿一上一下交叠在一起,交叠后的两腿间没有任何缝隙,犹如一条直线。双脚斜放在一侧,如左脚在下,就倾斜于左侧,斜放后的腿部与地面成45°,叠放在上面的脚的脚尖垂向地面。

(4)双腿斜放式:适合穿裙子的女士在较低的位置就座时。

要求:双腿首先并拢,然后双膝向左或向右侧斜,力求使斜放后的腿部与地面成45°。

(5)双脚交叉式:适用于各种场合,双膝先要并拢,然后双脚在踝部交叉。

要求:交叉后的双脚可以内收,也可以斜放,但不要向前方远远地直伸出去。

(6)单勾脚式:适合穿短裙的女士。

要求：双膝先要并拢正对前方，右脚向右侧外移动45°，大脚趾外侧点地；左脚勾在右脚的脚踝处，双腿向勾脚的一方倾斜，同时腿部与地面成45°。

(7)男士正坐式：适用于正规的场合。

要求：上身与大腿、大腿与小腿都应当成直角，小腿垂直于地面；双膝、双腿包括两脚的脚跟，都要完全并拢；双手放于双膝上。

(8)垂腿开膝式：为男性所用，也比较正规。

要求：两腿略分开，与肩膀同宽，看起来不至于太过拘束；两脚平放在地面上，大腿与小腿成直角，双手以半握拳的方式放在腿上或是轻轻地搭在椅子的扶手上。

(9)前升后驱式：为男性所用。

要求：两腿略分开，与肩膀同宽，看起来不至于太过拘束；以右脚在前为例，右腿平放在地面上，大腿与小腿成直角，左脚略微后收，双手以半握拳的方式放在腿上或是轻轻地搭在椅子的扶手上。

(10)男士叠放式：为男性所用。

要求：以右腿为例，左腿与地面保持垂直，右腿叠放在上面，小腿有意识地收起，一定注意不要翘起，更不能摇晃。

(四)上身的姿势

1 注意头部位置的端正

不要出现仰头、低头、歪头、扭头等情况，整个头部与身体，应当呈一条直线，和地面垂直。办公时，可以低头俯身看桌上的文件和用品，但在回答别人问题时，应该抬起头来，不然就会给人爱理不理的感觉；在和别人交谈时，可以面向正前方，或者面部侧对对方，不可以不看对方，更不能用后脑勺对着对方。

2 注意身体直立

坐好后身体也要端正，需注意以下几点。

(1)椅背的倚靠。

倚靠主要用以放松，所以因工作需要而就座时，不应当上身完全倚靠着椅背，最好一点都不倚靠。

(2)椅面的占用。

在尊长面前，不要坐满椅面，坐好后占椅面的2/3左右最合乎礼节。

(3)身体的朝向。

交谈的时候，为表示重视，不仅应面向对方，而且同时将整个上身朝向对方。

(五)手臂的摆放

入座后手臂摆放的正确位置主要有以下几种。

(1)双手各自扶在一条大腿上，也可以双手叠放后放在两条大腿上，或者双手相握后放在两条大腿上。

(2)侧身和人交谈时，通常要将双手叠放或相握放在自己所侧向一方的那条大腿上。

(3)当穿短裙的女士面对男士而坐，并且身前又没有屏障时，为避免“走光”，可以把自己随身的皮包或文件放在并拢的大腿上，随后，双手或扶、或叠、或握置于上面。

(4)双手平扶在桌子边缘或是双手相握置于桌上，都是可行的，有时也可把手叠放在桌上。

(5)当正身而坐时，双手分扶在两侧扶手上；当侧身而坐时，双手叠放或相握后，放在侧身一方的扶手上。

(六)禁忌的坐姿

在别人前面落座时，一定要遵守律己敬人的基本规定，并注意不要出现以下问题。

(1)双腿叉开过大。

双腿如果叉开过大，不论大腿叉开或小腿叉开都非常不雅。特别是身穿裙装的女士更不能忽略这一点。

(2)架腿方式欠妥。

坐后将双腿架在一起，不是说绝对不可以，但必须有正确的方式。应当是两条大腿相架，并且一定要使两腿并拢，如果把一条小腿架在另一条大腿上，两腿之间会留出很大的空隙，就显得有些放肆了。

(3)腿向外过度直伸。

那样既不雅观也妨碍别人，身前如果有桌子，双腿尽量不要伸到桌子外面来。

(4)将腿放在桌椅上。

有人图舒服，喜欢把腿架在高处，甚至放到身前的桌子或椅子上，这样的行为是非常粗鲁的，另外，把腿盘在座椅上也不妥。

(5)抖腿。

反反复复地抖动或摇晃自己的腿部，不仅会让人心烦意乱，而且也会给人以极不稳重的印象。

(6)跷腿脚尖指向他人。

不管具体采用哪一种坐姿，都不要将本人的脚尖指向他人，因为这一做法是非常失礼的。

(7)脚蹬踏他物。

坐下来后，脚部一般都要放在地上，如果乱蹬乱踩，都是非常失礼的。

(8)用脚自脱鞋袜。

就座时用脚自脱鞋袜，显然是非常粗鲁的。

(9)手触摸脚部。

就座以后用手抚摸小腿或脚部都是既不卫生又不雅观的行为。

(10)手乱放。

就座后双手要放在身前，有桌时放在桌上。单手、双手放在桌下，双肘支在身前的桌上或夹在两腿间都是不允许的。

(11)双手抱在腿上。

双手抱腿本是一种惬意、放松的休息姿势，但在工作中不可以这样。

(12)上身向前趴伏。

落座后上身趴伏在桌椅上或本人大腿上，都仅用于休息时，而不要在工作中出现这种状况。

（七）坐姿的训练方法

由尾椎向上伸展，肩部向后向下展开，下颌和颈项成直角。经常训练这个姿势，可以使腹部、胸部、背部和颈部的肌肉结实而不松弛。

要让自己的坐姿优雅自然，只有通过对着镜子不断地矫正，才能在不经意间流露出优雅的气质和高雅的风度。

四、行走的基本姿态训练

人的行走姿态是一种动态的美，行走的姿态和稳定的速度会给大家带来安定的感觉，急促的步伐会让人们感觉有意外的事情发生，所以稳定、沉着的行走姿态尤为重要。每个人由于诸多方面的原因，在生活中形成了各种各样的行走姿态，或多或少地影响了人体的动态美感，所以通过对行走的正规训练，形成正确优雅的行走姿态，并运用到生活和工作中，就显得非常重要。

（一）行走的基本方法和要求

身体正直，抬头，眼睛平视，面带微笑，肩部放松，手臂伸直放松，手指微并，自然弯曲；行走中双臂自然前后摆动，摆动的幅度为30°～45°，双臂外开不要超过20°，以腰带动腿，重心移动，以腰部为中心；颈要直，双目平视，下颌微收，面带微笑，上半身保持正直，腰部后收，两腿有节奏地行走。

(1)起步时，膝盖放松，脚后跟自然抬起。

(2)上步时，脚的内侧在一条线上。

(3)落地时，膝盖伸直，前脚掌先落地，重心转移。

(4)上身不能摇晃，双肩平行、放松。

(5)双手在体侧前后自然摆动，约为45°，呈一条直线。

(6)在行走过程中，上步时胯部向前送力，不要左右摆动，注意出胯时胯部立住，不能坐胯。

行走时因衣着和场合的不同，稍有不同的动律，如着正装时应更加端庄稳重，着运动装时可稍凸显活力。

（二）行走的训练方法

1 原地模拟练习

(1)原地跟随节奏单一摆臂练习。

注意摆臂的节奏、幅度和角度。

(2)双膝交替放松练习。

注意动作过程中保持头部的高度不变。

(3)脚跟交替离地练习。

双脚横向分开与肩同宽，双腿伸直，通过提胯脚跟交替离地，同时保持头部的高度不变。

(4)手脚配合练习。

结合以上训练方法和要领综合练习。

2 立半脚尖行走练习

(1)原地踮脚尖练习。

双脚为正步，双手叉腰，慢慢推起脚后跟再轻轻落下，反复训练。一组 20 个，每次 3～4 组。注意，此方法的训练是为了增强脚腕的力量，从而在长时间的站立下能很好地控制双腿。

(2)踮脚尖行进练习。

脚跟离地，脚尖踮起，使重心集中在脚尖上，一步一步前进。注意要脚尖着地，一步一步前进，前后脚尖要踩在一条直线上。在换步的过程中，两膝盖内侧要相互摩擦，动力推向前，迈起时要稍提胯。

3 变速行进练习

经过以上多种基础训练方法后，便可穿上高跟鞋做行进练习。

在练习过程中，不要使用单一的节奏型训练，可选择多种节奏型来练习：慢速节奏以训练动作的规范性为主；中速节奏以训练身体的稳定性为主；快速节奏以训练身体各部位协调性为主。

行走时应随时注意自己的体态，双肩展开，平视远方，双臂自然地前后摆动，不低头看，用余光去感受环境。在直线上行走，身体各部位配合协调、步幅流畅；躯干舒展向上，双肩外撑，意念向上形成挺拔的外形特征。

(三)行走禁忌

行走禁忌包括内八字和外八字，弯腰驼背，歪肩晃膀，头部前伸，走路时扭腰摆臀，左顾右盼，脚蹭地面，上下颤动，走路时指指点点还对人品头论足。

五、蹲的基本姿态训练

(一)蹲的基本要领

正确的方法是屈膝，两个膝盖应该并拢，不能分开，臀部向下，上身保持直线，这样的蹲姿比较典雅、优美。

（二）蹲下取物的基本要求

站在所取物品的旁边，屈膝蹲下去拿，不可弓背驼背，也不要完全低头，下巴微收，侧头即可。掌握好身体的重心，臀部向下。

（三）蹲的姿态

1 高低式蹲姿

下蹲时双膝靠近，左脚和右脚任一脚在前均可。左脚在前时，右脚稍后（不重叠），双腿靠紧下蹲。前脚全脚着地，小腿基本垂直于地面，后脚脚掌着地，脚后跟抬起。右腿膝盖低于左腿膝盖，右膝内侧靠于左小腿内侧，臀部向下，基本上以右腿支撑身体。女士双手手指重叠，轻压在裙口遮挡；男士选用这种蹲姿时，双腿可有适当距离。

2 交叉式蹲姿

下蹲时，左脚在前，右脚在后，左小腿垂直于地面，全脚着地。右脚在后与左脚交叉重叠，右膝由后面伸向左侧，右脚跟抬起脚掌着地。双腿前后靠紧，合力支撑身体。臀部向下，上身尽量挺直。

（四）蹲姿的禁忌

蹲时弯腰驼背、臀部向后撅起、双腿双膝叉开等，不仅非常不雅，而且对腰也不好。

■ **知识链接**

鞠躬礼

有些商场服务人员在顾客购买物品后，送走客人时多用鞠躬礼，有的甚至鞠躬至客人背影消失为止。服务礼仪中这么重视鞠躬礼，那么鞠躬礼到底是怎么来的呢？

商代有一种仪式称为“鞠祭”：牛、羊等祭品不切成块，而将其整体弯卷成圆的鞠状，再摆到祭处奉祭，以此来表达祭祀者的恭敬与虔诚。这种习俗在一些地方一直保持到现在，人们在现实生活中，逐步沿用这种形式来表达自己对地位崇高者或长辈的崇敬。

1. 鞠躬的度数

(1)15°鞠躬：以髋关节为轴，上身前倾15°左右，不要低头，不要弯腰。15°鞠躬表示问候他人或向对方致谢。

(2)30°鞠躬：表示郑重、谦恭和致谢等。

(3)90°鞠躬：也称为大鞠躬，一般适用于比较特殊的场合，如婚礼、悼念、谢幕等。

2. 鞠躬时应注意的问题

一般情况下，鞠躬要脱帽，戴帽子鞠躬是不礼貌的。

(1)鞠躬时，目光应该向下看，表示一种谦恭的态度。不可以一面鞠躬，一面翻眼看对方，这样做既不雅观，也不礼貌。

(2)鞠躬礼毕起身时，双目还应该有礼貌地注视对方，如果视线转移到别处，即使行了鞠躬礼也不会让人感到诚心实意。

(3)鞠躬时嘴里不能吃东西或叼着香烟。

(4)上台领奖时受奖者要先鞠躬，以表谢意，再接奖品，然后转身面向全体与会者鞠躬行礼，以示敬意。

任务五　仪态设计

仪态的培养是一个长期、系统、有意识的过程。人的神经类型、个性对人的仪态有一定的影响。但后天有目的、有意识的训练能使人的仪态更优美，更加符合社会对人的要求。因此，仪态培养与设计对良好气质的形成具有深远的作用。

一、行礼方式

下面分别谈一谈三种行礼方式的使用场合。

(一)见面礼

见面礼又称为点头礼，就是目视对方以点头的方式行礼。这种行礼方式适用于同事及关系密切的人。另外，见面礼适用于早晚在路上打招呼，以及在电梯等狭小空间中的问候。

(二)一般性问候

从角度上讲，一般性问候时上身向前倾斜 30°，这种姿势适用于迎送客人等场合。

(三)正式场合问候

从角度上讲，正式场合问候时上半身向前倾斜 45°，这种姿势比一般性问候更为礼貌，适用于向别人表示感谢或赔罪等场合。

要规范地行礼，就必须采用正确的姿势站立。但在路上与同事擦肩而过等场合就可不拘泥于此，可根据场合和具体情况而定。

首先，一定要看着对方的眼睛。其次，含笑点头。这时通常有两种方式，一种在打招呼时，另一种在打招呼之后，可根据实际情况选用。

问候语有“早上好”“欢迎您”“谢谢”等，可根据自己同对方的关系及场合、时间等情况适当选用。

点头时要伸展背部，弯曲上身，但要注意一点，在向很多人鞠躬时，并不需要弯曲上身，而仅仅点头就可以了。

手的位置随着身体前倾，两手非常自然地交叉放于身前。男性则可以将手贴紧身体。

行礼时，稍微停顿一下，再慢慢地抬头，这样可以给人非常恭敬的感觉。

行礼后抬头时，一定要再看对方的眼睛，且此时仍应保持微笑。表情是问候的关键，在一定程度上能反映人的内心。

二、礼仪手势训练

手势是人们交往时不可缺少的动作，是最有表现力的体态语言。手势可以加重语气，增强感染力。我们应该掌握常用的手势和国际上比较流行的几种手势，以便在工作中加以运用。

规范的手势应当是手掌自然伸直，掌心向内向上，手指并拢，大拇指与食指自然分开，手腕伸直，使手与小臂呈一直线，肘关节自然弯曲，大小臂的弯曲以140°为宜。在做手势的同时，要配合眼神、表情和其他姿态，才能显得大方。

下面以空乘职业为例，介绍常用的手势语。

1 引导手势正手位（以右手为例）

基本手型：五指微并，手指伸直，掌心填平，手掌与地面成45°夹角。

基本方位：身体正对一点方向，正手位手指尖对二点方向，反手位指尖对八点方向。

（1）低手位。

在礼仪站姿的基础上，左手保持原位不动或背向身后，右手大臂角度不变，以手肘为轴，由下向上对二点方向打开，呈基本手型及基本方位，高度在腰以下45°。该手位常用于指引，表示“一米以内”“请坐”“留心脚下”等含义。

（2）中手位。

在礼仪站姿的基础上，左手保持原位不动或背向身后，右手指尖对二点方向，经过低手位到齐肩的高度，右手大臂微展。该手位常用于指示，表示“这边请”“请往里面走”“请看这里”等含义。

（3）高手位。

在礼仪站姿的基础上，左手保持原位不动或背向身后，右手大臂平行或低于肩部，以手肘为轴，小臂向右上方打开，呈基本手型及基本方位，高度在眉与头顶之间。向右仰头看向手指出的方向。该手位用于指向，表示高处或“注意头顶上方”等含义。

2 挥手礼

动作是无声的语言，挥手常用来告别或见面打招呼。我们需根据与对方的距离来确定手位的高低，以场合的正式度来选择单手或双手。单手挥手礼右手抬起，肘关节对二点方向，大臂离开身体45°，手心对正前方，手臂保持不动指尖轻轻摆动。

（1）单手低位。

单手低位适用于近距离，如3～5米，指尖不超过肩，手掌左右轻微摆动，手臂控制不动。

（2）单手中位。单手中位适用于中等间距，如5～10米，右手抬起，指尖齐眉，手掌左右轻微摆动，手臂控制不动。

（3）单手高位。单手高位适用于远距离，如10米左右右手抬起，大臂平行于肩，手掌左右轻微摆动，手臂控制不动。

（4）双手挥手礼。双手挥手礼一般适用于隆重的接待仪式，右高左低手位。

3 指引手势

（1）横摆式。

横摆式在表示“请进”“请”时常用，五指伸直并拢，手掌自然伸直，手心向上，肘弯曲，腕低于肘。以肘关节为轴，手从腹前抬起向右摆动至身体右前方。同时，脚站成右丁字步。头部和上身微向伸出手的一侧倾斜，另一只手下垂或背在背后，目视客人，面带微笑图。

（2）前摆式。

五指并拢，手掌伸直，于身体一侧由下向上抬起以肩关节为轴，手臂稍屈，到腰的高度在身体前右方摆去，摆到距身体15厘米并不超过躯干的位置停止，目视客人，面带微笑。

（3）双臂横摆式。

双臂横摆式以示“欢迎”，即两手从腹前抬起，双手上下重叠，手心向上，同时向身体两侧摆动；摆至身体的侧前方，上身稍前倾，微笑施礼向客人致意，然后退到一侧。也可以双臂向一个方向摆出，即两手从腹前抬起，手心朝上，同时向一侧摆动，两手臂之间保持一定距离。

（4）斜摆式。

请客人就座的手势应指向座位的方向，可使用斜摆式。手先从身体的一侧抬起，高于腰部后，再向下摆去。

（5）直臂式。

给客人指方向时，可采用直臂式，手指并拢，手掌伸直，屈肘从身前抬起，向应到的方向摆去，摆到肩的高度时停止，肘关节基本伸直为客人指示行进的方向时，习惯采用将左手或右手提至齐胸高度，指示方向伸出前臂。

为他人做介绍时，手心应朝上，手背朝下，四指并拢，大拇指微开。略带微笑，显得温文尔雅。鼓掌时，用右手轻击左手掌，表示喝彩或欢迎。总之，手势的运用要适当符合规范。

三、微笑训练

（一）含箸法

选用一根洁净、光滑的圆柱形筷子（不宜用一次性的简易木筷，以防划破嘴唇），横放在嘴中，用牙轻轻咬住（含住），以观察微笑状态。

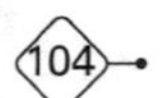

这种方法不易观察双唇轻闭时的微笑状态。

（二）细节训练法

轻合双唇，两手食指伸出（其余四指自然并拢），指尖对接，放在嘴前 15～20 厘米处。让两食指指尖缓慢匀速地分别向左右移动，使之拉开 5～10 厘米的距离，同时嘴唇随两食指移动速度而同步加大唇角的展开度，并在大脑中形成微笑，让这种微笑停留数秒。

两食指尖再缓慢匀速地向中间靠拢，直至两食指对接同时，微笑的唇角开始以两指移动的速度，同步缓缓收回。需要注意的是，训练微笑缓缓收住很重要。切记不能让微笑突然停止。如此反复开合训练 20～30 次。

（三）记忆提取法

记忆提取法是演员在训练中常采用的一种方法，也称为情绪记忆法。就是将自己过去那些愉快、令人喜悦的情景从记忆中唤醒，使这种情绪重新袭上心头，重享那种惬意的微笑。

（四）情绪诱导法

情绪诱导法就是设法寻求外界物的诱导、刺激，以求引起情绪的愉悦，从而唤起微笑的方法。诸如，打开你喜欢的书，翻看会使你高兴的照片、画册，回想幸福生活的片段，播放你喜欢的且容易让自己快乐的乐曲等，以期在欣赏和回忆中引发快乐和微笑。如果有条件，最好用电子设备录下来。

（五）观摩欣赏法

观摩欣赏法是几个人凑在一起，互相观摩、议论，互相交流、鼓励，互相分享微笑的一种方法。也可以平时留心观察他人的微笑，把精彩的“镜头”封存于记忆中，时时模仿。

（六）意念法

意念法是已经有了微笑训练基础或者善于微笑的人，不用对镜或不使用其他道具，而只用意念控制、驱动双唇，以求达到最佳微笑状态的训练法。这种方法好处很多：一是不必用镜子；二是可以随时随地、悄无声息地进行；三是培养微笑意识和微笑习惯的最佳途径。

以上方法可以配合使用，如意念法如能与记忆提取法配合进行，效果尤佳。

（七）辅助法

辅助法的主要目的是训练面部及相关部位肌肉的灵活度，使微笑看起来更自然、更美丽动人。

1 面部按摩

在面部轻涂一层护肤霜或面霜，从面庞的中部开始，向两边轻轻地按摩，一般按摩10～15分钟即可。面部按摩的主要目的是训练面部肌肉及保养面部皮肤，以便更自然地微笑。

2 头颈部运动

一是左右转向，站直或坐直，使颈部轻轻地左转—复位—右转—复位，再左转，如此反复多次。

二是前后转向，即低头—复位—仰头，反复多次。

三是轻缓地使颈部做旋转运动，反复多次。

头颈部运动主要目的是使颈部肌肉活动灵活，不仅对眼神训练和转体微笑有所助益，而且对健康亦有好处。

3 唱歌

唱歌可以使面部的肌肉群发生有节奏的运动，有益于促进面部血液循环，增强面部组织细胞的活力，从而会使面容增色且皮肤富有弹性。

4 咀嚼、鼓腮、漱口

经常有意无意地重复咀嚼、鼓腮、漱口动作，对人的皮肤健康和微笑训练都是有益的。

四、仪态设计组合训练

（一）站姿及引导手势训练

每班以40人为例，分成4组，每组10人完成动作。

音乐：4/4拍。

1 基本站姿

队形：3排4列。

第一个8拍：

1～4拍：基本站姿、原地不动。

5～8拍：散点队形，正步站立。

第二个8拍：

1～2拍：夹纸于双膝间。

3～4拍：咬笔。

5～7拍：放书于头顶。

8拍：双手放于体侧呈基本站姿。

第三个8拍：原地不动。

第四个8拍：
1～2拍：收手呈礼仪站姿手势。
3～4拍：收右脚呈小丁字步。
5～8拍：保持站姿，原地不动。
第五个8拍：
1～4拍：左脚以脚跟为轴，右脚以脚掌为轴，向左侧转动至八点方向，头部保持不动。
5～8拍：原地不动。
第六个8拍：
1～4拍：右脚以脚掌为轴，左脚离地；向右转身至二点方向，头保持不动。
5～8拍：原地不动。
第七个8拍：
1～2拍：收书。
3～4拍：收笔。
5～6拍：收纸。
7～8拍：基本站姿。
第八个8拍：转身下场。

2 体态站姿

队形：3排4列，插空站。
第一个8拍：丁字步站立，双手自然下垂。
第二个8拍：
1～2拍：退右脚站直，重心在右脚上，前脚点地。
3～4拍：重心前移至左脚，右脚后点地。
5～8拍：左脚不动，右脚向前迈步，同时身体留头转身至五点方向至柔步站立。
第三个8拍：与第二个8拍动作相同，身体从五点方向至二点方向。
第四个8拍：
1～2拍：上左脚，右脚后点地。
3～4拍：左脚不动，右脚至二点方向点地，膝盖内扣，同时头转向二点方向，手打开至小七位。
5～8拍：收右脚至左脚脚弓处点地，同时左手向前收至右髋关节处，右手收至骶骨处，头转回一点方向。
第五个8拍：
1～2拍：左脚向二点方向上步成右脚后点地站，双手自然下垂，头保持一点方向。
3～4拍：重心后移至右腿，左脚前点地站，同时双手打开至小七位。
5～7拍：左脚拖回至右脚脚弓处点地站，膝盖内扣，同时右手收至右髋关节处，左手至小七位。
8拍：左脚上步，右脚后点地，双手自然下垂，头保持一点方向。
第七个8拍：与第六个8拍动作相同，唯方向相反。
第八个8拍：与第七个8拍动作相同，身体对五点方向，头向左转至二点方向。
第九个8拍：与第八个8拍动作相同，唯方向相反。

第十个 8 拍:
1～2 拍:右脚后退站直,重心在右脚上,前脚点地。
3～4 拍:重心向前推至左脚,右脚后点地。
5～8 拍:右脚上步向左转 180°,礼仪站姿。

3 引导手势

队形:3 排 4 列,插空站。
第一个 8 拍:礼仪站姿,原地不动。
第二个 8 拍:
1～4 拍:右手正手位低位引导手势。
5～8 拍:直接从低手位至齐腰中手位。
第三个 8 拍:
1～4 拍:齐腰中手位至齐肩中手位。
5～8 拍:齐肩中手位至高手位。
第四个 8 拍:
1～4 拍:收回礼仪站姿。
5～8 拍:原地不动。
第五、第六个 8 拍:与第二、第三个 8 拍动作相同,唯换右手反手位引导手势。
第七个 8 拍:与第四个 8 拍动作相同。
第八个 8 拍:第一排左手低手位,头先看出手方向,再转向反方向。
第九个 8 拍:第二排左手齐肩中手位,头运动方向同第一排。
第十个 8 拍:第三排左手高手位,头运动方向同第一排。
第十一、第十二个 8 拍:从右侧第一列开始,依次下场,下场时要求引导者目送被引导者。

(二)坐姿训练

每班以 40 人为例,分成 4 组,每组 10 人完成动作。
音乐:3/4 拍。
队形:两排左右两侧同时上场走成两排插空站,外侧手拿板凳。
准备拍:
5～6 拍:预备姿势,原地不动于板凳左后侧,礼仪站姿。
7～8 拍:30°鞠躬礼。
第一个 8 拍:
1 拍:右脚向一点方向上步,重心前移至左脚后点地站。
2 拍:与 1 拍相同,换左脚做。
3 拍:右脚向三点方向横移,重心退至右脚,左脚侧点地站。
4 拍:左脚收回,正步站立。
5 拍:右脚后撤半步。
6 拍:女士双手扶裙坐下。

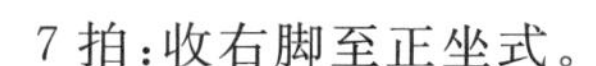

7 拍:收右脚至正坐式。
8 拍:保持不动。
第二个 8 拍:
1 拍:左脚后撤半步脚尖点地。
2 拍:左脚向右侧半步。
3 拍:收回 1 拍动作。
4 拍:收回正坐式。
5 拍:双膝向左侧平移至八点方向至双腿斜放式。
6 拍:右脚向八点方向至前后分腿坐。
7 拍:身体向右拧身,双手至小七位。
8 拍:左手收回左膝,右手扶凳,上体后靠,头转向八点方向斜上方。
第三个 8 拍:
1～4 拍:保持姿态。
5 拍:收回至双腿斜放式。
6 拍:转回正面至正坐式。
7～8 拍:保持正坐式。
第四个 8 拍:
1 拍:双膝夹紧,右脚向右侧移动,对向二点方向,左脚脚尖侧点地。
2 拍:保持体态,头转向八点下方。
3～6 拍:保持姿态。
7～8 拍:收回正坐式。
第五个 8 拍:同第四个 8 拍,唯方向相反。
第六个 8 拍:
1 拍:双膝夹紧,右脚向右侧移动。
2 拍:左脚勾住右脚脚踝处,小腿夹紧。
3 拍:双腿向左侧下压,头转向二点方向平视。
4～6 拍:保持姿态。
7～8 拍:收回正坐式。
第七个 8 拍:
1 拍:双膝夹紧,右腿向右侧移动。
2 拍:左腿交叠至右腿上,呈叠放式。
3 拍:双腿向左侧下压,头转向二点方向平视。
4 拍:保持姿态。
5～7 拍:头转向八点方向平视。
8 拍:抬头至八点方向斜上方。
第八个 8 拍:
1～2 拍:保持姿态。
3～4 拍:收回至八点方向平视。
5～6 拍:头转回一点方向。
7～8 拍:收回正坐式。

第九至第十一个8拍：与第六至第八个8拍动作相同，唯方向相反。

第十二个8拍：

1拍：右腿后撤半步，脚尖点地。

2拍：双手推凳起来，礼仪站姿。

3拍：右腿向右侧迈步，重心推向右腿，左脚侧点地。

4拍：180°右转身至五点方向，同时左脚向五点方向前上步，右腿后点地。

5拍：180°右转身至一点方向，同时右腿向左后迈步，重心推至右腿至柔步站立，左手扶椅背，右手自然垂于右侧。

6拍：退向板凳正后方，双膝半蹲，单手拿凳。

7～8拍：前后两排分别从左右两边下场。

（三）行姿及摆手礼训练

每班以40人为例，分成4组，每组10人完成动作。

音乐：2/4拍。

1 行姿

队形：三角形（第一组）。

预备姿态：右脚柔步站立，右手叉腰，左手自然下垂。

预备拍：

5～8拍：保持姿态原地不动。

第一个8拍：后排上步转身，礼仪站姿。

第二个8拍：前排同第一个8拍动作。

第三个8拍：对二点方向原地双手前后45°摆臂。

第四个8拍：

1～6拍：对二点方向原地双手前后45°摆臂。

7～8拍：转向八点方向。

第五至六个8拍：滚动步加双手前后45°摆臂。

第七、八个8拍：由三角形第一位带领呈一字纵队后右后脚柔步站立。

第九个8拍：

1～4拍：右腿上步留头转身至五点方向，至右后脚柔步站立。

5～8拍：右腿上步留头转身回一点方向，礼仪站姿。

间奏：

1～2拍：15°鞠躬。

3～4拍：收回礼仪站姿。

第十至第十三个8拍：

第一组：左右对称分开下场。

第二组：呈纵队由四点方向出场，向八点方向行进下场。

第十四至第十七个8拍：呈纵队由六点方向出场，向二点方向行进下场。

2 摆手礼

第一至第二个 8 拍:第一组分成两横排,分别从三点方向和七点方向出场。

第三个 8 拍:右脚后退至柔步站立,右手高位摆手礼。

第四个 8 拍:左脚后退至柔步站立,左手高位摆手礼。

第五、第六个 8 拍:与第三至第四个 8 拍的动作相同。

第七个 8 拍:

1~4 拍:右脚后退至柔步站立,右手低位摆手礼。

5~8 拍:左脚后退至柔步站立,左手低位摆手礼。

第八个 8 拍:与第七个 8 拍的动作相同。

第九个 8 拍:从中分成左右两组,左侧第一排左手摆手礼,右手背手向二点方向行进下场,其余原地高、低位摆手礼等待下场。

第十个 8 拍:右侧第一排右手摆手礼,左手背手向八点方向行进下场。

第十一个 8 拍:左侧第二排左手摆手礼,右手背手向二点方向行进下场。

第十二个 8 拍:右侧第二排右手摆手礼,左手背手向八点方向行进下场。

(四)蹲姿训练

每班以 40 人为例,分成 4 组,每组 10 人完成动作。

音乐:4/4 拍。

队形:礼仪站姿准备,散点队形插空站。

第一个 8 拍:右脚向六点方向后撤半步,女士双手扶裙至礼仪蹲姿,眼看一点方向。

第二个 8 拍:

1~4 拍:保持姿势。

5~8 拍:女士双手扶裙收回礼仪站姿。

第三个 8 拍:与第一个 8 拍方向相同,唯方向相反。

第四个 8 拍:与第二个 8 拍动作相同。

第五个 8 拍:将队形分为 3 组。第一组左脚向六点方向后退三步至高低式蹲姿,左手打开至小七位,女士扶裙下蹲。

第六个 8 拍:保持不动。

第七个 8 拍:第二组右脚向四点反方向后退三步至高低式蹲姿,右手打开至小七位,女士扶裙下蹲。

第八个 8 拍:保持不动。

第九个 8 拍:

1~2 拍:第三组 30°鞠躬礼。

3~4 拍:收回。

5~8 拍:左脚向四点方向成踏步。

第十个 8 拍:第三组女士双手扶裙交叉式蹲姿,同时,第一、二组收回礼仪站姿。

第十一个 8 拍:第三组收回礼仪站姿,第一、二组保持不动。

第十二、十三个 8 拍:调整队形至 4 排 5 列。

第十四个8拍:第一、三排女士双手扶裙交叉式下蹲。
第十五个8拍:第二、四排女士双手扶裙交叉式下蹲。
第十六个8拍:全体收回礼仪站姿。
第十七个8拍:左侧第一列转向二点方向,女士双手扶裙做高低式蹲姿。
第十八至二十一个8拍:第一列动作相同,依次完成。
第二十二个8拍:左侧第一列转向八点方向,女士双手扶裙做高低式蹲姿,右手拾物。
第二十三个8拍:全体起立至礼仪站姿。
第二十四至二十七个8拍:与第一列动作相同,依次完成。
第二十八个8拍:全体收回礼仪站姿。
第二十九个8拍:全体左脚由前向三点方向上步,右转身至八点方向,做高低式蹲姿。
第三十个8拍:全体保持不动。

(五)鞠躬礼训练

每班以40人为例,分成4组,每组10人完成动作。
音乐:4/4拍。
队形:5排4列。
预备拍:
1~2拍:点头礼。
3~4拍:收回。
5~8拍:起身左转至五点方向至礼仪站姿。
第一个8拍:
1~4拍:左脚上步,向右转身至一点方向,同时手臂自然下垂。
5~8拍:收回礼仪站姿。
第二个8拍:保持不动。
第三个8拍:
1~4拍:头转向八点方向完成点头礼。
5~8拍:收回一点方向。
第四个8拍:同第三个8拍,对二点方向完成点头礼。
第五个8拍:保持不动。
第六个8拍:第一排90°鞠躬礼。
第七个8拍:第二排45°鞠躬礼。
第八个8拍:第三排30°鞠躬礼。
第九个8拍:第四排15°鞠躬礼。
第十个8拍:4排同时收回礼仪站姿。
第十一、第十二个8拍:集中,呈5排4列小方块队形。
第十三个8拍:
1~4拍:第一排30°鞠躬礼。
5~8拍:收回。

■ 知识链接

【原文】礼起于何也？曰：人生而有欲；欲而不得，则不能无求；求而无度量分界，则不能不争；争则乱，乱则穷。先王恶其乱也，故制礼义以分之，以养人之欲、给人之求，使欲必不穷乎物，物必不屈于欲，两者相持而长。是礼之所起也。

故礼者，养也。刍豢稻粱，五味调香，所以养口也；椒兰芬苾，所以养鼻也；雕琢刻镂，黼黻文章，所以养目也；钟鼓管磬，琴瑟竽笙，所以养耳也；疏房檖貌，越席床笫几筵，所以养体也。故礼者，养也。

【译文】礼是在什么情况下产生的呢？回答说：人生来就有欲望；如果想要什么而不能得到，就不能没有追求；如果一味追求而没有标准限度，就不能不发生争夺；一发生争夺就会有祸乱，一有祸乱就会陷入困境。古代的圣王厌恶祸乱，所以制定了礼仪来确定人们的名分，以此来调养人们的欲望、满足人们的要求，使人们的欲望不会由于物资的原因而不得满足，物资绝不会因为人的欲望而枯竭，使物质和欲望两者在互相制约中增长。这就是礼的起源。

所以礼这种东西，是调养人们欲望的。牛、羊、猪、狗等肉食和稻米谷子等细粮，五味调和的佳肴，是用来调养嘴巴的；椒树兰草香气芬芳，是用来调养鼻子的；在器具上雕图案，在礼服上绘彩色花纹，是用来调养眼睛的；钟、鼓、管、磬、琴、瑟、竽、笙等乐器，是用来调养耳朵的；窗户通明的房间、深邃的朝堂、柔软的蒲席、床上的竹铺、矮桌与垫席，是用来调养躯体的。所以礼这种东西，是调养人们欲望的。

项目小结

仪态具有极其重要的作用，在塑造得体、大方、良好的职场形象上具有重要的意义。

通过本项目的学习，正确认识什么是身体塑形，以及塑形的基本概念，正确掌握芭蕾塑形的方法、古典舞身韵训练的方法、仪态管理的方法和仪态设计的方法。

项目训练

1 塑形的作用是什么？

2. 勾绷脚训练应该注意哪些问题？

3. 芭蕾基训的常用术语有哪些？请写出 3 个。

4. 简述芭蕾的几个脚位并展示出来。

5. 简述芭蕾的几个基本手位并展示出来。

6. 分别做出古典舞中的提、沉、冲、靠、含、腆、移的动作。

7. 简述常见的站姿并分别演示出来。

8. 请分别演示男士坐姿与女士坐姿。

项目五　化妆基础知识

项目目标

知识目标

了解化妆的基础常识；掌握化妆品的选择与使用；掌握化妆工具的选择与使用；了解香水的常识与使用方法。

能力目标

通过了解化妆品的基本常识，掌握化妆品和化妆工具的选择和使用方法，能根据自己的情况选择适合自己的化妆品。

素质目标

提升个人品位，增加个人魅力。

知识框架

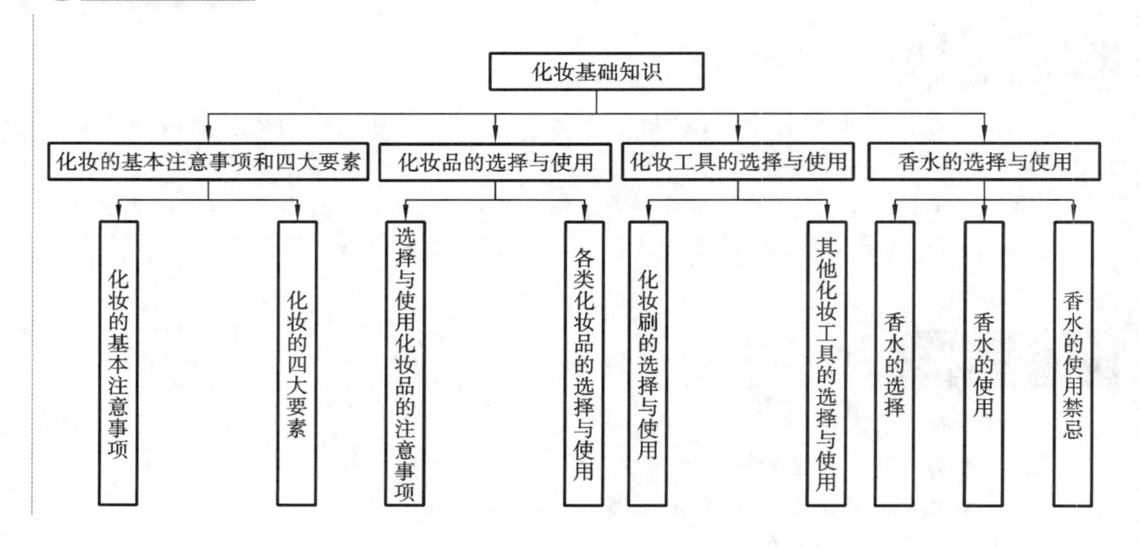

项目引入

她生病了吗？

小杨是某科技公司的文职人员，在接到了一次重要商务接待任务后，因为对项目的重视，她专门重新添置了一套化妆品，要化一个美美的、得体的妆，让自己形象为企业增

彩。在第二天的接待过程中，客户对她屡屡侧目，她非常开心。项目结束之后，领导找她谈话，说客户反映要关心员工，带病员工就不要工作了。原来客户一直看小杨，是觉得她面色很不正常。原来是粉底打得太白了，惨白的面容加上裸色唇膏，使客户认为小杨是生了重病。

问题思考

1. 粉底的功效是什么？
2. 工作中应该涂什么颜色的口红？

任务一　化妆的基本注意事项和四大要素

一、化妆的基本注意事项

化妆基本步骤

(一)化妆前一定要清洁皮肤

化妆要以尽可能好的皮肤状况为基础，皮肤要清洁干净，保持良好的光洁度和湿润度，否则妆面浮在不洁净或粗糙的皮肤表层，就不可能产生良好的妆容美感。应当学习和掌握皮肤保养和化妆前正确的清洁方法，特别要注意清洁表面堆积的角质层等。

(二)尽量使用品质好的化妆品

化妆品对化妆的效果有直接的影响。妆容总是不理想，有时并不是技术问题，而是使用的产品有问题。应该根据自己的消费能力，尽可能选择品质好的化妆品，特别是使用频率较高的化妆品(如口红、粉底、眉笔等)。化妆品每次用量并不多，一件产品可以用较长的时间，所以其品质是非常重要的。不同品质的产品质地、色彩、细润程度通常差异较大。记住，化妆的目的是体现美，而不是为了有色彩，使用不合适的化妆品，色彩是有了，美却没有体现，这便违背了化妆的本意。

(三)尽量使用高品质的化妆工具

好的妆容要用好的化妆工具来完成，要有一套简便和品质好的化妆工具，并学会使用和养护它们。化妆工具一般包含化妆所需的整套化妆刷，以及睫毛夹、眉毛刷等。

(四)时刻保持化妆品的洁净

化妆品一定要洁净，无论是粉底还是口红和眼影，被污染了或超过了使用期限，其细腻

度、色彩感都会受到较大的影响，化妆效果得不到保证。不少人常常说化不好妆，其实很多问题出在化妆品被污染、过了使用期限上。应定期清理过期的化妆品，清洗化妆工具。

（五）化妆需要经常练习

化妆是要反复练习的，对平日化妆不多并没有经过专门训练的人来说，应急性化妆不但解决不了“燃眉之急”，往往还因效果不佳而失去了化妆的兴致。化妆练习不仅可以在脸上，也可以在纸上或身体其他部位进行，比如画眉毛和唇形，仅仅靠脸上练习是不够的。化妆就如同在脸上绘画，需要长期练习才能得心应手。化妆时对面部线条和色块细微的处理都会使人的性格、气质得到不同体现。

（六）突出个人优势部位

化妆的一个基本要点是将重点放在自己比较有优势的部位，不要去过多地涂抹不足或有缺陷的部位。比如嘴部条件不好，化妆时要有限度地调整，不宜过度，否则会突出缺陷、扬短避长。应重点突出自己最有特色、最美的部位。

二、化妆的四大要素

（一）第一要素：正确

正确要素指的是化妆的部位与色彩搭配及表达目的一定要正确，要遵循一些化妆的基本原则。以画眉为例，要知道眉毛正确的起点、角度、高度描画的基本原则，通常眉毛的起始位置与内眼角的位置应是一致的，“三庭五眼”所说的“五眼”，便是两个眉头之间的距离为一只眼睛的长度。如果不懂得这个原则，两眉之间距离过短，人会显得压抑、苦闷；两眉距离过宽，人会显得呆板、缺乏活力。这些都是化妆需要学习的基本原则。

（二）第二要素：准确

准确要素和正确要素强调的含义不同，正确要素偏重掌握化妆理论原则，准确要素强调的是化妆操作技巧，技术要娴熟，要能够准确地将化妆理论原则在个体身上得到准确的表现。比如唇形画得好不好，不能单一从大小、厚薄及形状等方面评价，还必须根据脸型和气质，以及场合来设计。再比如：在唇部化妆中，有一条基本的化妆原则，即上下唇的厚度比例通常为 1∶2，唇谷应在人中中央位置上，这样的唇，称为标准唇。不要小看这一条简单的化妆原则，要想准确地画出来，不经过充分的练习是不行的。

（三）第三要素：精致

目前，很多人的妆面不够精致，这是由于自小缺乏美育导致的。他们普遍没有精致的观念和习惯，同时对个人形象也不够重视，修饰的手法比较粗糙，比如口红边沿不清晰、粉底浮乱，眉毛不修饰等。精致是需要长期培养和打磨的，精致是品质的一种极有代表性的表现形式。事实上，相对于其他三大要素，精致是最容易达成的，要做的是反复且坚持不懈的练习。

（四）第四要素：和谐

和谐要素是化妆的最高境界，和谐能自然而得体地表现人的个性和特色。和谐要素包含以下两个层面。

1 妆面与各个部位的和谐

妆面的和谐表现为各个部位在风格上、色彩上的和谐。比如眉形如果柔美，唇形也应随之柔美；眼影是冷色调，口红也应为冷色系。面部是五官比较集中、视觉反应较为强烈的视觉焦点，妆面冲突与不和谐会使个人品位大打折扣。

2 妆面与整体形象的和谐

妆面与整体形象的和谐体现在妆面与发型、服饰、佩饰等相关体的和谐上。温柔休闲风与干练的职业风，妆面的颜色和手法都会有所不同。需要结合当日情况进行妆面设计，达到和谐的目的。同时妆面也要与外环境和谐，具体指的是与要表达的气质、将要出席的场合、年龄、职业和社会地位等协调。应善用化妆手段对个人形象加以表达和强化。

■ **知识关联**

防晒类产品的防晒效果

购买防晒霜时最关心的就是产品的防晒效果，而判断防晒效果的指标有两个：一个是SPF值；另一个是PA等级。SPF值称为日光防护系数，是对中波紫外线（UVB）防护效果的评定，与之对应的是防晒系数（PFA值），它反映的是产品对长波紫外线（UVA）的防御效果，通常用于与其数值相对应的PA防护等级标示。一般情况下，SPF值和PA防护等级越高，防晒效果越好，但同时刺激性也越大，带来的不安全因素也就越多。所以，消费者应根据日光暴露情况选择适宜防护强度的防晒产品。

■ **阅读思考**

两年不卸妆的韩国女孩

有位韩国女孩两年来每天都是带着浓妆入睡，到了早上依然在原有的基础上涂上粉底，再画上眼线涂上口红。她的家人表示，已经两年没有看过她素颜的样子了。最后她妈妈带她来到了皮肤科做检查。结果显示20岁的她竟然是40岁的肤质！两年不卸妆，导致皮肤老了20岁！在节目上这位韩国女孩表示自己希望通过化妆来达到整形的效果，镜子和化妆品是她随身携带的必需品，一有时间就会不断补妆。到底是什么原因让她如此沉迷化妆呢？

她的妈妈说，其实她小时候就很漂亮，但是自从14岁开始学会化妆以后，就如同上瘾了一般，不仅越化越浓，也不愿意卸妆，家人多次劝说却没有任何作用。不过现在她已经下定决心改掉不卸妆的毛病，并且以后以化淡妆为主。

思考：卸妆的重要性是什么？

任务二　化妆品的选择与使用

一、选择与使用化妆品的注意事项

（一）选择化妆品的注意事项

1 根据外包装选择化妆品

从外包装上可以看到化妆品的名称、品牌、品类、功效。商标名代表的是厂家的品牌，是知名度的载体；通用名代表产品的配方和功能、特点，是购买的目的（防晒、染发、保温、美白）等；属性名是产品的物理形态，如膏、霜、水、露等；色系/防晒指数代表色素、防御紫外线的能力等。

2 根据敏感与否选择化妆品

我国法律规定一些可能对人体有副作用的原料、容易引起过敏的物质需要在包装或说明书上标识出来。比如防晒剂中的羟苯酮-3、染发剂中的苯二胺类都要标识出来。在使用化妆品前应详细阅读产品说明书，包括使用部位、方法、次数，按照提示使用。

3 根据感官特征选择化妆品

(1)看：色泽、结构，有无油水分离。

(2)闻：香气是否纯正，有无异味。

(3)试：光滑、细腻、延展性(涂抹均匀)，有无起条、起泥。

4 根据肤质情况选择化妆品

(1)中性皮肤的角质层含水量在20%左右，皮脂分泌适中，pH值为4.5～6.6，如油、霜、凝胶都适用。

(2)干性皮肤的角质层含水量小于10%，皮脂分泌少，pH值大于6.5，选择保湿作用比较强、油脂丰富、润泽的产品，如霜剂。

(3)油性皮肤的皮脂分泌旺盛，含水量小于20%，pH值小于4.5，选择清爽、控油作用的产品，如轻薄的乳剂、水、凝胶。

(4)混合性皮肤面中部(前额、鼻部、下颌部)为油性皮肤，而双面颊为干性皮肤。应该分开使用不同特性的产品。

(二)使用化妆品的注意事项

(1)晚上睡觉前应将白天使用的化妆品清洁干净，用晚上睡眠时的护肤品。

(2)化妆工具应经常清洁，并定期更换。

(3)最好使用同一品牌或同一系列的化妆品，不宜交叉使用，以免使皮肤发生不良反应或引发一些皮肤问题。

(4)切忌过量使用化妆品，否则影响皮肤呼吸、排气，过量的粉、霜剂会堵塞皮脂腺、毛孔，降低皮肤的代谢以及皮肤的吸收功能。

(5)面部清洁非常重要，根据个人情况和习惯选择使用或不使用洗面奶。并不要求每天每次都使用洗面奶，尤其是干性皮肤及敏感、不耐受的皮肤尽量少用或不用洗面奶。如果皮肤油腻、外粗、污染时，还是需要使用面部清洁产品。

二、各类化妆品的选择与使用

(一)隔离霜

隔离霜用于调节肌肤油分和水分，使粉底更易上妆，它可以调整肤色，保护肌肤。涂隔离霜不仅是护肤的最后步骤，也是上彩妆的第一步，因此极为重要。

隔离霜的涂抹方法如下。

(1)取适量隔离霜，放在手背上(图5-1)。

(2)从宽部向窄部，即按脸颊、额头、鼻子、下巴的顺序涂开。

(3)在皮脂分泌较多、油亮的“T”字位和下巴部位，涂上薄薄的一层。

(4)在皮脂分泌较少的眼部周边和鼻翼到嘴角的部位，用粉扑的一角仔细涂抹。

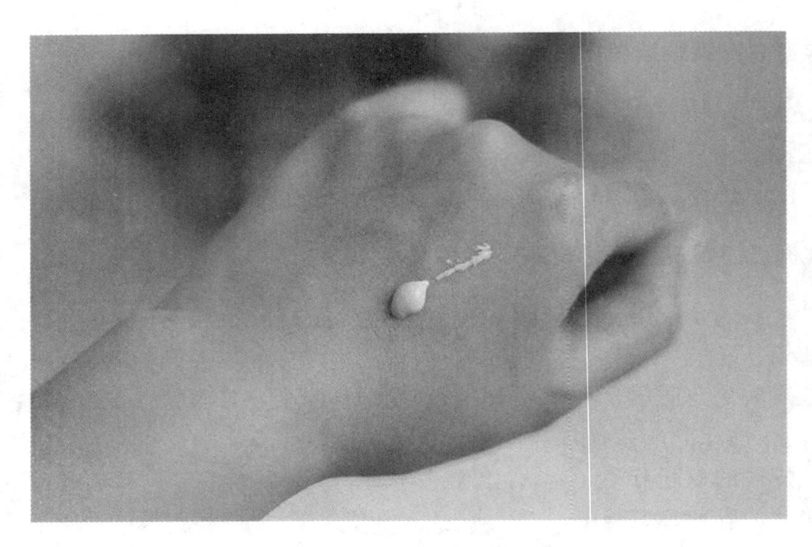

图 5-1 隔离霜涂抹量

（二）粉底

粉底一般有粉底液、粉饼装与散粉装三种。正确使用粉底，可以调整肤色、掩盖脸上的瑕疵，使皮肤呈现自然的效果。粉底由于形态不同，遮瑕效果也有所区别，每个品牌的粉底一般都会有不同的色号，以适用于不同深浅的肤色。除此之外，粉底也有偏粉红和偏黄的不同效果。亚洲人选用微微偏黄的颜色会比较适合，更容易获得自然肌肤的效果。随着现代科学技术的发展，粉底具有更多的修饰效果，颗粒更细腻，并具有保湿、控油或防晒等多重功效，能轻易呈现自然、光滑、晶莹的健康肤质。

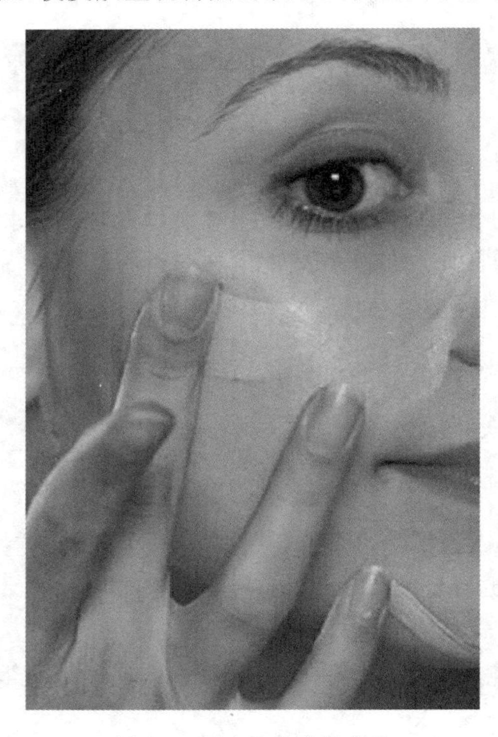

图 5-2 粉底液的涂抹方法

粉底液涂抹方法如下（图 5-2）。

（1）将粉底液挤在手背上，用圆形粉底刷轻沾表面。

（2）鼻翼两侧毛孔、瑕疵较多，先从此处以画圆的方式上妆。

（3）鼻翼、眼尾等凹陷处，用余粉同样以画圆的方式上妆。

（4）额头、两颊等肤质较好的地方，用刷子上的余粉大范围上妆。

（5）用吸油面纸轻压，吸去过多油脂，延长不脱妆时间。

(三)遮瑕产品

遮瑕产品一般有遮瑕笔和遮瑕膏,可有效掩盖黑眼圈、色斑或色素沉淀,可在使用粉底前后使用。使用时,应注意遮瑕产品的颜色要与皮肤或粉底的颜色接近。一般来说,肌肤褶皱凹陷及唇角周围、下巴、眼角的色素沉淀的遮瑕使用遮瑕膏效果最佳;而鼻翼两旁的遮瑕使用遮瑕笔效果佳(图 5-3)。

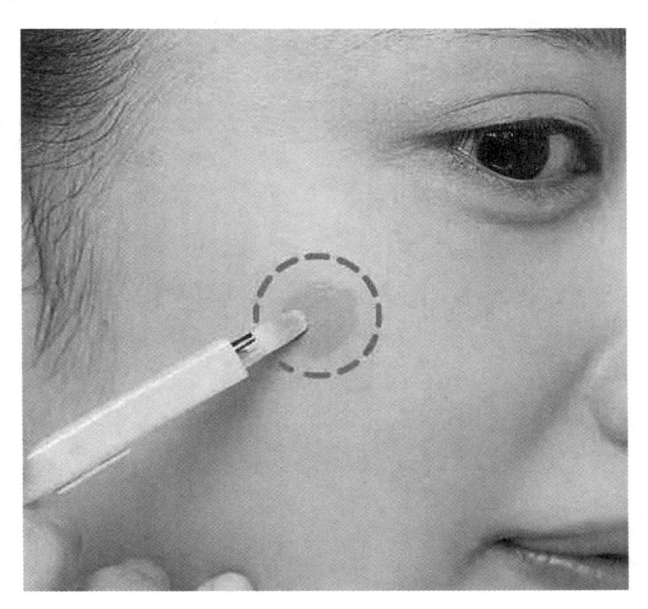

图 5-3 遮瑕产品的使用

(四)粉类

1 散粉

散粉(图 5-4)在化底妆时是必不可少的,适当使用散粉能使肤色透亮且自然,让人几乎感觉不到化了妆。

2 蜜粉

蜜粉(图 5-5)一般用于定妆。它可以使妆容效果长久,减少面部油光。按照不同的分类方法,蜜粉一般可分为透明蜜粉、彩色蜜粉、闪光蜜粉、定妆 BB 蜜粉等。

(1)透明蜜粉往往只为皮肤带来干爽的效果,不会改变皮肤颜色。

(2)彩色蜜粉有偏白、偏粉、偏绿、偏紫、偏黄等颜色:紫色蜜粉可以令皮肤看起来白皙粉嫩,散发红润光泽;绿色蜜粉能使皮肤显得光滑、白嫩、自然,肤色偏黑、有红血丝者,也可以利用绿色蜜粉来遮掩;肤色较白、没有血色的人,可以使用粉红色蜜粉;肤色较深,有小黑斑、雀斑或明显的疤痕、痘印的人,可以使用蓝色蜜粉;黄色蜜粉可以让肤质显得细致。

(3)相对于亚光蜜粉,闪光蜜粉含有闪光微粒,适量使用后可以使皮肤更具光泽感,增

图 5-4　散粉

图 5-5　蜜粉

加皮肤亮度。

(4)定妆 BB 蜜粉能有效遮盖皮肤各种瑕疵，令肤色更白皙自然、均匀柔滑，且防水防汗。

蜜粉的涂抹方法如下。

(1)选择比肤色浅两号的蜜粉定妆，先将眼睛下方的蜜粉扑上，用指尖抚平下眼睑、眼袋或者细纹后，再扑上大量蜜粉。

(2)把上眼皮的粉底推匀，扑上蜜粉。

(3)从鼻尖往两眉间至额头、从下巴往两颊与耳朵方向扑，蜜粉全部扑好后，采用轻拍的方式将之前扑上蜜粉的部位再拍一次。

(4)再次选择与肤色相同的蜜粉，按照步骤重新做一次。

(5)将粉扑上多余的蜜粉擦掉，从鼻尖至额头，鼻侧至太阳穴，人中至下巴，下巴至两颊，全部重新按压。

(五)眉笔

1　眉笔的选择

眉笔一般分黑色、棕色两种颜色，选择眉笔时，要结合自身情况，如果是一般生活工作妆的话，应挑选颜色比自己头发浅的眉笔，这样才能使人为修整的痕迹不太明显，因此，即使头发是深棕色的，也要避免使用黑色眉笔。黑发黑眼睛者，适合选用深棕色或浅黑色、黑灰色眉笔。一定要特别重视这些色彩的细微差别。在挑选眉笔时，要注意笔杆的长短，笔芯要适中，不要太硬或太软，且紧贴笔杆，不要有松动现象。

2　眉毛的化妆手法

(1)不同脸型适合的眉型(图 5-6)。

①鹅蛋脸：采用柔和的眉型，不破坏鹅蛋脸型原本的美感。

②长脸：平眉，显得脸短一些。

③圆脸：将眉峰挑离，显脸长。

④方脸：将眉峰拉高，显脸长。

⑤心形脸：采用柔和没有明显棱角的眉型，使人看上去更温柔。

⑥菱形脸：眉毛要弯，没有明显眉峰，不让注意力落到宽颧骨上。

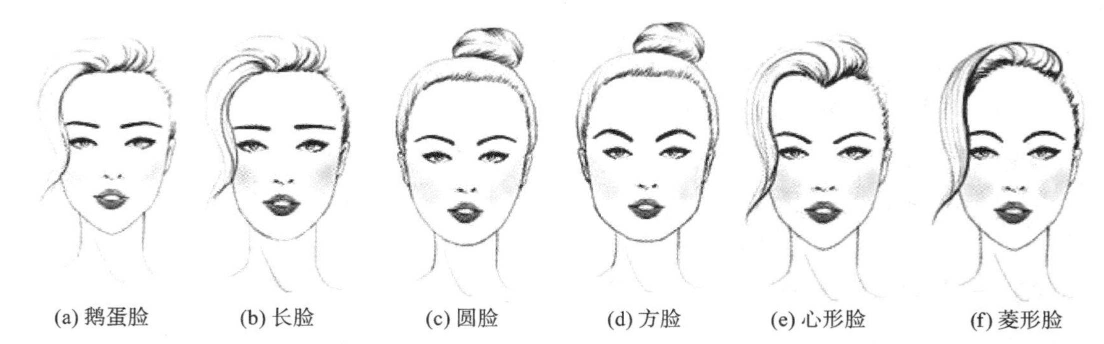

图 5-6　不同脸型适合的眉型

(2)眉笔的使用步骤。

①刷眉毛：用眉头刷把眉毛刷整齐，这个步骤不能省略，因为如果眉毛不整齐，就可能错修不该修的眉毛。

②画线(图 5-7)：把细杆化妆刷竖着放在鼻翼旁，延伸到眉头处确定并画一条短线。将位置固定好，做好标记。接着在鼻翼到眼角的斜线上也画一条短线，确定眉尾的位置。把细杆化妆刷平行放在眉毛的下方，画一条平行线，这个时候眉头和眉尾会有两个小交叉。根据自己的喜好确定眉毛的宽度，注意两边的眉毛宽窄要一致。同样地，画好之后会有另外一条交叉线。估计着在眉毛三分之二处画个"十"字，或者眼睛直视前方，在瞳孔的外侧的纵向平行线上确定眉峰的位置。画横线是为了确保两边眉毛的眉峰在一个水平线上，画竖线是确定眉峰的位置。此时所有的定位工作已经完成。

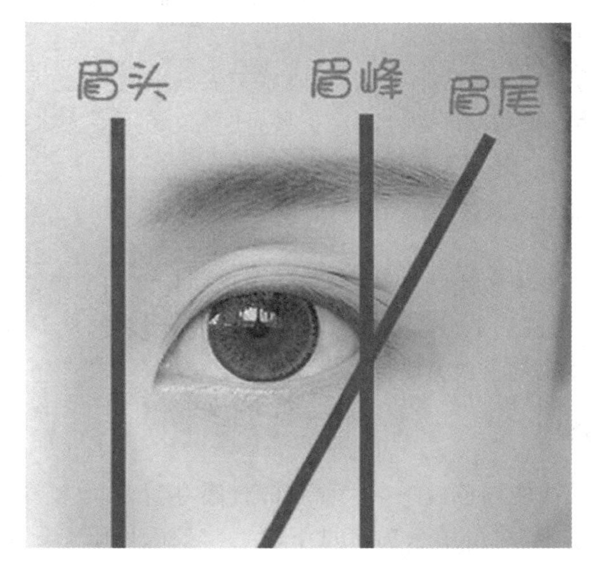

图 5-7　画线

③连线并填实：把所有交叉线的中心点连接起来，就可以得到大致的眉型了，然后把空隙处填实，填实的时候可以适当再修整一下，多余的黑线用棉签擦掉。

④检查：查看两边眉毛的形状、高低是否一致，将画好的眉型区域外的多余的眉毛用镊子或者刮刀修干净。注意根部在眉型区域里的眉毛不能用拔的，要用小剪刀把长的部分修剪掉。

⑤画眉：顺着修好的眉型一点点把形状画好，眉头稍微浅一点，眉尾适当加深。然后用眉头刷把眉头刷淡，再把整个眉毛也刷一下，让颜色更均匀。

（六）眼影

1 眼影的选择

眼影的色号比较多，如果选用得当，多颜色碰撞会特别好看。如果不知道该选择哑光还是珠光的，建议选择两者都有的眼影，哑光比较自然，珠光可以提亮，所以两者都有是最好的。通常眼影不要选择单个的，单个的不利于颜色的选择，最好选择眼影盘。要根据自己平时会出现的场合选择眼影，以便打造有特色妆容的眼影，但要注意颜色不要过于统一。眼影的粉质应细腻且好晕染，挑选时可以在手上试一下，如果不好晕染，哪怕颜色特别好看也要果断放弃。在选择眼影的时候也要考虑与季节颜色的搭配、与自己衣服颜色的搭配，最好不要买特别奇怪的颜色，自然最好。

2 单色眼影的画法

(1)单色眼影法。

用眼影刷轻扫一层眼影，然后从睫毛根部开始向外刷，刷到眼窝处，然后用一支干净的棉签晕染下眼睑的边缘，这样能够在一定程度上增加眼窝的深邃感。

(2)单色眼影渐变法。

用眼影刷轻扫一层眼影，从睫毛根部向外刷，扩展到眼窝处，然后用一支刷头更细小的眼影刷沾取眼影粉，沿着睫毛根部向外轻轻扩展，注意范围不要太大，只需要第一层眼影的一半，这样画出来的眼妆会很有层次感。

3 双色眼影晕染法

先用眼影刷沾取眼影中较浅的颜色，从睫毛根部向外轻扫至眼窝处做一个大面积的打底；然后再用另一支眼影刷沾取较深的颜色，在上眼皮处轻扫，再从眼尾稍稍带过下睫毛处。这样的眼妆能够在视觉上放大眼睛。

4 三色精致眼影

先用眼影刷沾取最浅的颜色做一个大面积的打底，接着沾取较深的颜色从睫毛根部向外晕染至原先眼影的一半，然后用余粉带过下睫毛。最后用眼影刷沾取一些珠光色的眼影，点涂在眼皮的中部晕染开。注意珠光色的范围不要晕染过多，不能超过第一层眼影的边界，不然会显得很不自然(图 5-8)。

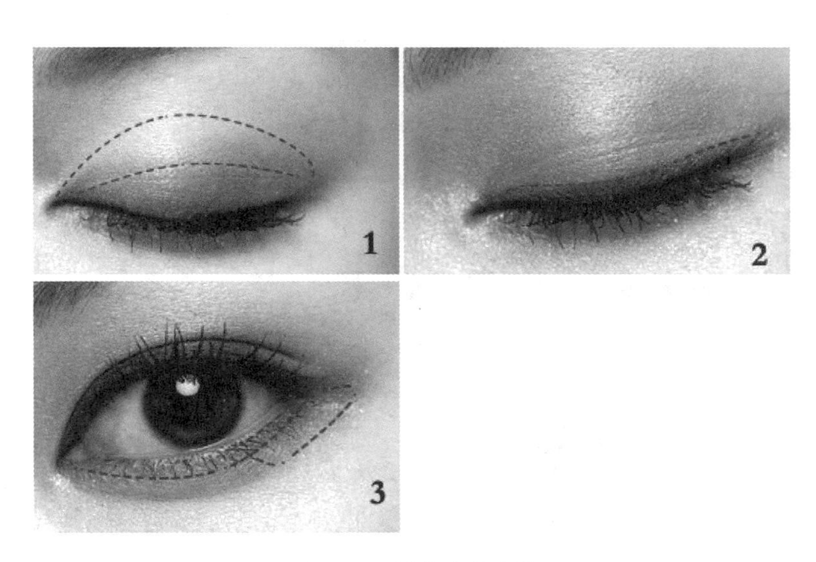

图 5-8 眼影的上妆步骤

（七）眼线笔

1 眼线笔的选择

眼线笔主要用来画眼线，笔芯质地硬的比较好掌控，但使用时触感可能会硬一些。这类眼线笔的防水性还是挺好的，即使流眼泪也不会花妆。

一些眼线笔会自带海绵刷头或者毛刷头，经过反复晕染，可以很方便地达到小烟熏的妆效。笔芯足够柔软细滑才更容易上妆，而且不刺激眼睛。

在选购眼线笔时，可以用虎口开合来模拟眨眼效果，测试 20 次（每分钟眨眼睛的平均数值）后看眼线晕染的状况和持妆度。将眼线笔在白纸上一笔描绘，可比较眼线笔的显色及上妆程度，同时感受笔芯柔软度。

2 眼线的画法

将镜子放在距面部 20 厘米处。画上眼线时，眼睛向下看，用无名指将眼皮轻轻向上拉。从眼尾开始，贴着睫毛根部，由眼尾向眼角分段描画，每一段保持在 2 毫米左右。反复描画，先用食指将眼角向鼻部方向拉，然后再从眼角描画至眼尾，使眼线纤细。画下眼线时，先用无名指轻拉下眼皮，然后再紧贴睫毛从眼尾到眼角描画下眼线。加强眼角，用眼线笔沿着睫毛根部描画至眼角，制造出眼角处的眼线渐渐隐退的效果。用手把棉棒头压扁，从眼角至眼尾将眼线推匀，使线条自然清晰。晕开眼线的方向与画眼线的方向相反，从眼角至眼尾晕开，切忌用力过大。

3 不同眼形眼线的画法（图 5-9）

（1）素眼：眼线可以改善任何眼形，完善眼睛轮廓。

（2）上扬眼/猫眼：适合丹凤眼、杏仁眼，适合椭圆脸型。

（3）下垂眼/狗狗眼：适合较圆眼形，适合圆脸型、椭圆脸型。

(4)拉开眼距:适合眼距较近的人,适合任何脸型。

(5)拉近眼距:适合眼距较开的人,适合任何脸型。

(6)长眼:适合较窄和较长眼形,适合椭圆脸、"V"形脸。

(7)圆眼:适合小鹿般的圆眼,适合略带婴儿肥的可爱脸型、较方的脸型。

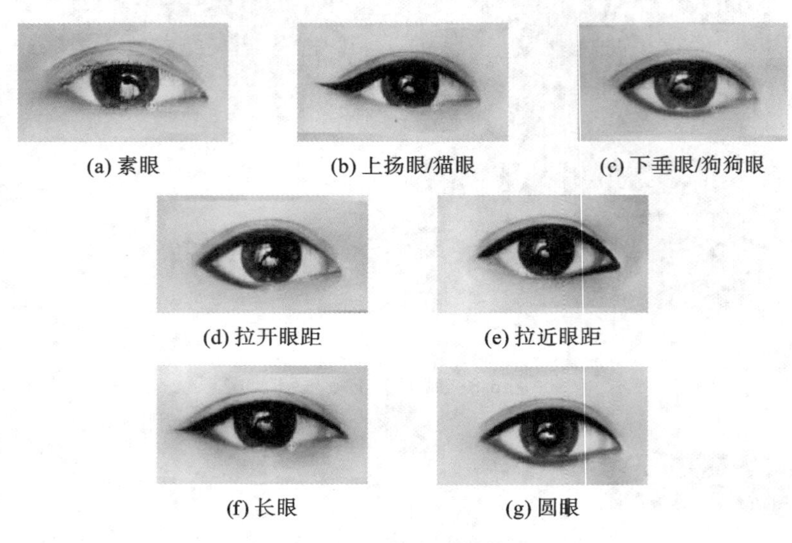

(a) 素眼　(b) 上扬眼/猫眼　(c) 下垂眼/狗狗眼

(d) 拉开眼距　(e) 拉近眼距

(f) 长眼　(g) 圆眼

图 5-9　不同眼型眼线的画法

(八)睫毛膏

1　睫毛膏的选择

应选择易上色、不结块的睫毛膏。无论是水性还是油性的睫毛膏,都是利用睫毛膏的稠密度与滋润度将睫毛塑形固定,选择的标准应该是:睫毛膏适当地沾附在刷子上;使用时能固定住睫毛,但不会缠住睫毛。睫毛膏有以下四种刷头。

(1)长直螺旋形刷头。

长直螺旋形刷头又纤长又浓密,适合东方人使用。这是最常用的刷头类型,能让睫毛膏均匀地附着,并平滑地黏附在睫毛上,较细长的刷头更适合东方人。

(2)细梳子形刷头。

细梳子形刷头能让睫毛变粗变浓。睫毛膏附着在梳子凹槽,刷一次就能让睫毛马上变粗、变浓密,还具有根根分明的效果。

(3)弧形螺旋形刷头。

弧形螺旋形刷头能使卷翘度更加持久。刷睫毛膏时,睫毛刷弯曲的部位要朝上,从睫毛根部刷起并往上提拉,塑造卷翘不下垂的迷人效果。

(4)棍棒形刷头。

棍棒形刷头是直接用纤维取代刷毛,轻易刷到睫毛根部却不会沾染到眼皮,适合短睫毛的人使用。

2 睫毛膏的分类

(1)翘型睫毛膏。

翘型睫毛膏适用于睫毛粗硬或平直的使用者,不需要使用睫毛夹就可以持久卷翘。

(2)透明睫毛膏。

透明睫毛膏能维持睫毛的卷度和弹性,不会有染色困扰,适合自然淡妆的人。

(3)彩色睫毛膏。

彩色睫毛膏是初学化妆者的绝佳选择,但上妆时容易弄脏眼睑,可以等到干后再用棉棒清理。

(4)增密型睫毛膏。

增密型睫毛膏能使睫毛看起来又长又密,不过比较容易使睫毛粘在一起,建议睫毛较少者或在演出等场合使用。

(5)防水型睫毛膏。

防水型睫毛膏毛刷一般为稀疏型和螺旋型,一般在游泳的时候使用,需要注意的是,防水型睫毛膏涂抹时间过长就很难擦拭干净。

3 睫毛膏的用法

可先借助睫毛钳加强睫毛的弧度后再涂刷睫毛膏。睫毛膏应从睫毛根部开始向睫毛尖方向涂刷,眼角处的细毛也要涂刷到,涂刷到外面的睫毛膏用棉棒擦掉;涂刷完上睫毛后涂刷下睫毛,待干后再涂刷第二遍。涂刷上睫毛时,横向拿睫毛刷,从里往外刷,视线始终保持向下,不要动;涂刷下睫毛时,镜子处于平视位置,下巴向里收,脸部皮肤拉紧,横刷、竖刷都方便(图 5-10)。粘在一起的睫毛可用睫毛梳梳理。

图 5-10 睫毛膏的用法

(九)腮红

1 腮红的选择

不同肤色应选不同颜色的腮红。

(1)白皮肤。

肤色白的人在选择腮红上没有太多顾虑,因为肤色白,一般颜色的腮红都可以,但最佳选择为蜜粉色,其他过深或者过浅的颜色容易让较白的肤色显得病态。

(2)黄皮肤。

黄皮肤的人应该选择风信紫色腮红,这款腮红会让肤色看起来白里透红。

(3)黑皮肤。

黑皮肤虽然看起来很健康,可是在化妆的时候确实有些难度,腮红的选择应远离大红以及粉嫩的颜色。使用稍微暗沉一些的颜色,比如棕红色。

(4)晦暗的肤色。

憔悴、没血色、暗沉等就是这种肤色,这类肤色的人使用腮红时应该选择鲜亮的颜色,如珊瑚红色。

2 腮红的用法

腮红区域不能超过鼻子下方,也不能刷在眼睛周围,腮红大概画在颧骨周围一块。用腮红刷少量多次取粉,轻轻地刷在腮红区域。腮红刷完后,要融合底妆再用海绵块在腮红区域再盖一层,使腮红看上去更加自然。

图 5-11 所示为不同脸型腮红的画法。

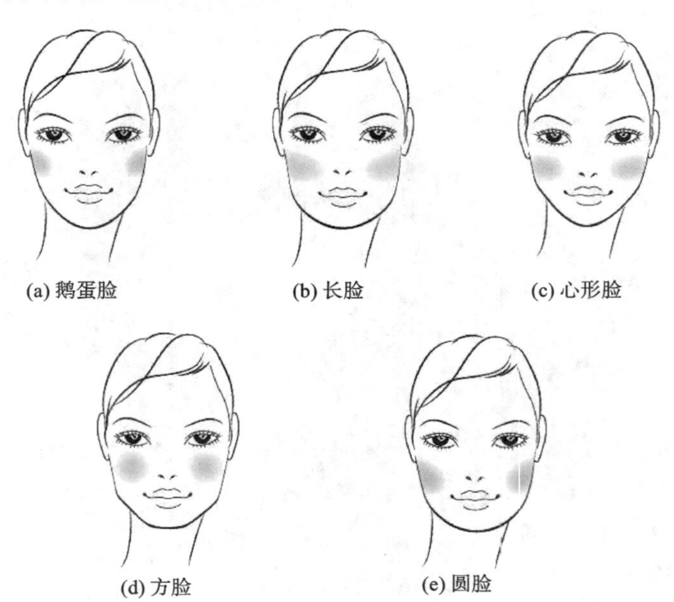

图 5-11 不同脸型腮红的画法

（十）口红

1 口红的选择

(1)根据口红质地选择。

①哑光质地：哑光质地的口红是最干燥的，也是最持久的。哑光口红本身没有光泽也不反光，并且还不含滋润成分。唇部干燥的人最好不选择哑光质地的口红。

②润泽质地：润泽质地的口红是所有口红里最滋润的一款了。因为油脂含量高，所以有水润感，质地轻盈，但修饰力度和持久度不是很好。大部分润泽质地的口红颜色清新闪亮，适合唇部干燥的人。

③珠光质地：珠光质地的口红涂上后嘴唇看起来闪闪发亮，反射的光还能掩盖嘴唇上的瑕疵。尽管如此，还是建议选用这类口红时要慎重，因为这类口红容易显脏，对底妆的要求很高。

④缎光质地：缎光质地的口红，无论色泽、质感，还是光感都很不错，它低调闪耀，没有油腻的感觉，虽然很接近哑光，但是并不像哑光那么干燥，比较适合正式场合使用。缎光质地的口红还有一个突出优点就是它的持久性非常好，不容易沾杯和掉色，其持久度仅次于哑光质地的口红。

(2)根据自身肤色挑选。

①暖色调：如果皮肤偏黄，也就是肤色是暖色调的，比较适合珊瑚色或者正红偏橘的色调。这个色系的口红既能够提亮肤色，还可以与黄皮肤互相协调。健康有光泽的蜜色皮肤适合暖色调的红唇妆，哑光感的橘红色不仅能增加魅力，同时也不会让人感觉艳俗。多层色彩柔和的口红能让唇部色彩变得更加自然独特。但是要注意，千万不要使用会让脸色显得难看的带有冷色调（蓝色调）的桃红色口红。

②冷色调：如果是比较白皙的皮肤，也就是肤色属于冷色调，比较适合蓝色基调比例更大的正红色口红，可将肤色衬得更柔和，也可以试试玫红色、蔓越莓色及偏紫红色的颜色。以蓝色为基调的粉红色和桃红色口红在白皙的皮肤上形成一种视觉冲击力，更有肌肤胜雪的感觉。冷色调肤色避免使用有太多金色调的口红，因为这会使人显得俗气。不要使用裸色效果的粉色唇膏，因为这会使人显得无精打采。另外，棕红色是最不适合的。

③中性色调：如果是自然的肤色，也就是肤色属于中性色调，可以用粉色调口红，看起来温柔甜美。

2 口红的用法

嘴唇的结构如图 5-12 所示。

(1)标准唇。

标准唇是比较好看的唇形，下唇比上唇略厚，两唇都有微微凸起的唇峰，唇角微微上翘，最好上唇中间还有一个鼓起的圆润唇珠。如果是弧度自然、线条流畅的标准唇，大多数唇妆都可以驾驭。

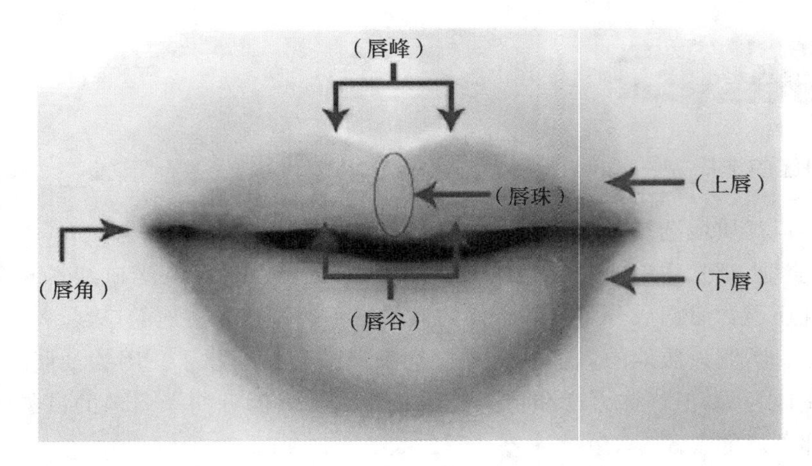

图 5-12　嘴唇的结构

(2)下垂唇。

下垂唇最大的特点,就是嘴唇放松的时候,唇角是朝下的,给人不开心的感觉。但是换上甜美的微笑就阳光很多,所以下垂唇的人要经常保持微笑,注意收唇角。在口红选择上,尽量选择与自己嘴唇颜色相间的颜色,减弱原本的唇形,以便看起来更加自然亲切。

(3)"M"字唇。

"M"字唇与下垂唇相反,唇角微微上翘,且唇峰及唇珠特别明显,唇峰的弧度很美。"M"字唇的人即使不笑看起来也像是在微笑,笑起来唇会变成心形。"M"字唇本身唇形就很好看,修饰时不需要唇线,加深唇珠的颜色即可。

(4)椭圆唇。

椭圆唇相对来说唇部线条不明显,可以说唇峰、唇谷是一条弧线,气场上可能会弱一些。椭圆唇很有特点,自带"嘟嘴"的效果。椭圆唇的人要想让唇部有线条,可以先用遮瑕膏遮住原本的唇部走向,再用唇笔在唇谷处勾勒出"V"字,就可以画出唇峰了。

(5)薄嘴唇。

薄嘴唇的人看起来冷艳、神秘,但一微笑嘴唇就看不到了。在口红选择上,色彩饱和度高和比较明亮的口红比较适合,能起到突出嘴唇的作用。

(6)厚嘴唇。

厚嘴唇的人在选择口红的时候应尽量选择深色,化妆时用遮瑕膏遮住嘴唇的外轮廓,从视觉上缩小厚嘴唇就可以了。

(十一)修容粉

1 修容粉的选择

修容粉的主要功能是修饰脸部轮廓,让五官更加立体有型。一般使用以棕色或者咖啡色为主的修容粉修饰脸部轮廓,用粉刷扫在脸部凹陷部位(如鼻梁两侧、额头两边、颧骨下方),形成阴影,宽大的脸看起来瞬间变小。通常额头中央、鼻梁和下巴都是涂浅色修容粉的位置。太阳穴和眼睛下方涂刷浅色修容粉可以让眼睛显得更为明亮,绽放光彩。需要注意的是,浅色修容粉和周边肤色的过渡要自然,尤其是深浅相交的位置。修容是利用色差来达到脸部轮廓更精致的目的。

2 修容粉的用法(图 5-13)

肤色较深的人可以选择绿色和紫色;肤色较黄或暗沉的人可以选择绿色,起到掩盖作用;皮肤白的人可以选择紫色,能更显白和提亮肤色。

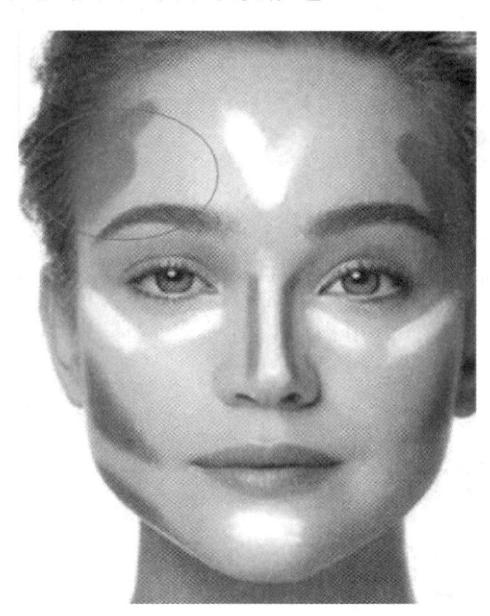

图 5-13 修容粉的用法

(1)暖色修容(粉色、橘色):可以打在腮部,起腮红作用。

(2)暗色修容(棕色、咖啡色):可以打在额头与发际交界处,还有下颌骨和咀嚼肌的棱角部位,使得脸部显得更小巧。

(3)亮色修容(绿色、白色):如珍珠白色是用来提亮的,可以打在太阳穴和眼睛下面的三角区域,也就是眼袋上。还可以用在鼻梁上,使鼻子看起来更坚挺。

任务三 化妆工具的选择与使用

一、化妆刷的选择与使用

(一)粉底刷

粉底刷的刷头一般都是竖长、扁平、有弹性的。在选择粉底刷时,应注意刷毛不能太柔软,否则粉底不易上妆。要选择刷毛稍微硬一些的粉底刷,因为这样的刷毛可加大压力,让粉底在皮肤上更加服帖。刷毛厚实紧密，上妆时才能够很轻松地将粉底液刷开，使粉底液能紧贴皮肤，遮盖瑕疵。好的粉底刷刷毛的宽度约为 4 厘米，长度 5～6 厘米。刷毛的排列呈梯形，中间的刷毛是最长的，外面一圈的刷毛要稍微短一些。梯形的刷毛能使粉底液快速和皮肤融合，遮盖毛孔。刷毛可以选择合成纤维毛，合成纤维粉底刷不吸水、延展度高，释放粉底液的功能强，随着粉底刷使用释放出均匀的粉底液，刷毛上不会堆积粉底液。刷柄应中间圆润，顶部略细一些，这样的刷柄使用起来更自如、方便，也不易滑落。

（二）眼线刷

眼线刷是众多眼部化妆刷中必须用纤维毛的化妆刷。因为纤维毛是蓬散松软的，上粉状化妆品的时候很好用，但是上膏体或者液体化妆品的时候则会出现力道不够、推不开的情况。纤维毛是有硬度、有韧性的，可以更好地推开膏体或者液体化妆品。同理，粉底刷、遮瑕刷、眉刷最好使用纤维毛的。

（三）腮红刷

市面上 90%的腮红刷刷毛呈尖圆球状，容易吃色，有晕染、使肤色柔和的效果。圆形腮红刷刷上看起来像腮红但质地像蜜粉的珠光亮粉，借由珠光能使面部看起来更具光泽且有提拉效果。腮红刷沾粉量少，大面积甚至全脸涂上也不过量。

（四）修容刷

修容刷通常为斜角刷或梯形刷，比较有线条感，能刷出明显区块，用在需要特别强调的区域，如下巴、鼻梁或是眼尾外等。

（五）唇刷

唇刷刷毛应触感柔软平滑、结构紧实饱满。用手指夹住刷毛，轻轻地往下梳，查看刷毛是否易脱落。将刷子轻按在手背，画一个半圆形，查看刷毛的剪裁是否整齐。用热风吹刷毛可以分辨种类：保持原状的为纤维毛，变卷曲的是人造纤维毛。

（六）散粉刷

（1）刷头像兔尾巴一样的散粉刷，主要是给脸部上粉定妆时使用的。

（2）刷头比较扁、刷毛较硬且呈扇形的散粉刷用来清扫脸部的余粉。

（3）一般日常使用柔软蓬松的圆头散粉刷。

(4)如果涂过粉底液或者想要打造出零底妆的话可以使用散粉刷,因为散粉刷上散粉往往会比较轻薄自然。用粉扑上散粉时粉量相对较厚而且紧实,如果之前涂抹的是较厚的粉底霜,则建议选用粉扑来上散粉。

二、其他化妆工具的选择与使用

(一)睫毛夹

大多数亚洲人的眼形比较平缓,所以挑选睫毛夹的时候可以选择睫毛夹弧度没有那么明显的款式。弧度太大的睫毛夹很容易夹到眼皮,但圆眼睛的人用弧度较小的睫毛夹就没有那么顺手了。眼球的凸起程度也是选择睫毛夹时考虑的因素,越贴合就越不容易夹到眼皮。选择睫毛夹时还要考虑橡胶垫、金属边缘、材质、弹簧等问题。因橡胶垫直接作用在睫毛上,所以睫毛夹的橡胶垫过硬或者过软都会影响效果,选择比较有韧性、弹性好的橡胶垫睫毛夹,才不容易把睫毛夹断;金属边缘应光滑,如果金属边缘过于锋利就容易伤到眼皮。另外,橡胶垫的弧度与金属边缘夹口位置要贴合一致;在材质方面,金属睫毛夹的力度和弧度比较好,使用金属睫毛夹夹的睫毛较为卷翘和统一,塑料睫毛夹的稳定性较好,宽度和力度比较好掌握,不容易夹到眼皮;睫毛夹的弹簧应有弹性不死板,夹的时候应不费力。

(二)修眉刀

修眉刀的刀片根据原材料不同可以分为不锈钢刀片和钢刀片,在挑选时应选择不锈钢刀片的修眉刀。市场上常见的修眉刀的刀片根据形状可以分为微距网刀片和普通网刀片,其中微距网刀片的质量要优于普通网刀片。修眉刀的刀柄大多都是用塑料制成的,也有用金属材料制成的,购买时应挑选刀柄有一定韧性的修眉刀,最好不要选择金属材质的。市场上有手动修眉刀和电动修眉刀,新手建议选择手动修眉刀,因为电动修眉刀相对而言不便于掌控。设计合理的修眉刀,在制作时都会在刀片上装上安全保护网,其目的是防止刀片伤到皮肤,所以在购买时应首选有安全保护网的修眉刀。

■ **知识关联**

彩妆蛋与粉底刷

根据底妆质地,稀薄、流动强的底妆类产品适合用刷子,而相对浓稠、流动性差的底妆类产品则更适合用美妆蛋。另外,就肤质而言,刷子适用于干性及中性肤质,而美妆蛋更适用于油性及混合型肤质。彩妆蛋与粉底刷如图 5-14 所示。

图 5-14　彩妆蛋与粉底刷

■ 拓展阅读

化妆刷的保养方法

如果有专门的刷具清洗剂,倒上几滴,用冷水顺着刷毛的方向冲洗一会,再平放阴干即可。如果没有专门的刷具清洗剂,每两周将刷具放入稀释了洗发水的温水中浸泡清洗,再用冷水冲洗干净,整理刷毛后平放阴干即可。散粉刷可以用护发素清洗,用清水冲净后,擦干,然后将散粉刷毛质部分微微抬高,固定在阴凉通风的位置阴干就可以了。

任务四　香水的选择与使用

一、香水的选择

(一)观察香水色泽

优质的香水必须是清澈透明、清晰度高的液体,无任何沉淀,一般不含色素,在 30 ℃的温度下 24 小时不变色(图 5-15)。

图 5-15 香水

(二)对比香水香型

先对比喜欢的几款香水,从中挑选出两三种自己喜欢的香氛,以试香纸轻轻闻一下,感受一下。然后将香水稍喷一点在手腕上。由于香水有头香、体香、底香之分,所以,最好多感受一段时间,尽可能让香水的味道充分挥发,感受与体味融合以后的香味。但不宜一次性选 5 种以上的香水做对比,会影响嗅觉的稳定性。

(三)初买者最好选购小容量的香水

初买者最好选购小容量的香水,这样能多创造一些选择的机会。但要注意一般小容量的属于沾式香水,而大容量的为喷式香水。因此,选购时要看清楚,看看是否有喷管,然后根据自己的具体情况来确定。

(四)每次选购不定香型或品牌

多尝试几种,最终总能发现最适合自己的香型和品牌。根据场合的不同,可以选用不同类型的香水以符合环境特点。

(五)确定香水气味的稳定性

优质香水无刺鼻的酒精气味及其他令人不愉快的气味,香味纯正,并能保持一段时间。根据香味的稳定性和香料的成分,香水分为特级和甲级、乙级、丙级 4 个等级。洒在纺织品上的特级香水,在一定条件下,其香味保持时间应该不少于 70 小时,花香型的不少于 60 小时。日常用的优质香水属于甲级产品。

(六)包装美观、精致

如同其他商品一样,香水的外包装在一定程度上是香水内在质量的体现。购买香水时要特别注意香水瓶的瓶口与瓶盖之间要严密无间隙,否则香水易挥发干涸。此外,还要注意香水外包装是否整齐、图案是否清晰、瓶外观有无裂纹等。

二、香水的使用

(一)喷雾法

向人所站立的上方喷洒香水,呈雾状的香水会慢慢地落到人的身体上,在香水的喷雾中站立3分钟左右,让身体充分融在香水的雾气里面。这种方法喷洒香水,会让身体的各处都有香水的味道,很均匀。

(二)点涂法

点涂法是将香水涂在身体的主要部位,如手腕(图5-16)、耳背及脖子周围的脉搏处,手臂的内侧、膝盖内侧也是合适涂抹的部位。

图5-16　点涂法

(三)衣物喷洒法

很多人希望自己的衣服也有好闻的香水味道,将香水喷洒在衣服上。但高浓度的香

水对衣服有一定的伤害，所以最好不要直接喷洒。普通的香水可以在衣领、裙摆等地方少量喷洒。需要注意的是，不要让香水把衣服染色了。

三、香水的使用禁忌

（一）避免多种香水一同使用

有些人有多款喜欢的香水，把这些香水每种都涂抹上。其实互相混合香水的香味不是那么纯正了，所以建议一次只涂抹一种味道的香水。

（二）涂抹禁忌

阳光能照射到的地方尽量不要涂抹香水，因为香水里面少量的酒精在暴晒下，易使皮肤出现斑点。面部、容易出汗的腋下、易过敏的地方都不宜涂抹香水。

■ **知识关联**

如何防止买到假冒品香水

防止买到假冒香水的方法除了需要掌握对假冒伪劣品的辨别常识以外，还有一个较好的办法：一款世界性的名牌香水要打开市场，除了做广告以外，还会赠送大量小瓶样本（为了推销 100 万瓶香水，送 300 万小瓶样本是常用的手段），这些样本瓶底都贴有“非卖品”(No sale)字样，可拿这个样本去商场对样买货，除了外观（包括香水颜色）完全一样外，可以把两瓶香水各滴一滴在左右手背上反复嗅闻，从头香到底香（需要几个小时）如果香味都一样就可以认定这一瓶香水不大可能有假。

■ **拓展阅读**

香水味道太浓怎样稀释？

可以加入一勺左右的纯净水，搅匀，香水的味道会变淡。也可以把打开瓶盖的香水瓶在空调房里面放一晚上，让香水挥发大量的香味，使味道变淡。

当使用一种从没使用过的香水时，那香味对于你来说肯定是很浓的，但是只要长期使用，也会慢慢习惯。例如可以先在衣服的最下面以及是肩膀的地方喷一点点，等习惯了可以逐渐增加（当闻惯了一种香水，并不会觉得它很浓），这样既可以闻到香水的香味，也不会感到难受或者不习惯。另外，把香水放在衣柜里，让它自然挥发到衣服上，这样不用直接喷洒香水就有余香。

项目小结

随着社会的不断发展，化妆已不局限于舞台，而是逐渐进入人们的生活中，通过人为的修饰，可使平凡的相貌焕发出超凡脱俗魅力，给人以美的享受，体现良好的精神风貌。

化妆可将人独具的魅力体现得更加充分，使人以更加愉快的心情投入学习和工作中。运用化妆品和化妆工具，采取合乎规则的步骤和技巧，对人的面部及其他部位进行描画、渲染、整理，增强立体形象，调整形色，掩饰缺陷，表现神采，从而达到美容的目的。化妆能表现出人独有的审美情趣，表达个性，增添魅力。

生活中得体的妆容能唤起人心理和生理上的潜在活力，增强自信心，使人精神焕发，还有助于消除疲劳。职场中得体的妆容让人看上去干练又不缺乏亲和力。

项目训练

1. 通过本项目的学习，你了解了哪些新的化妆观点？

2. 结合自己的五官，讲一讲自己会用化妆品来重点修饰哪个部位？为什么？

3. 请评述“微笑是最好的化妆品”这句话，是不是只要微笑就可以不用化妆了呢？

4. 案例分析：

小李是空乘专业的一名在校生，专业成绩很不错，平时也很喜欢化妆，她非常注意眼妆的修饰，每天都会粘假睫毛、戴美瞳。有一次某航空公司到学校招聘，要求应聘者不能戴美瞳、粘假睫毛，小李觉得那样会影响自己的颜值，于是她到美容院进行了睫毛接种，并戴了自然色美瞳。结果面试的时候还是没有通过，她觉得航空公司的要求太苛刻了。

问题：请结合所学知识，解释为什么航空公司招聘时要求应聘者不能粘假睫毛和戴美瞳呢？

5. 进行化妆练习，完成职业形象化妆设计。

项目六 职业妆容设计

项目目标

知识目标

了解职业妆容设计的分类;掌握职业妆容设计的步骤;熟知职业妆容设计的技巧。

能力目标

可以根据不同职业场合,设计并展现出不同类别的职场妆容。

素质目标

增强个人适应能力,提升个人职场魅力,打造职场亲和力。

知识框架

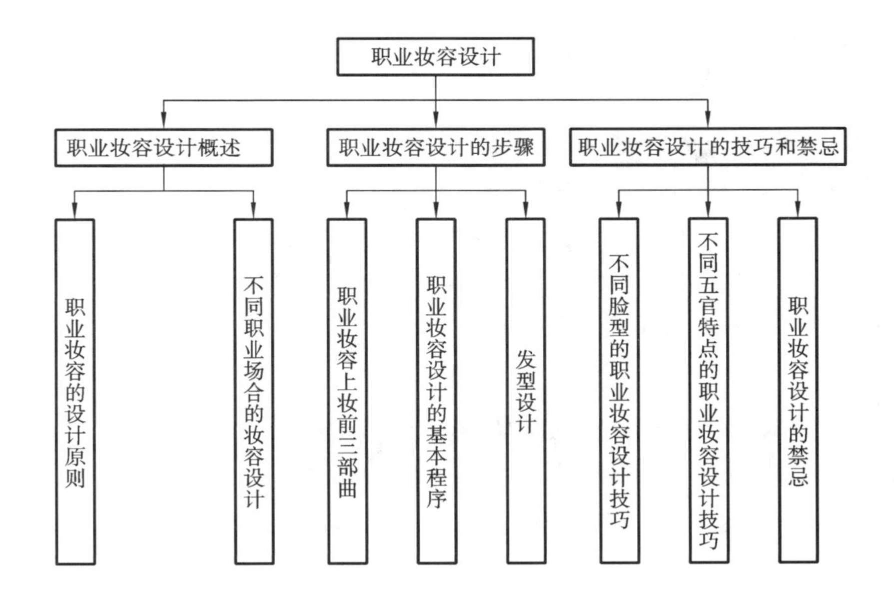

项目引入

被解雇的劳拉

一位名叫劳拉的英国女士在伦敦一家大公司工作,上级要求每日要化妆上班。劳拉之前在一家小公司工作,没有要求过带妆上岗,为了达到公司的要求,她开始学习化妆,但对于职业妆容，她并没有做过多的了解，而是随意应付。不到半个月她就被炒了鱿鱼，尽管她在工作中认真负责、兢兢业业，但其上司认为她上班时的妆容太过奇异古怪，让人无法接受。

问题思考

哪种妆容是最适合工作场合的？

任务一　职业妆容设计概述

职业妆容是指职场人士因工作的需要，对自身（包括面部、身体等）进行一些必要的外在形象修饰，以达到与职业属性相契合的装束和打扮。职业妆容的特点是形式多样、效果明显、男女有别、区域限制。妆容方面，有晨妆、晚妆、社交妆、舞会妆等多种形式，这些妆容在浓淡的程度和化妆品的选择上都有一定的差异。职场人士在工作岗位上应当化淡妆，实际上就是在工作岗位上不仅要化妆，而且只宜选择职业妆这一种具体形式。这一规定简洁地称为“淡妆上岗”。

一、职业妆容的设计原则

（一）职业妆容应淡雅、大方

职业妆容须淡雅和大方，在工作场合，自然的淡妆就非常得体。在室内日光灯下，若妆容色彩选得不对，可能使脸色显得灰白而单调。因此，眼妆颜色最好选用淡紫色、蓝紫色，嘴唇颜色用粉红色。化妆前先上一层粉蜜，上粉前以冷水拍面紧肤，会使妆容保持得久一些。中午休息时，以粉饼蘸水拍面再补妆，使妆容更加清新持久。

（二）职业妆容应避免缤纷的妆容色彩

职业妆容应该选择大地色系或者肤色系的眼影，黑色的眼线和睫毛膏，肉桂色的腮红和同色系唇膏。任何显得妩媚且热烈的颜色都不适合职场。

（三）职业妆容应选择适合的画法

以画眼线为例，拉得过长或者画得过粗的眼线显然都不适合职场，同样，腮红也要避免采用打圈的画法，眼影也不要大面积涂抹，千万不要使用假睫毛。一切画法都要以“自然修饰”这几个字为核心。职业妆容的重点可以放在眉毛、妆面、眼影上。眉毛最好是自然落尾眉，不要采用千篇一律的韩式粗平眉，自然落尾眉纤细自然，眉尾带有一点下落弧度，这种

眉型增添亲和感，却毫不影响气场提升。暗红色与金棕色的眼妆配色能展现职场女性气质，深邃眼窝，立体眼眸，让双眸充满知性与灵气。定妆也至关重要，好的定妆能确保8小时完美妆容。

（四）职业场合不能当众补妆

职场化妆礼仪不允许在工作岗位上化妆或补妆，许多企业单位一般都设有休息室或专门的化妆间，这是为有必要休息或随时化妆、补妆的人所预备的。因此，在职业场合不能当众补妆。

■ **知识链接**

不同季节的妆容设计

不同季节皮肤本身的状态是不一样的，不同妆容带给人们的观感也是不同的，所以在不同季节应注意的妆容问题。

(1)春季妆。

保持面部滋润，修正面色基调，确保妆面有光泽，妆色鲜亮明快。

(2)夏季妆。

做好皮肤的护理和防晒工作。

(3)秋冬妆。

底色要均衡，营造健康美，打造亮丽的唇色，做好手部的护理。

1.俏丽的春天妆容

在万物复苏、生机盎然的春季，妆容的格调应以明快俏丽为主。度过了寒冷干燥的冬天，人们的皮肤在悄无声息中已变得干燥而无弹性，并产生了许多细小皱纹。因此，春季化妆应注意皮肤的保养，侧重于皮肤的按摩、蒸面与敷面。皮肤经过清洁后，应立刻涂上按摩霜，并以按摩的手法增进血液循环以及新陈代谢，促进皮脂分泌，恢复皮肤弹性。按摩以后，要及时用蒸面器来促使毛孔全部张开，排出面部污垢，再涂上营养霜或乳液，进行营养敷面。这样可以使毛孔迅速吸收营养，以达到滋养面容的目的`。加上春天空气较为湿润，人的皮肤比较适应与各种化妆品接触，如此一来，化妆品在妆面的效果就可以得到更好的发挥和保持。

化妆时，要用与肤色相接近的乳液型粉底，并均匀地在脸上涂上薄薄的一层。要尽可能保持肌肤原有的通透感。腮红可以选用淡红色晕染，要侧重于明丽生动的色调。眼妆以浅棕色为主。在眼睑处用画笔轻轻地渲染少许蓝紫色眼影；中间部分和紧贴眼睫线处略深，向上渐虚，两边隐隐可见即可；眼尾部上眼皮略施一些浅茶红色眼影再轻描黑色眼线；同时在睫毛上适当刷些睫毛膏，会让眼睛显得更为生动。眉型要自然，不能显露修饰的痕迹。可有重点地描画，不宜太长太细。唇色以橙红色系为主，涂口红时注意唇型自然，使之看上去丰满、润泽。总之，整个妆面应达到纯真、年轻、充满活力的效果。

2.清凉的夏天妆容

闪亮的夏季自然要以闪亮的妆容来配合。将海蓝色的眼影轻轻涂于眼皮，时尚清凉的感觉会立刻呈现眼前。从睫毛根部刷上卷翘纤长的防水睫毛膏可提升眼睛的明亮度；如果想加点色彩，可在刷完第一遍后再刷上有颜色的睫毛膏。眼线可以使眼睛更加有神，在眼尾处稍微往上描画即可塑造完美的眼型。在颧骨至太阳穴处轻轻地以打圈的方式涂上淡淡的一层腮红，能显得比较清新自然。如果想要表现俏皮可爱，可以直接在颧骨处抹上些许腮红，清新的妆容应该采用清新的唇彩，唇彩的颜色不要用过于浓烈，只要涂上淡淡的一层，就足够亮丽。

3.华美的秋天妆容

夏日的余热随着秋季的到来渐渐退去，在金风送爽的秋季里，娇嫩的皮肤有了微妙的改变。为了避免皮肤干涩粗糙，保持往日光彩，秋天一定不能忘了护肤与保养。由于秋季十分干燥，灰尘也多，皮肤水分蒸发加快，角质层水分缺少，所以秋天皮肤护理特别重要，最好每周都能做一次全套的皮肤护理，这样既可以进一步清除面部深处的污垢和死皮，又能促进皮肤的血液循环，使皮肤获得所必需的水分及营养成分，让皮肤光洁柔软，健康地度过干燥的秋天。秋季化妆品的选择和化妆技巧也是至关重要的。建议使用金属色质地的眼影打底，口红应选择偏哑光棕色系比较符合季节特点。

4.沉稳的冬天妆容

冬季皮肤会变得干燥、粗糙，容易出现脱皮、皱纹，甚至出现小裂口。因此，在化妆之前要对皮肤进行简单的养护。化妆前，应选用冷霜、营养霜保养皮肤，并配合适当的按摩，以确保肌肤细嫩、健康。冬季应尽量避免使用粉类化妆品，以免皮肤更干燥而产生皱纹。冬季妆容应以突出沉静稳重为主，可以按照以下步骤进行。

1)润肤

化妆前一定要先涂上一层比较浓的面霜，使皮肤滋润。

2)涂粉底

冬季最好选用浅粉色的雪花膏型的粉底霜，因为这种粉底的油性大，涂上后皮肤富于光泽。

3)扑粉

由于气候的关系，皮肤会比较干，因此不必涂太多的粉，应选择白一些的干粉，涂上薄薄的一层即可。

4)腮红

腮红要以橙色、深棕色两色为主调，颧骨上用橙色，其下用深棕色，纵向地向下颌方向晕开，面积可适当大一些，使皮肤看起来自然、有光泽。

5)眼影

可以选用深棕色的眼影作为基色，眼角与眼尾均应染入蓝灰色，再用朱红色薄薄地整个涂盖。

6)眼线

选择黑色眼线笔或眼线液，可以画得稍浓一些。

7）口红

先涂上淡淡的一层润唇膏，以保护嘴唇，防止干裂，口红的颜色可选用光泽型朱红色，口角处用棕色，唇的轮廓用线条描绘。

二、不同职业场合的妆容设计

不同的工作岗位、环境、行业对职业妆容有着不同的见解与标准。这完全取决于该行业的工作性质，比如设计类、广告公司鼓励员工持具有创造性的或者非常时尚的妆容，而同样的妆容在一些传统公司就变得难以接受。

（一）较为严肃保守的工作环境

较为严肃保守的工作环境如律师事务所、医药企业及银行等，虽然这些领域环境不过分注重妆容和外表，但这并不意味着一定要素面朝天、完全不化妆，而应保持清新自然的妆容。棕褐色的眼影搭配黑色或棕色睫毛膏就很适合，双颊刷上淡淡的腮红，双唇涂上接近自然唇色的口红，这样的妆容看起来很和谐，职业而又干练。

（二）氛围相对轻松愉悦的工作场所

氛围相对轻松愉悦的工作场所如杂志社、设计公司、网络公司等，工作本身的性质要求具有创造性，因此氛围相对轻松愉悦。在这类工作场所不必担心自己的妆容是否太过时尚。在这里可以通过唇妆和眼妆表达自己的时尚态度，如明亮的唇妆（大红唇）和小烟熏（突出眼睛的深邃）。但是一定要记得，在通过妆容来表达自己个性的同时一定要仔细和慎重地选择和搭配，如果选择了鲜艳的唇色，那么脸部其他部位的妆容就保持低调、柔和。

（三）服务岗位

服务岗位如销售岗位或各类客服部门等，工作环境相对宽松一些，公司通常对妆容没有特别的要求。但是服务岗位人员有时需要与客户面对面交流，所以服务人员应对自己的职业妆容有一定的把握，如一个潮牌销售员采用大胆前卫的妆容反倒会给顾客留下深刻的印象，但一个高档酒店的大堂经理化上前卫夸张的妆容就与高档优雅的氛围有些格格不入了，所以一定要具体场合具体对待，千万不要弄巧成拙。总之，尽量选择一种固定的妆容，能将自己的个性优势和气质特点展现出来。

（四）空乘人员的职业妆容

作为一名空乘人员，应该非常明确空乘职业需要以怎样的形象出现。通常来说，干净、利落、和善、有自信的人是多数空乘主管中意的类型。因此，除了得体的谈吐、礼仪和服装之外，一个爽洁、大方又清新的淡妆，绝对具有加分的作用。女性空乘人员的妆容应该以淡色系为主，太过抢眼的鲜艳颜色容易显得做作庸俗。粉底也该选用接近自己肤色的颜色，倘若肤色偏白或偏黄，除打粉底外，再扑上粉红色或粉紫色的蜜粉，营造白里透红的光彩。眼影和口红的选择还应以搭配服装色彩为依据，整体呈现端庄的造型，体现个人的气质与个性。

男性空乘人员的化妆重点在于清洁、自然，以体现自己的特点为宜。可以选用比肤色暗两度的粉底，这样既可以调整肤色肤质，也可以突出脸部的立体感。好的眉型可以大大提升男性的风采，绝不要画夸张的眉型，只需要在原有的眉毛上进行修饰即可。眼部不应做过多的修饰，自然、协调，体现自身的五官特点与气质即可。挺直的鼻梁可以彰显男子气概，可用阴影加深轮廓。许多男性的唇色较暗或者没有血色，可以适当涂以口红修饰。

空乘人员职业妆容如图 6-1 所示。

图 6-1　空乘人员职业妆容

■ **知识链接**

航空公司对空乘人员职业妆容的要求

航空公司要求空乘人员上岗前化职业妆，是为了体现空乘人员职业的统一性、纪律性，展现航空公司的整体形象，体现对职业的尊重、对乘客的尊重。通过得体的职业妆容，帮助空乘人员找到职业感觉，更好地规范空乘人员的行为举止。

(1)空乘人员职业妆容的特点：干净、整洁、自然、大方、稳重、富有亲和力。

(2)化妆的标准：突出职业特征，体现精神面貌，妆容与制服协调，实现整齐划一的效果。

(3)忌讳:妆面过浓、过艳、过淡、过冷。

(4)男士发型、面容的修饰以及对皮肤的保护同样需要重视。

(5)男士也需要懂得化妆的知识并掌握化妆的技巧。

任务二　职业妆容设计的步骤

一、职业妆容上妆前三部曲

化妆一般分为洁肤、爽肤、润肤、上粉底、定妆、画眼妆、画面颊以及唇部妆等几大部分。其中,洁肤、爽肤、润肤是每日护肤的三部曲。如果持之以恒,能使肌肤柔滑细腻,各种类型的皮肤均适合护肤三部曲。

(一)洁肤

洁肤是护肤的第一步,可使皮肤处于洁净清爽的状态,令妆面服帖自然,不易脱妆。洁肤一般包括卸妆和清洁两部分。化妆前的洁肤工作一定要细致认真,否则不仅会影响化妆效果,而且会影响皮肤的健康。

(二)爽肤

爽肤是护肤的第二步,即用化妆水为皮肤补充水分,目的在于滋润皮肤,调节皮肤酸碱度,平衡油脂分泌,防止脱妆。化妆水的选择要根据皮肤的性质决定。如油性肤质或毛孔粗大的皮肤,应选择收敛性的化妆水,以收缩毛孔、减少油脂分泌,使皮肤显得细腻光滑。

(三)润肤

润肤是护肤的第三步,是通过使用润肤霜来滋润和保护皮肤。润肤霜要根据肤质和季节的变化来选择。润肤主要有两个目的:一是润肤后的皮肤容易上妆并且不易脱妆;二是润肤霜可在皮肤表层形成保护膜,将皮肤与化妆品隔离开,从而达到保护皮肤的目的。

二、职业妆容设计的基本程序

下面以空乘人员为例,介绍职业妆容设计的基本程序。

(一)涂抹粉底

涂抹粉底是化妆的基础,也是化妆中关键的一个步骤。它不仅对面色进行修饰,而且还对面部结构进行修饰。涂抹粉底要在洁肤和润肤之后进行,只有这样才能使粉底与皮肤贴合紧密,不易脱妆。涂抹粉底是化妆的第一步,因为化妆时的各种描画和晕染都要在涂过粉底的皮肤上进行。

(二)定妆

定妆是将蜜粉扑在涂过粉底的皮肤上,可以增强粉底在皮肤上的附着力,使妆面保持长久。定妆还可以吸收汗液和皮脂,降低粉底的油光感,使皮肤显得细腻光滑。操作时,可以用沾有蜜粉的粉扑在皮肤上拍按,使蜜粉在皮肤上与粉底充分融合,最后用粉底刷将多余的浮粉扫掉。

(三)画眉

如果把眼睛比作一幅山明水秀的山水画,那么眉毛则是这幅山水画的画框。画眉最重要的是与眼睛协调一致,画眉应根据个人的脸型、眼型、性格以及工作环境来把握,更好地发挥眉毛对眼睛的映衬作用。

(四)画眼影

眼睛是心灵的窗户。眼影可表现眼部立体结构和整体的化妆风格及韵味。画眼影是通过色彩来修饰和美化眼睛。眼影所用的色彩要与服装的颜色、肤色、季节以及眼部的特点等因素协调统一。画眼影是在涂完粉底后眼睛还没有涂其他化妆品的时候进行,眼影要和眉毛、鼻侧影柔和地连接,使整个眼部有立体感。

(五)画眼线

画眼线和画眼影同样是美化眼睛的重要手法。画眼线是用眼线笔在上下睫毛根部勾画出两条黑色的线,有强调眼形的作用,通过眼线的修饰可以增加眼睛的魅力。画眼线要在画眼影之后,这样可以保持眼线的清晰和干净。

(六)刷睫毛膏

刷睫毛膏是修饰眼睛的一种手段,可以增加眼睛的生动性和立体感。在刷睫毛膏之前要先用睫毛夹夹住睫毛并使睫毛向上翘起,让睫毛形成自然的上翘曲线,但切忌用力过猛,将睫毛折断。由于睫毛膏在没干时容易蹭到皮肤上而弄脏妆面,因此这一步最好放在整个眼部化妆的最后,以便于最后修正妆面。

(七)上腮红

使用腮红可增加面部的红润感，给人以生机勃勃和精神焕发的感觉。腮红还可以帮助修正脸形。腮红的颜色应选择与口红、眼影相似的颜色，一般腮红扫在颧骨和颧弓下凹陷的结合处，整个面部外轮廓亦可用腮红刷上下轻扫，从而达到和谐美的整体效果。

(八)涂口红

使用口红不仅能丰富面部色彩，还有较强的调整肤色的作用。口红的颜色应与肤色、服装的颜色以及整个妆面的色调统一。

(九)妆面检查

化妆完成后，要全面、仔细地查看妆面的整体效果。空乘人员妆面的检查应更仔细，可进行近距离观察，以达到符合空乘人员专业形象的效果。

妆面检查的要点包括以下几个方面。

(1)妆面有无缺漏和碰坏的地方，是否整齐干净。

(2)妆面各部分的晕染是否有明显的界线。

(3)眉毛、眼线、唇线及鼻影的描画是否左右对称、浓淡平衡、粗细一致。

(4)眼影色的搭配是否协调，过渡是否自然、柔和。

(5)口红的涂抹是否规整，有无外溢和残缺。

(6)腮红的形状和深浅是否协调。

三、发型设计

精致的妆容可以为个人形象加分不少，发型也包括在内。职场人员的发型是其职业形象的重要组成部分。下面以空乘人员盘发为例，介绍发型设计的基本操作和基本流程。

(一)盘发需要的工具

盘发需要的工具有尖尾梳、隐形发网、皮筋、普通发夹、“U”形夹、强力定型喷发胶等。

(二)盘发步骤

1 扎马尾

扎马尾时注意下方的头发要喷上发胶，用尖尾梳将头发向后方梳齐，马尾高度与耳朵稍稍齐平(图 6-2)。

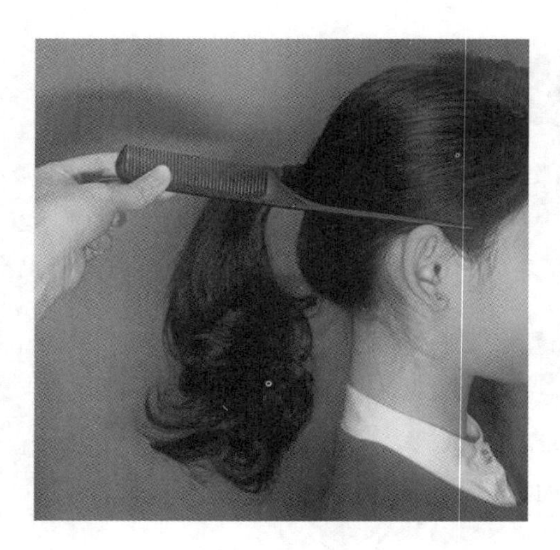

图 6-2　扎马尾

2 戴隐形发网

将马尾戴上长度适合的隐形发网，并在发尾处用一枚普通发夹固定(图 6-3)。

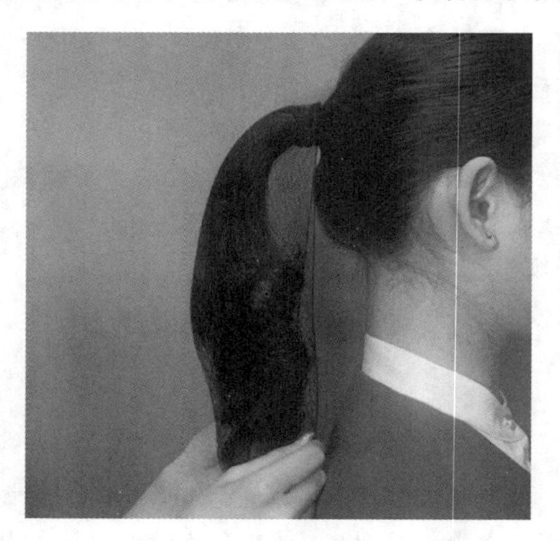

图 6-3　戴隐形发网

3 制造颅顶空气感

用尖尾梳将头顶的头发分成前后两部分，分别进行不同的打毛。两部分打毛的细节不同，喷上发胶将打毛的部分固定好，将前方的头发向后方整理，再用尖尾梳梳齐。注意梳的时候用力不要太大，要对镜子检查左右两边是否平衡，头发是否光洁，有无碎头发。

4 盘发髻

将隐形发网全部包住的马尾盘成螺旋状发髻，用“U”形夹慢慢固定每部分头发，“U”形夹要顺着发髻垂直于脑后部，到底端时再将它扭转平行于脑后部插入皮筋所固定的轴心部分，这样的发髻才会固定稳定，最后尾部的头发也要完美地收进到底端，用普通发夹固定，这样一个发髻就盘好了。一般“U”形夹只能用 4 个，上、下、左、右各一个。如果有碎头发可以用普通发夹固定，但不超过2个，或也可用发胶来固定（图6-4）。

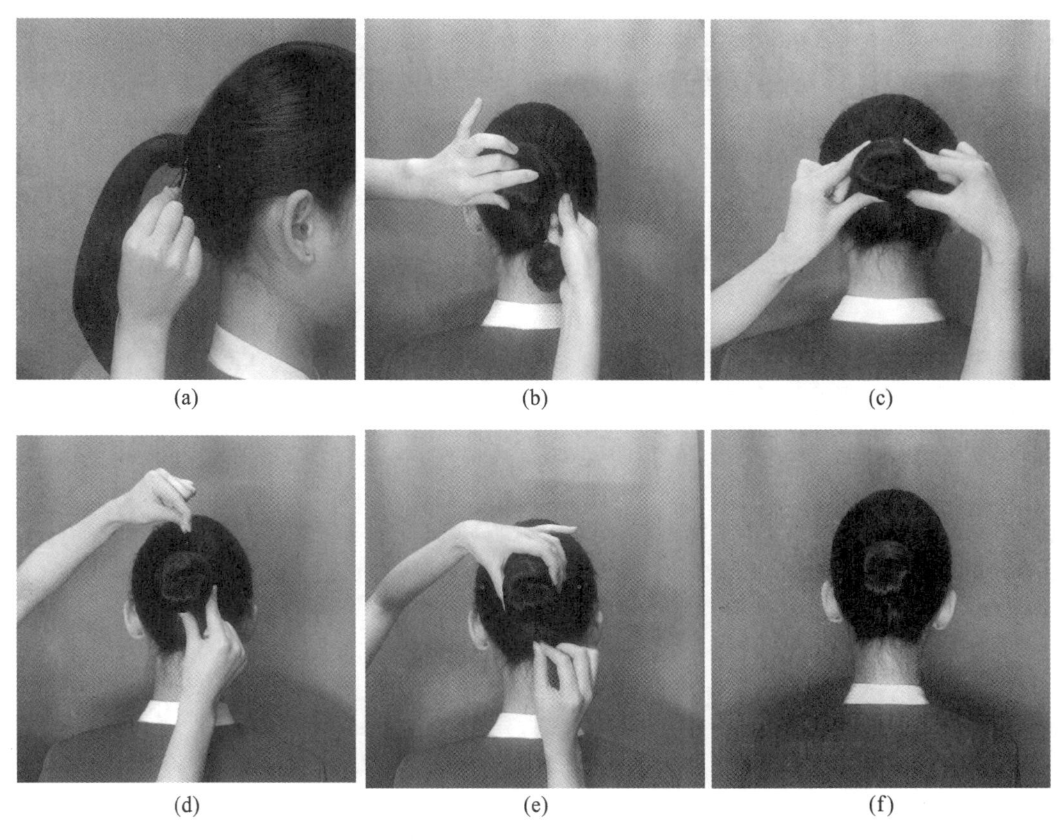

(a) (b) (c) (d) (e) (f)

图6-4 盘发髻

■ **知识链接**

盘发小技巧

首先在前一天把头发洗干净，保持头发的清洁干爽，盘的头发也会蓬松自然。用较密的梳子挑出头顶的一缕头发倒梳，然后再用梳子较细的尾部去挑高头顶，盘出来的头发会更容易打造出层次感。也可以直接用手轻轻地往外揪，然后用梳子的尾部整理好弧度，使用发胶固定，建议使用喷雾，固定效果更佳。将头发完全收进隐形发网内，头发进行顺时针旋转，切记第一圈不可太紧。将发包下压，用发夹固定，使用喷雾将头发进行最后的整理和固定即可。切记不要扭转头发，否则隐形发网的黑色小边会露出来，自然旋转头发，然后用四个"U"形夹就可以完全固定好。

任务三　职业妆容设计的技巧和禁忌

一、不同脸型的职业妆容设计技巧

（一）椭圆脸

椭圆脸是公认的理想脸型，化妆时注意保持自然，突出优点，不必通过妆容去改变脸型。腮红应涂在颊部颧骨的最高处，再向上向外揉化开去。除非唇形有缺陷，口红尽量按自然唇形涂抹。眉毛可顺着眼睛的轮廓修成弧形，眉头应与内眼角平齐，眉尾可稍长于外眼角。正因为椭圆脸无需太多修饰，所以化妆时一定要注意突出脸部最动人、最美丽的部位，以免给人平淡、毫无特点的印象。

（二）长脸

在给长脸的人化妆时力求达到的效果应是增加面部的宽度。打腮红时应注意离鼻子稍远些，在视觉上拉宽面部，可沿颧骨的最高处与太阳穴下方所构成的曲线部位轻扫，向外、向上抹开。若双颊下陷或者额部窄小，应在双颊和额部涂以浅色的粉底，形成光影，使下陷、窄小部位看起来丰满一些。应将眉毛修整成弧形，切不可有棱有角的。眉毛的位置不宜太高，眉尾切忌高翘。

（三）圆脸

圆脸的人给人以可爱、玲珑之感。腮红可从颧骨起始部位涂至下颌，注意不能简单地在颧骨凸出部位涂成圆形。涂口红时可将上嘴唇涂成浅浅的弓形，不能涂成圆形的小嘴，以免有圆上加圆之感。粉底可用来在两颊形成阴影，使圆脸看起来瘦削一点。选用暗色调粉底，沿额头靠近发际处向下窄窄地涂抹，至颧骨下可加宽涂抹的面积，造成脸部亮度自颧骨以下逐步集中于鼻子、嘴唇、下巴附近部位。眉毛可修成自然的弧形，不可太平直或有棱角，也不可过于弯曲。

二、不同五官特点的职业妆容设计技巧

（一）选择与肤色接近的粉底色

模特白皙无瑕的皮肤令人羡慕，不过大多是正确使用粉底达到的效果。在职业场合

中，应选择与肤色接近的粉底色，若粉底色太白，会有“浮”的感觉。粉底不可涂抹得过厚，可用拍打的手法薄薄施上一层，注意发际与颈部过渡要自然，以免界线分明，形成“面具”似的感觉。另外，应在营养霜完全吸收后再上粉底，以保证均匀的效果。

（二）稍粗且眉峰稍锐的眉型，显得能干而精明

高挑的细眉，很有女性柔媚的韵味，可是在职业场合，最好的选择应是稍粗且眉峰稍锐的眉型，这种眉型显得能干而精明。如果眉毛比较杂乱或眉尾向下，可用眉钳拔除杂毛，再用小剪刀修剪出比较清晰的眉型。适当强调眉峰的眉型使人看起来更精神，当从眉头到眉尾描画时，颜色由浅至深，淡淡的眉头看起来更柔和，而有存在感的眉尾则让眼睛看起来更有神。为了增加亲和力，眉笔的颜色可以选择棕色系或者冷灰色系，巧妙避免黑色带来的生硬印象。

（三）低调眼影，强调气场

大面积的烟熏渲染绝对是职场禁忌，即使是想让眼睛看起来更有神，也不要大面积使用眼影，色彩过于鲜艳和质地闪烁的眼影不适合职业场合。要打造专业又有流行感的职业眼妆，大地色系是最适合的选择，时尚又充满气场。

（四）口红弥补憔悴脸色

许多职业女性都有熬夜的经历，第二天苍白憔悴的脸色让人信心全无，其实只需涂上口红便可显得精神许多。粉色、橙色系口红在职业场合中很受欢迎，但各种哑光的红色与紫色以及亮光口红就不太适合，可用唇线笔细心勾画出圆润、清晰的唇形。

（五）色彩组合重在协调

职业场合妆容的色彩不能过分炫目和夸张，应给人一种和谐、悦目的美感。通常使用以暖色调为主的色彩，如粉色、橙色系能使肤色显得健康而明快，很适合在职业场合使用。妆容的色彩应是同色系的，如眼影与口红的色彩应该协调呼应。在职业场合，可以不用画眼线，特别应避免用深色的下眼线，因为那样会使妆容看起来做作而生硬。

（六）睫毛膏让眼睛焕发清亮神采

睫毛膏能使睫毛显得浓密且富有光泽，是塑造“明眸善睐”的秘密武器。有一种不用事先卷，用睫毛刷刷上即卷的睫毛膏，很适合化妆时间有限的职业女性。

使用睫毛膏以强调眼睛中央的睫毛时，会给人聪明、机灵、知性的感觉；强调眼睛尾部睫毛时，则可营造深邃、有质感的眼神。

（七）别致的腮红，衬托好气色 

在苹果肌上打上圆形腮红，可爱感十足，但却不适合职场。相比之下，用斜扫的手法打腮红更能增加面部的立体感。

对着镜子微笑，颧骨旁边凹下去的部分就是最佳的打腮红的位置了。长脸的人用横扫的手法可以起到缩短的视觉效果，温暖的橘色、柔纱色、玫红色要比粉色更显成熟。

（八）适宜的表情，完美妆容的最后一步 

在工作场合中不应将表情固定化。精致合宜的妆容配上单调无变化的表情，总让人觉得有些遗憾。适宜的表情应该是轻松、生动且有亲和力的，但应该避免夸张的神情，过多的眼部动作会显得有些神经质，缺乏稳定性和承受力。发自内心的微笑是一种令人愉悦、舒服的表情，能打破工作中的僵局，消除人与人之间的戒备心理。

三、职场妆容设计的禁忌

（一）下颌线位置粉底分界线清晰 

有的人化妆时，粉底到下颌线位置就戛然而止了，分界线清晰地留在脖子上，这是不美观的，所以我们应注意自己的底妆是否照顾到与脖子和耳际的衔接处。

（二）眼线晕染到下眼睑 

晕染是眼妆的大忌，这会使原本精致的妆容大打折扣。其实眼影并不是妆容的必备项，只要做好遮瑕就能为整个妆容加分不少。

（三）唇彩太油且颜色太过鲜亮 

蜜糖唇、果冻唇均不适合工作场合。符合职业要求、提升气色的唇色才能给人亲切大方的感觉。在用餐、喝水后不要忘记补上口红，时刻保持妆容的完整性。

■ **知识链接**

打造职业妆容小技巧

1. 神奇的混合乳液

为使肌肤快速达到晶莹剔透、光泽饱满的状态，打上粉底后，专业化妆师会将遮瑕霜和护肤乳液以 1∶3 的比例调和，再用化妆棉施于眼睛下面和鼻子周围。这种神奇的混合乳

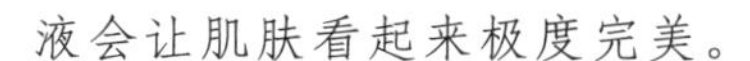

液会让肌肤看起来极度完美。

2. 精致拍打法

想令肤质看起来更健康自然，可以先将化妆棉浸入化妆水中，挤掉多余的水分，然后轻轻拍打脸部一遍。

3. 使眼睛更明亮的化妆法

不管眉笔还是眉粉，画起来得心应手的就是好工具。而让眼睛看起来更深邃、更明亮的技巧是：加深靠近上睫毛附近和外眼角的眼影；眼影膏容易积藏，使皱纹凸显，因此使用时切记将眼影膏推匀；眼影粉容易令干纹突出，尽量避免涂得过于厚重。

项目小结

本章详细介绍了职业妆容的设计方法与步骤，以及不同季节、不同肤质、不同五官、不同职业的妆容设计。针对每个人不同的五官使用不同的化妆手法才能符合个人特点，采取专业的步骤和技巧，对人的面部及其他部位进行渲染、描画、整理，增强立体塑造。学生可以用不同的化妆技巧对面部进行调整，掩饰缺陷，突出优点，使五官更加精致，更加符合职场要求。

项目训练

1. 简述职业妆容和普通妆容的区别。

2. 结合自己个人情况，试述在职业妆容化妆过程中的难点。

3. 案例分析：

李语是一位空乘专业的学生，多才多艺，学习成绩也非常优秀。在参加某航空公司的一次面试中，李语画了一个稍显成熟的小烟熏妆，结果面试官说李语的妆容不符合行业标准，李语因此被淘汰了。

问题：

(1)李语为什么被淘汰？

(2)空乘人员的妆容要求是什么？

(3)请你设计一个符合空乘职业特点的妆容并展现出来。

4. 化妆练习，完成职业妆容的设计。

项目七　美容保健与发型设计

项目目标

知识目标

了解美容保健常识，掌握皮肤的结构与生理功能；了解皮肤的分类和特征，掌握不同类型皮肤护理的原则，了解不同季节皮肤护理的规律；了解头发的生理构造，掌握基础护发的方法，掌握空乘人员发型的要求与规范。

能力目标

通过对皮肤与头发基础知识的学习，掌握正确的皮肤护理和头发养护的方法，培养民航职业服务意识，做好个人美容保健，树立良好的职业形象。

素质目标

掌握发型规范要求，树立良好的职业形象。

知识框架

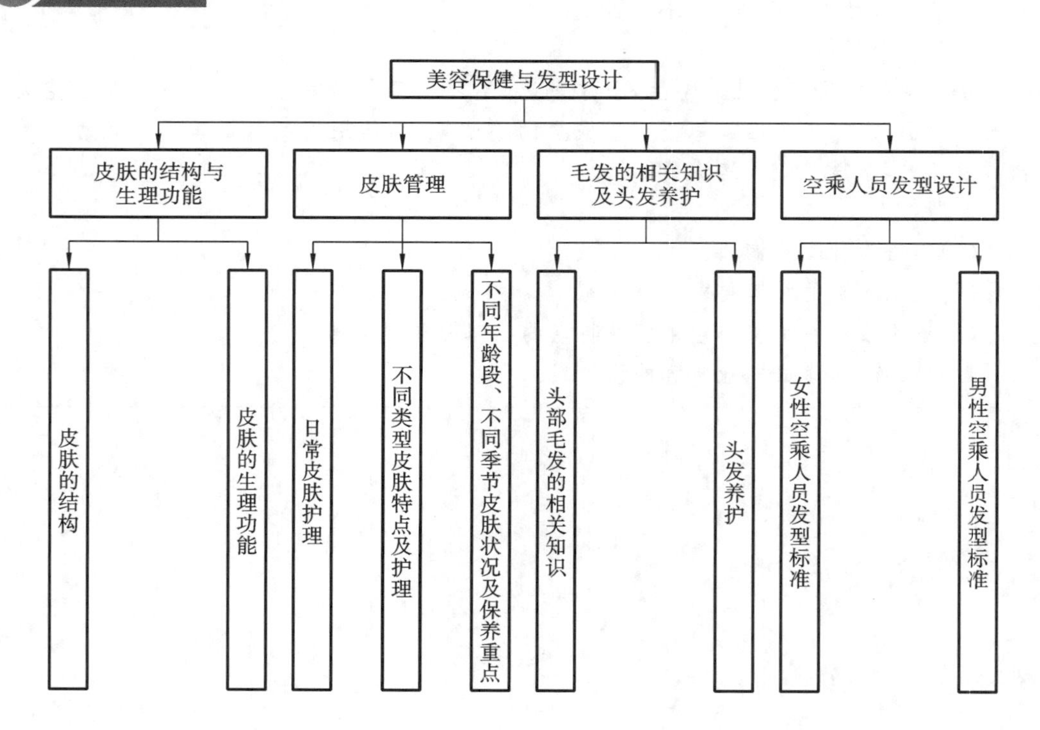

项目引入

民航空乘人员的服务形象直接影响着航空公司的形象，航空公司为了提升服务质量，增强自身竞争力，越来越强调空乘人员的综合素质，希望通过空乘人员优秀、专业的职业形象来提高企业的社会形象，从而提高竞争能力与竞争优势。空乘人员的形象不仅代表着自身，更代表着航空公司的形象，反映时代风貌。那么在长时间工作状态下，在干燥的机舱中，空乘人员如何保持最好的状态呢？

问题思考

1. 空乘人员的职业形象应该是什么样的？
2. 空乘人员应该如何设计自己的职业形象？

任务一 皮肤的结构与生理功能

一、皮肤的结构

皮肤是身体表面覆盖在肌肉外面的组织，是人体面积最大的器官，主要承担着保护身体、排汗、感觉冷热和压力的功能。

皮肤总重量占人体体重的5%～15%，总面积为1.5～2平方米，厚度为0.5～4毫米，因人或部位而异。皮肤覆盖全身，它使体内各种组织和器官免受物理性、机械性、化学性和病原微生物侵袭。

皮肤具有两个方面的屏障作用：一方面防止体内水分、电解质及其他物质丢失；另一方面阻止外界有害物质的侵入。皮肤维持着人体内环境的稳定，同时皮肤也参与人体的代谢过程。皮肤颜色（如白色、黄色、红色、棕色、黑色等）主要因人种、年龄及部位不同而有差异。

皮肤由表皮、真皮和皮下组织构成，并含有附属器（如汗腺、皮脂腺、指甲、趾甲）以及血管、淋巴管、神经和肌肉等。

最厚的皮肤在足底部，厚度达4毫米，眼部皮肤最薄，只有不到1毫米。

（一）表皮

表皮是皮肤最外面的一层，平均厚度为0.2毫米，根据细胞的不同发展阶段和形态特点，由外向内可分为5层（图7-1）。

1 角质层

角质层由数层角化细胞组成，含有角蛋白。它能抵抗摩擦，防止体液外渗和化学物质

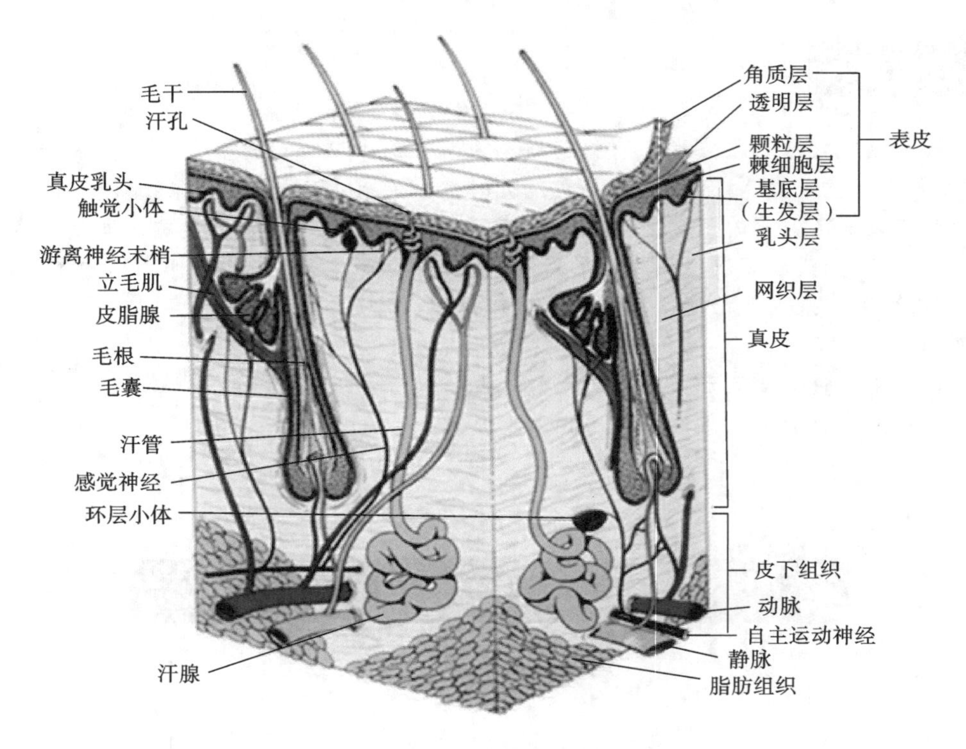

图 7-1　皮肤结构

内侵。角蛋白吸水力较强，一般含水量不低于 10%，以维持皮肤的柔润。含水量低于 10%时，皮肤干燥，出现鳞屑或皲裂。由于部位不同，角质层厚度差异甚大，如眼睑、额部、腹部、肘窝等部位较薄，掌、跖部位最厚。角质层的细胞无细胞核，若有核残存，称为角化不全。

2　透明层

透明层由 2～3 层核已死亡的扁平透明细胞组成，含有角母蛋白。透明层能防止水分、电解质、化学物质通过，故又称屏障带。此层于掌、跖部位最明显。

3　颗粒层

颗粒层由 2～4 层扁平梭形细胞组成，含有大量嗜碱性透明角质颗粒。颗粒层里的扁平梭形细胞层数增多时，称为粒层肥厚，并常伴有角化过度。颗粒层消失，常伴有角化不全。

4　棘细胞层

棘细胞层由 4～8 层多角形的棘细胞组成，由下向上渐趋扁平，细胞间借助桥粒互相连接，形成所谓细胞间桥。

5　基底层

基底层又称生发层，由一层排列呈栅状的圆柱细胞组成。此层细胞不断分裂(经常有 3%～5%的细胞进行分裂)，逐渐向上推移、角化、变形，形成表皮其他各层，最后角化脱落。

基底细胞分裂后至脱落的时间一般认为是 28 日，称为更替时间，其中自基底细胞分裂后到颗粒层最上层为 14 日，形成角质层到最后脱落为 14 日。基底细胞间夹杂一种源于神经嵴的黑色素细胞（又称树枝状细胞），占整个基底细胞的 4%～10%，能产生黑色素（色素颗粒），决定着皮肤颜色的深浅。

从护肤的角度来讲，表皮并不是最外面的皮肤，因为外面还有一种起保护作用的皮脂膜。

（二）真皮

真皮来源于中胚叶，由纤维、基质、细胞构成。接近于表皮的真皮乳头称为乳头层，又称为真皮浅层；其下称为网状层，又称为真皮深层，两者无严格界限。

1 纤维

纤维有胶原纤维、弹力纤维、网状纤维三种。

（1）胶原纤维。

胶原纤维为真皮的主要成分，约占 95%，集合成束状。在乳头层纤维束较细，排列紧密，走行方向不一，亦不互相交织。

（2）弹力纤维。

弹力纤维网状层下部较多，多盘绕在胶原纤维束下及皮肤附属器周围。除赋予皮肤弹性外，也构成皮肤及其附属器的支架。

（3）网状纤维。

网状纤维被认为是未成熟的胶原纤维，它环绕于皮肤附属器及血管周围。在网状层，纤维束较粗，排列较疏松，交织成网状，与皮肤表面平行者较多。由于纤维束呈螺旋状，故有一定伸缩性。

2 基质

基质是一种无定形的、均匀的胶状物质，充塞于细胞或组织之间，为皮肤各种成分提供物质支持，并为物质代谢提供场所。

3 细胞

细胞主要有以下几种。

（1）成纤维细胞。

成纤维细胞能产生胶原纤维，弹力纤维和基质。

（2）组织细胞。

组织细胞是网状内皮系统的一个组成部分，具有吞噬微生物，代谢产物、色素颗粒和异物的能力，起着有效的清除作用。

（3）肥大细胞。

肥大细胞存在于真皮和皮下组织中，以真皮乳头层为最多。其胞浆内的颗粒，能储存和释放组胺及肝素等。

(三)皮下组织

皮下组织来源于中胚叶，在真皮的下部，由疏松结缔组织和脂肪小叶组成，其下紧邻肌膜。皮下组织的厚薄依年龄、性别、部位及营养状态而异。皮下组织有防止散热、储备能量和抵御外来机械性冲击的功能。

(四)皮肤附属器

1 汗腺

(1)小汗腺。

小汗腺即一般所说的汗腺，位于皮下组织的真皮网状层，除唇部、龟头、包皮内面和阴蒂外分布于全身，以掌、跖、腋窝、腹股沟等处较多。小汗腺可以分泌汗液，调节体温。

(2)大汗腺。

大汗腺主要位于腋窝、乳晕、脐窝、肛周和外生殖器等部位。青春期后分泌旺盛，其分泌物经细菌分解后产生特殊臭味，是臭汗症的原因之一。

2 皮脂腺

皮脂腺位于真皮内，靠近毛囊。除掌、跖部位外，分布于全身，以头皮、面部、胸部、肩胛间和阴阜等处较多。唇部、乳头、龟头、小阴唇等处的皮脂腺直接开口于皮肤表面，其余开口于毛囊上 1/3 处。皮脂腺分泌的皮脂能润滑皮肤和毛发，防止皮肤干燥。青春期以后皮脂腺分泌旺盛。

(1)皮脂腺的分布。

皮脂腺除掌部外几乎遍及全身，所以到冬季，手部皮肤会特别干燥，需要使用护手霜进行特别护理。皮脂腺在眼周分布也很少，所以眼部也需要特别护养，加上眼部周围的皮肤极薄，很容易产生细纹。

(2)酸性皮脂膜的形成。

皮脂腺分泌的皮脂，会在皮肤上形成一层膜，这层膜呈弱酸性，对皮肤具有很好的保护作用。这就是油性肤质的人较干性肤质的人不容易衰老的原因。

(3)皮脂膜的抗菌作用。

弱酸性膜(pH 值为 5.2 左右)可抑制皮肤上的微生物生长。正常皮肤上常寄生各种细菌等微生物，但不致病，依靠机体的抵抗力及皮肤的完整结构和酸性膜等因素来防御。当这些因素破坏时，细菌等微生物可侵入机体致病。所以，在皮肤清洁工作完成之后要使用爽肤水，其目的就是使皮肤保持在一个弱酸性的状态。

(4)酸性皮脂膜防止水分流失。

皮脂膜有锁住水分的作用，避免皮肤中水分流失到空气中。皮脂膜不完整的干皮肤要特别补充一些油脂，比如使用晚霜等。

3 毛发

毛发分长毛、短毛、毫毛三种。毛发在皮肤表面以上的部分称为毛干，在毛囊内部分称为毛根，毛根下段膨大的部分称为毛球，突入毛球底部的部分称为毛乳头。毛乳头含丰富的血管和神经，以维持毛发的营养，如发生萎缩，会导致毛发脱落。

毛发呈周期性生长，但全部毛发并不处在同一周期，故人体的头发是随时脱落和生长的。不同类型毛发的生长周期长短不一，头发的生长期为5～7年，接着进入退行期（2～4周），再进入休止期（约数个月），最后毛发脱落，此后再过渡到新的生长期，长出新发。故平时洗头或梳发时，发现有少量头发脱落，是正常的生理现象。

4 指（趾）甲

指（趾）甲是人和猿猴类指（趾）端背面扁平的甲状结构，属于结缔组织，为爪的变形，又称扁爪，其主要成分是角蛋白。指（趾）与爪同源，爪跖退缩，爪板形成长方形薄片，是指（趾）端表皮角质化的产物，起保护指（趾）端的作用。

（五）血管、淋巴管、肌肉及神经

1 血管

表皮无血管，真皮层及以下才有。动脉进入皮下组织后分支，上行至皮下组织与真皮交界处形成深部血管网，为毛乳头、汗腺、神经和肌肉供给营养。

2 淋巴管

淋巴管起于真皮乳头层内的毛细淋巴管盲端，沿血管行走，在浅部和深部血管网处形成淋巴管网，逐渐汇合成较粗的淋巴管，流入所属的淋巴结。淋巴管是辅助循环系统，可阻止微生物和异物的入侵。

3 肌肉

皮肤的肌肉主要是平滑肌（如立毛肌），面部表情肌是横纹肌。

4 神经

皮肤神经有感觉神经和运动神经两大类。感觉神经末梢由表皮下部的迈斯纳小体和梅克尔触盘感受触觉，鲁菲尼小体感受温觉，克劳泽小体感受冷觉，环层小体感受压力觉，皮肤浅层和毛囊周围的游离神经末梢感受痛觉。皮肤运动神经由颜面神经支配面部表情肌，控制面部表情变化。交感神经和肾上腺素能纤维支配立毛肌、血管、腺体的肌上皮细胞。胆碱能纤维支配小汗腺分泌细胞，可使毛发竖立、血管收缩和腺体分泌。

二、皮肤的生理功能

皮肤的生理功能主要有保护作用、感觉作用、调节体温作用、分泌和排泄作用、吸收作用、代谢作用等。由于表皮坚韧、真皮具有弹性，以及皮下组织的软垫作用，形成了人体的天然屏障，因此，皮肤对机体的健康有很重要的作用。

（一）保护作用

表皮、真皮、皮下组织构成了一个完整的皮肤屏障，能抵御外界环境中的物理性、化学性、生物性、机械性刺激对机体内组织器官的损害，防止组织内的各种营养物质、电解质和水分丧失。

1 对物理性损伤的防护

角质层表面有一层脂质膜，这是由皮脂腺分泌的皮脂、角质细胞和汗液组成的薄膜，可使皮肤红润，角质层下面有一层半透明膜，既可阻止水分渗入皮肤，又可防止皮肤水分蒸发，从而保持皮肤的水分。一般角质层中水分保持量在10％～20％，10％以下可出现皮肤干燥、粗糙。干燥的角质层表面是电的不良导体。

角质层可反射光线及吸收波长较短的紫外线。棘细胞、基底细胞和黑素细胞可吸收波长较长的紫外线。黑素颗粒有反射和遮蔽光线的作用，减轻光线对细胞的损伤。适量的日光照射可促进黑素细胞产生黑色素，以增强皮肤对日光的耐受性。不同的种族的人皮肤中的黑色素含量不同，白种人的皮肤对日光照射的耐受性不及黄种人和黑种人。

2 对化学物质的防护作用

皮肤的角质层是防止外界化学物质进入人体的主要天然屏障。但这种屏障是相对的，一些化学物质由于角质的厚度及其在角质层的溶解度不同而有不同程度的弥散而进入体内。皮肤经较长时间浸泡后，角质层吸收了大量的水分，可增加皮肤的渗透性。

3 生物防御作用

皮肤对微生物的侵害有多种防御功能。角质层可以机械阻挡一些微生物的侵入。干燥的皮肤表面和弱酸性的环境不利于微生物的生长繁殖。正常皮肤表面寄生的细菌，如皮脂腺中棒状杆菌，其分泌脂酸能保持皮脂中的甘油三酯分解成游离脂肪酸。这些游离脂肪酸对链球菌、葡萄球菌等有一定的抑制作用。青春期后皮脂分泌的某些不饱和脂肪酸可抑制一些真菌繁殖。

4 对机械性刺激的防护作用

角质层既柔软又致密，对机械性刺激有防护作用。真皮的弹力纤维和皮下脂肪对外力有缓冲作用，使机械性外力不能直接作用到身体内部。长期受到机械性刺激的部位，如趾、膝盖和手掌的角质层会变厚，使局部的抗摩擦能力增强。

（二）感觉作用

外部环境变化时，皮肤的神经末梢和神经纤维网将外界引起的神经冲动传至大脑皮质而产生感觉。感觉包括触觉、冷觉、痛觉、温觉、压觉、痒觉等单一感觉和干湿、光滑、粗糙、坚硬、柔软等复合感觉，使肌体能够感受外界多种变化，以避免各种损伤。

瘙痒是皮肤、黏膜(鼻黏膜、阴道黏膜等)的一种特殊感觉，常伴有搔抓反应。痒感在皮肤呈点状分布。外耳道、鼻黏膜、外阴等处较为敏感，物理化学性刺激、生物性刺激、变态反应等均可引起瘙痒。

(三)调节体温作用

皮肤在体温调节中起着十分重要的作用。皮肤对体温的调节主要是通过皮肤中毛细血管的扩张和收缩来改变皮肤中的血流量，以及以出汗带走热量的方式调节体温，从而使体温经常维持在一个稳定水平。体温调节中枢位于丘脑下部，然后通过交感神经及皮肤血管的收缩和扩张，周围环境温度低时，交感神经活动增加，皮肤血管收缩，可防止热量散发；当外界温度高时，皮肤血管扩张，散热增加，使体温不致过度升高。出汗功能的调节中枢也在丘脑下部。皮肤含有丰富的小汗腺，汗液蒸发可带走较多的热量，故对体温调节有重要的作用。另外，皮下脂肪层有隔热作用，在寒冷环境中可以减少热量的散发。

(四)分泌和排泄作用

1 皮脂腺的分泌与排泄

皮脂主要是由皮脂腺分泌的。皮脂腺多数生长在毛囊附近，分泌的皮脂由毛囊中排出，皮脂有润泽毛发、防止皮肤干裂，以及一定的抑制细菌在皮肤表面繁殖的作用。皮脂腺中未发现神经末梢，分泌不受神经支配而只接受内分泌系统调控。分泌的皮脂在腺体内存积，使排泄管的压力增加，并从毛囊口排出。皮脂腺以全浆分泌的方式排泄。皮脂排出皮肤表面，与该处的汗液和水乳化后形成一层乳状脂膜，根据此膜的厚度及皮脂的黏稠度而产生一种抵抗皮脂排出的反压力。上述两种压力的相互作用，调节着皮脂的排出量。用脂溶剂除去脂膜后，皮脂分泌增加。因此，过度清洗面部，破坏了正反压力的平衡，可导致皮脂分泌增加。

皮脂分泌中含有多种脂类的混合物，包括甘油三酯、固醇类等。皮脂分泌受年龄与性别的影响，青春期皮脂腺增生，分泌增加，至老年则逐渐减少。大量肾上腺皮质类固醇可促使皮脂腺分泌增加。雌激素有抑制皮脂腺分泌功能。

皮脂腺中寄生的痤疮棒状杆菌和糠秕孢子菌等微生物可将甘油三酯分解为游离脂肪酸。游离脂肪酸在痤疮的发生中起一定作用，当游离脂肪酸排泄不畅，则可刺激毛囊及其周围组织，引起炎症。

2 汗的分泌

正常室温下，只有少数小汗腺有分泌活动，因此将无出汗的感觉称为不显性出汗。当气温高于 32℃时，活动性小汗腺增加，排汗明显而有出汗的感觉称显性出汗。汗液分泌量的多少能够影响汗的成分。小汗腺的汗液含 99%～99.5%的水、0.5%～1.0%的无机盐和有机物质，主要包括氯化钠、氯化钾、尿素等。正常情况下，汗液呈酸性(pH 值为 4.5～5.5)，大量出汗时汗液 pH 值可达 7.0。大量出汗可使角质层吸收水分而膨胀，汗孔变窄，排汗困难，引起痱子发生。

出汗有散热、润滑皮肤与酸化作用，同时担负着排泄废物和保持水、电解质平衡和调节体温作用。汗液排出少量尿素，肾功能衰竭时，对肾脏有一定帮助。

大脑皮质活动（如紧张、愤怒、兴奋等）可使面部、颈部及躯干等处发汗增多，称为精神性出汗。吃辣性食物可使口周、鼻、颈、面部出汗增多，称为味觉性出汗。

大汗腺分泌在晨间较高，夜间较短。大汗腺分泌的汗液成分除水分外，还有脂肪酸、胆固醇和类脂质。正常时，汗液无味，排出皮肤迅速干燥，如有感染则可散发特殊气味。某些人大汗腺尚可分泌一些有色物质而呈黄色、绿色、红色或黑色等，可见腋部、腹股沟等处，久之可使该处衣服染色。

（五）吸收作用

皮肤是机体的保护屏障，能防止水分及某些化学物质进入体内或从体内丢失。但皮肤并非绝对无通透性。许多物质可通过皮肤被吸收到体内。外界物质经正常皮肤吸收途径可能有以下三种。

（1）经过表皮角质层细胞本身，它是皮肤吸收的主要途径，主要吸收脂溶性物质。这是由于角质层具有疏水性，起着隔离水和水溶性物质的屏障功能。

（2）少量通过附属器，如毛囊、皮脂腺、汗管等吸收，它主要吸收水溶性物质。

（3）极少量的物质（如钠、钾、汞等）可通过角质层细胞间隙吸收。

影响皮肤吸收的因素有皮肤的部位及结构、角质层的含水量、角质层的损伤程度、环境温度、湿度、物质的理化性质等。不同部位，如角质层较厚的掌、跖部吸收作用弱，角质层的黏膜吸收作用强。因此，我们要正确选择外用药和化妆品。

（六）代谢作用

皮肤表面细胞分裂与分化形成角质层，毛发和指（趾）甲的生长，色素细胞的形成以及汗液和皮脂的形成，都要经过一系列的生化过程才能完成，皮肤参加整个机体的糖、蛋白质、脂类、水、电解质、维生素及酶等代谢过程，即皮肤的代谢功能，对皮肤和机体起着保护作用。

1 糖代谢

糖原和葡萄糖是细胞中的主要糖类。皮肤是糖的储存库。正常表皮的葡萄糖含量约为 0.08%。

表皮、毛囊、汗腺中均含有酸性黏多糖。真皮基质中也有较多的酸性多糖蛋白，其性质不稳定，易被水解，对水盐代谢平衡有重要影响。黏多糖具较高黏稠度，和胶原纤维以静电结合的方式形成网状结构，除对真皮及皮下组织成分起支持、固定作用外，还有抗局部压力作用。

2 蛋白质代谢

皮肤内的蛋白质可分为三类，即纤维蛋白、非纤维蛋白及球蛋白。

(1)纤维蛋白。

纤维蛋白主要包括表皮细胞中的张力微丝和角质层中角质蛋白纤维，以及真皮中的胶原纤维、弹力纤维和网状纤维。张力微丝和角质蛋白纤维可使表皮细胞保持一定的形状，形成比较坚韧的角质层。当角化完成时，细胞和细胞器均消失。细胞中水分大大减少，胞浆内含有密集的角质蛋白纤维，细胞膜增厚，一个良好的保护层即可形成。弹力纤维富有弹性。胶原纤维是构成真皮的主要成分之一，使皮肤具有韧性和抗张力作用。

(2)非纤维蛋白。

非纤维蛋白包括遗传特性的蛋白，主要分布于基底膜带和真皮的基质，常与黏多糖类物质结合而形成黏蛋白。

(3)球蛋白。

球蛋白是细胞不可缺少的组成部分，也是基底细胞中 RNA 核蛋白和 DNA 核蛋白的主要成分。

3 脂类代谢

皮肤表面的脂膜中含有脂类、游离脂肪酸、甘油酯、类固醇等，大多为皮脂腺的分泌，少量源于表皮的角质层，是构成生物膜的主要成分。表皮内含有 7-脱氢胆固醇经紫外线照射后可形成维生素 D，被吸收后可防止软骨病的发生。皮肤的脂类代谢与表皮细胞的分化及能量供应有密切的关系。

4 水的代谢

皮肤中的水分主要储于真皮内，其含水量为皮肤重量的 70%以上，对于整体的水分起着调节作用。同时，水分也是皮肤的各种生理作用的重要内环境。皮肤是人体水分排泄的主要途径之一，正常情况下，皮肤本身散发一定水分，皮肤有炎症时，水分蒸发量显著增多。机体脱水时，皮肤可提供其水分的 5%～7%，以补充血液循环中的容量。

5 电解质代谢

皮肤中的电解质以氯化钠及氯化钾的含量最多，此外，还有微量的钙、镁、磷、铜等。氯化钠主要在细胞间液，对维持酸碱平衡及渗透压发挥重要作用。氯化钾是调节细胞内渗透压及酸碱平衡的重要物质。钙主要存在于细胞内，对细胞膜的通透性及细胞间的黏性有一定的作用。镁主要分布于细胞内，与某些酶的活性有关。铜在皮肤中的含量较少，在角质蛋白的形成过程中起重要作用，铜缺乏时可出现角化不全及毛发卷曲。铜也是黑色素形成过程中所需酪氨酸酶的主要成分之一。磷是细胞内许多代谢物质和酶的主要成分，参与能量的储存及转换。

任务二 皮肤管理

一般来说，一个健康的人的皮肤表现为色正柔软、整洁、干净、紧致平滑、富有弹性、没有皱纹、脱屑。

一、日常皮肤护理

每日恰当的皮肤护理是维持皮肤健康的重要方法。日常皮肤的基础护理主要包括以下三大步骤。

1 清洁

采用清洁类产品去除皮肤上多余的油脂、灰尘、化妆品残留物和老化的角质细胞。

2 保湿

采用保湿剂延缓皮肤水分丢失、增加真皮与表皮间的水分渗透，维持皮肤天然的屏障功能，使皮肤光滑、细腻、有弹性，抵御外界一些不良因素的侵袭。

3 防晒

采用防晒物品防止日光中中波紫外线(UVB)和长波紫外线(UVA)对皮肤造成的各种急性和慢性损伤。

二、不同类型皮肤特点及护理

根据皮肤角质层含水量、皮脂分泌量等皮肤特征，常将皮肤分为中性皮肤、干性皮肤、油性皮肤、混合性皮肤及其他。

(一)中性皮肤

中性皮肤皮脂(油分)、汗(水分)分泌平衡，是最为理想的皮肤类型，但中性皮肤也易受季节变化的影响，冬天稍感干燥，夏天稍觉油腻，无粗糙感，纹理细腻，富有弹性。一般来说，中性皮肤的人护肤品的选择较广，可选用以增加皮肤营养物质、促进皮肤血液循环为主的化妆品。

(二)干性皮肤

干性皮肤毛孔不明显，皮脂腺的分泌少而均匀，没有细腻的感觉，肤色洁白，或白中透

红，角质层含水量在10%以下，纹理较细，不易生粉刺和起疙瘩，易引起皮屑。皮肤干燥的原因包括内因和外因：内因方面，与先天性皮脂腺活动弱、后天性皮脂腺活动和汗腺活动衰退、维生素A缺乏、脂类食物摄入过多、皮肤血液循环不良、过度疲劳有关；外因方面，与烈日暴晒、寒风吹袭、使用碱性肥皂、过于频繁受热、皮肤清洁不到位、乱用化妆品等有关。当然皮肤干燥与年龄增长、功能减退也有关。此类皮肤的人应选用以保湿为主、油包水的化妆品。

（三）油性皮肤

油性皮肤也称为多脂性皮肤，多见于青年人和肥胖者，由于皮脂分泌多，故皮肤表面油光发亮，毛孔扩大。油性皮肤的形成与先天性皮脂腺活动亢进、雄激素分泌过多、偏食多脂食物、香浓调味摄入过多，以及B族维生素的缺乏有关。青春期皮脂腺活动较强，出现油性皮肤是正常的。此类皮肤的人可选用硫黄等偏碱性香皂，宜用啫喱、水剂或含油少的乳剂型化妆品。

（四）混合性皮肤

混合性皮肤包括部分干性皮肤和部分油性皮肤，如额部、鼻及下巴周围（“T”形区）为油性皮肤，而另外区域皮肤呈中性或干性，70%～80%的女性为混合性皮肤。混合性皮肤的人应选用中性化妆品。

（五）其他

1 老化皮肤

人的皮肤从30岁起开始老化。老化的内因包括年龄增加、植物神经紊乱、内脏机能异常等，外因包括紫外线的伤害、生活环境的恶化、烟酒过量、饮食不当以及错误的保养等。适当的护理和化妆品的正确使用可改善皮肤老化，延缓老化的速度。此类人群可选用有营养、保湿、防晒和有类激素作用的化妆品。

2 敏感性皮肤

敏感性皮肤对不利因素反应性过强，导致组织损伤或生理功能紊乱，表现为易发生病损或过敏反应。如容易因季节变化和日光照射患过敏性皮疹，也因接触某些化纤物品或金属物品、颜料等引起过敏。这类皮肤毛孔紧闭，纹理细致，皮肤干燥且薄，隐约可见微血管，皮肤色泽不均匀、潮红。这类肤质的人宜选弱酸性、不含香料、无刺激性化妆品，也可采用防敏和中性化妆品交替使用。

■ 知识链接

帮助判断皮肤类型的常用方法

1. 洗脸试验

用清水彻底清洗脸部后观察，若在20分钟以内，面部的紧绷感消失，属于油性皮肤；20～30分钟内紧绷感消失，属于中性皮肤；30分钟以上紧绷感消失者，则为干性皮肤。

2. 触摸试验

睡觉前把脸洗干净(可用洗面奶)，次日起床后不洗脸，用指腹触摸面部：有粗糙感的属于干性皮肤；感觉光滑的为中性皮肤；感觉油腻的为油性皮肤。

3. 纸巾试验

睡觉前把脸洗干净(可用洗面奶)，次日起床后不洗脸，用适当大小的柔软干纸巾轻压面部中央三角区，然后观察：纸巾呈透明状或每平方厘米有5个以上透明点的为油性皮肤；有2个以下透明点或纸巾无变化的则为干性皮肤；介于两者之间的为中性皮肤。

4. 皮肤酸碱度测定试验

到药店购买医用pH试纸来进行测试：pH值在4.0以下的属于油性皮肤；pH值在7.0以上的属于干性皮肤；介于两者之间的为中性皮肤。

三、不同年龄段、不同季节皮肤状况及保养重点

(一)不同年龄段皮肤状况及保养重点

1 10～20岁

(1)皮肤状况。

青春期青少年皮脂分泌旺盛，皮肤明亮、光滑，毛发因有皮脂滋润而显得油亮、富有弹性。在绝大多数情况下，油性皮肤的青少年此时开始长痤疮，如果不能正确对待，会引起青春期抑郁症。

(2)皮肤保养重点。

①不要过度去除皮脂，皮脂对皮肤有益处。痤疮是皮脂分泌过多或不畅导致的。应注意彻底清洁皮肤，并补充足够的水分。

②洗脸后用适合自己皮肤的化妆水，以保持皮肤的水分。在洗脸之后，应立即涂上保湿乳液。

2 20～30岁

(1)皮肤状况。

此阶段皮肤处于最佳时期，细胞在28天内就可以完全更新，皮肤细胞内水分充足。油

性皮肤的人会由于性激素分泌旺盛，面部油脂增多，使痤疮加重，这种情况将持续到 25 岁左右。

(2)皮肤保养重点。

①注意对皮肤的清洁，适当去除皮脂，不要用手挤、捏、掐痤疮，因为处理不当很容易留下瘢痕。

②只用化妆水，再抹上保湿乳液。不要用油性太大的膏、霜剂，可以使用面膜，抑制过多的皮脂分泌，防止痤疮加重。

③使用眼部啫喱。

3 30～40 岁

(1)皮肤状况。

此阶段皮肤开始走向老化，角质层脱落，真皮胶原纤维开始减少，皮肤弹性、丰满度开始下降，肤色变得灰暗，光亮度降低，眼外角有皱纹出现，皮肤开始显得干燥，面部有星星点点的色素斑点。

(2)皮肤保养重点。

①为防止皮肤干燥，延缓皮肤衰老，可选择含高效成分(如银杏、人参等)、抗皱、防衰老的面膜及护肤品。

②外用保湿除皱精华液，它能使皮肤恢复光泽和弹性。

4 40～50 岁

(1)皮肤状况。

此阶段人的生理机能开始退化，额部出现皱纹，嘴角及眼角皱纹逐渐明显加深，皮肤慢慢失去弹性，尤其是眼眶下。皮肤明显干燥，失去光泽，皮下脂肪减少，而皮肤松弛、干燥后会有鳞屑脱落。面部皮肤显得灰暗。经常日晒的皮肤能看到发红的毛细血管和褐色色斑。

(2)皮肤保养重点。

①淡化皱纹，在眼眶外侧的鱼尾纹处，用保湿除皱乳霜涂抹并按摩。

②加强对眼睛周围皮肤的保养，用高品质的除皱眼霜按摩皮肤，促进吸收。

③此阶段女性可以口服一些天然植物雌激素类保健品，以维持和促进卵巢功能，保持体内较高的雌激素水平，令皮肤光泽、靓丽。

5 50～60 岁

(1)皮肤状况。

此阶段皮肤老化开始出现，面部皱纹逐渐增多，眼袋明显，下巴下垂，皮肤干燥；面部出现色素斑，皮下脂肪减少，皮肤明显松弛。

(2)皮肤保养重点。

①加强保湿、抗皱，白天用保湿柔肤霜，晚上用保湿除皱霜。

②晚间外用具有祛斑、除皱、嫩肤效果的晚霜或精华素等。

6 60 岁以上

(1)皮肤状况。

60 岁即进入老年期，面部有皱纹、额头纹、鱼尾纹、眉间纹与口周纹，还有大大小小的色素斑、老年疣，额部会出现皮赘。皮肤干燥、粗糙无华。

(2)皮肤保养重点。

此阶段应坚持皮肤保养，外用保湿乳、防皱霜等。

(二)不同季节皮肤状况及保养重点

一年有春、夏、秋、冬四季，四季的温度、湿度、光照不一样，皮肤保养也应有所不同。

1 春季

春季干燥、风沙较大、光照较弱，春光明媚、万物复苏，人体功能活跃，新陈代谢加速，对皮肤起滋润作用的皮脂分泌开始逐渐变得旺盛，易出现痤疮、丘疹、脓包等皮肤问题。干性皮肤的人，面部会脱皮。另外，春季是一年中最易引起皮肤过敏的季节。因为经过寒冬严实包囊的皮肤抵抗力下降，在花粉、灰尘及微生物的刺激与紫外线的照射下易引发过敏性皮炎，出现面部皮肤发痒、毛细血管扩张现象。初春，虽然皮脂分泌增加，但冷暖空气的交流令皮肤难以适应，这时如果经常按摩能促进皮肤的新陈代谢。

春季护肤主要用保湿霜，勤做皮肤护理，经常用乳液或乳霜滋养皮肤，对花粉过敏的人必要时应采取措施以防止花粉对皮肤的侵害。

2 夏季

夏季气候炎热，光照强，雨水增多，气温较高，出汗较多，出油也多，汗中的盐、排出的皮脂、脱落的衰老细胞和体内排出的各种代谢产物如不及时清除，会积聚于皮肤表面，形成污垢，堵塞毛孔、汗孔，影响皮肤的正常生理功能。夏季在强烈的日光照射后皮肤会发红，严重时可出现水疱、脱皮。同时，人体为适应夏季强烈的阳光和气温，需要通过排汗来调节体温。大量排汗会使皮肤水分丧失，变得干燥，产生皱纹，并易感染皮肤病。

夏季一定要每天外涂防晒霜或防晒露，特别是 10:00—14:00 这一时段的光照最强，外出时一定要打遮阳伞，防止皮肤直接受紫外线侵害。夏天皮肤出油多、出汗多，应施淡妆，不要浓妆艳抹，更不能用乳膏等油性大的化妆品。同时应及时补充水分，注意保持皮肤清洁，以使皮脂分泌、汗液排出畅通。皮肤病者应及时治疗。

3 秋季

初秋天气闷热，光照仍强烈，深秋天气转凉。因此，秋季护肤也要随着天气的变化而变化。秋季紫外线的穿透度较高，对皮肤的伤害仍然存在。皮肤汗腺和皮脂腺的分泌较夏季有所减弱，易引起瘙痒、红斑、丘疹或鳞屑性皮肤病，皮肤变得干燥、粗糙、易过敏。所以，这个季节要特别注意营养和水分的补充。为使经历了夏天的皮肤尽早恢复，还应时常按摩，并用面膜或面霜来保持皮肤的正常生理功能。秋季是护肤的大好时机，祛斑、美白等皮肤护理项目都可以此时进行。入秋后气候干燥、秋风劲吹，使用营养霜、保湿霜和防晒霜可滋润皮肤。

4 冬季

冬季气候寒冷，风大、雪大，空气中灰尘较多，阳光较温和，面部皮肤干燥。机体的新陈代谢减缓，血液循环减弱，角质变厚，皮肤变硬，皮脂分泌减少，皮肤易变得粗糙。

冬季是最需要护肤的季节，也是护肤的最佳季节。在冬季，为维持体温，皮肤的血管收缩，汗腺、毛孔也收缩，致使皮肤发干、变硬，伴有脱屑现象。这时要特别注意选择滋润性强的洁肤、爽肤、润肤产品。例如，可以外用油性大的面霜、具有保湿作用的抗皱霜，以及具有抗氧化作用的维生素 E 霜等护肤品。

为减少紫外线对皮肤的伤害，一年四季都要坚持用防晒霜。此外，要注意皮肤保湿，使皮肤保持正常状态，可使用含有天然保湿因子的保湿霜。

■ 知识关联

健康对皮肤的影响

皮肤健康是建立在身体健康基础之上的。皮肤是一面“镜子”，更是一条“警戒线”，皮肤的健康状态会随着身体健康状况的改变而发生相应的变化。

1. 皮肤与机体健康的关系

机体健康是指各组织器官的功能正常，系统之间能相互协调运作，从而形成一个有机的、完整的整体。皮肤是这个完整机体的重要组成部分。机体功能的异常会导致皮肤问题。如果有人丧失了体重 2%以上的水分，机体就会失水，反映到皮肤上就表现为干燥、失去光泽与弹性。如果肝胆系统功能出现障碍，皮肤就可能呈现黄色或金黄色。因此，皮肤状态反映机体健康，而机体健康也是皮肤健康的基础，在进行皮肤护理时，应综合考虑这两者之间的辩证关系。

2. 皮肤与心理健康的关系

心理健康是指人的基本心理活动的过程内容完整、协调一致，即认知、情感、意志、行为、人格完整和协调，能适应社会，与社会保持同步。不正常或消极的心理可能引起人体各系统功能的失调，导致失眠、心动过速、血压下降、食欲减退、月经紊乱等。这些往往会导致皮肤色斑、皱纹增多、过早衰老等问题。

3. 皮肤与生活习惯的关系

一个人的生活习惯与皮肤健康有着密切联系。吸烟的人皮肤老化问题会比不吸烟的人提前出现；酗酒的人可因面部血管功能失调，血管长期扩张而出现酒糟鼻；经常熬夜是出现黑眼圈、黄褐斑的重要原因之一；经常在阳光下暴晒，又不注意防护，则会导致色斑的出现，甚至引发皮肤癌。

任务三　毛发的相关知识及头发养护

一、毛发的相关知识

（一）毛发的构造

人体的毛发分为长毛、短毛和毳毛。长毛又称终毛，包括头发、胡须、阴毛和腋毛，一般长度在 1 厘米以上，较粗而色浓；短毛包括眉毛、睫毛、鼻毛、外耳道毛，其长度在 1 厘米以下；毳毛又称毫毛，比较细软，分布于全身。

毛发是皮肤的附属物，不能离开皮肤而独立存在。毛发埋在皮肤内的部分称为毛根，露在皮肤外的部分称为毛干。

1　毛根

毛根包裹在毛囊中，毛囊下端膨大的部分称为毛球，毛球底部凹陷，真皮组织深入其中，构成毛乳头。毛球下层与毛乳头相接处为毛基质。毛发与皮肤表面成一角度，在锐角一侧有一斜行的平滑肌束，称为立毛肌。立毛肌一端附于毛囊，另一端终止于真皮的浅部，受交感神经的支配，在寒冷、恐惧、愤怒时，可使毛发竖直。

（1）毛球：一群增殖和分化能力很强的细胞。

（2）毛乳头：内含丰富的血管、神经末梢，具有为毛球提供营养的作用。如果毛乳头被破坏或退化，毛发会停止生长并逐渐脱落，毛球细胞的增殖和分化依赖于毛乳头的存在。

（3）毛基质：毛的生长区，含有黑色素细胞，分泌黑色素的颗粒并输送到毛发细胞中。黑色素颗粒的多少和种类决定头发的颜色。

（4）毛囊：一管状鞘囊，由内到外可分为内根鞘和外根鞘两层。内根鞘存在于毛球至皮脂腺开口之间，作用是通过皮脂腺分泌油脂滋润头发；外根鞘直接与表皮的基底层和棘细胞延续，向下延伸连接至毛球。

2　毛干

以头发为例，毛干从其横截面看可以分为三层：最外层为表皮层，中间为皮质层，最里层为髓质层。

（1）表皮层：较薄，由鳞状排列的无核透明细胞所组成，使头发产生光泽。表皮层上有许多微小的孔，它是头发生理平衡的“呼吸口”，但它较脆弱，容易因酸碱的侵蚀和热度的影响而受到损伤。

(2)皮质层:最厚,由多层纤维状的扁平细胞纵列组织而成,形似海绵,有很多的气孔和色素细胞,是决定头发弹性、颜色、吸水性及可塑性等性能的重要部分。

(3)髓质层:头发的核心,由一列或两列立方细胞组成,为头发输送营养,如果其机能受到损伤,头发就会枯萎。

(二)头发的生长规律

头发的寿命因其所在的部位以及人的年龄、性别的不同而有所差异。毛发的生长不是连续进行的,而是周期性循环交替进行的。其生长周期可分为三个阶段:生长期、静止期、脱落期。

1 生长期

头发在生长期中每天约生长 0.35 毫米。一个人一般情况下大约有 85%的头发处于积极的生长期。生长期的头发颜色较深,毛干粗且有光泽。每根头发的生长期为 2～6 年,最长可延续 25 年。

2 静止期

头发进入静止期后,毛球细胞停止增殖,并发生角化和萎缩,向表皮推移,逐渐与毛乳头分离,同时所遗留的毛乳头也逐渐退化和消失。这时的毛发较易脱落,但在旧毛发脱落之前,原来毛乳头处的外根鞘细胞仍停留在原处,重新增殖后形成新毛球和毛根。静止期的头发细而干硬,色淡无光。头发的静止期一般为 4～5 个月。

3 脱落期

新的毛球底部形成新的毛乳头,新的毛发逐渐向表面生长,最后伸出皮肤表面将旧毛发推落。成年人的头发数量一般为 10 万～15 万根。正常人每天脱发一般不超过 100 根。

(三)头发的形状

1 横切面形状

一般情况下,白种人头发的横切面呈宽卵圆形,黑种人头发的横切面呈扁形,黄种人头发的横切面呈圆形。

2 纵向形状

一般棕色、淡黄色头发比较细软,有不同程度的弯曲,称为波状发;褐色头发比较粗硬,呈自然卷曲状态,称为卷发;黑发的粗硬不同,一般是直线形,称为直发。生长在头顶部的头发往往比生长在脑后部的细一些,男性的头发通常比女性的头发粗一些。

（四）头发的性能

1 头发的化学性能

头发的细胞组织是由许多角蛋白和蛋白质分子组成的。一连串纤维状的角蛋白颗粒有规律地排列着，并由胱氨酸、盐类、水等把这些纤维状颗粒连接起来，组成细长的头发。如果把这一连串颗粒连接起来的关系加以改变，重新组织新的连接，头发就会变形，所以头发具有可塑性。

2 头发的物理性能

头发在水中虽然不能溶解，但是在水中浸润会发生膨胀。热对头发具有渗透力，头发受热水浸泡时膨胀快。头发还具有伸缩性，受到外力影响后，其伸缩度可达到20%左右。

（五）头发的作用

头发对人来说不仅具有美化作用，而且对人体器官还具有保护、感觉、绝缘、调节体温等作用。

1 保护作用

由于头发包覆头颅，就形成了头部的第一道防线，能对保护头部免受外界侵害起到一定的作用。

2 感觉作用

当有物体接触头部时，首先会被头发感知。

3 绝缘作用

在干燥的情况下，头发不易导电。

4 调节体温的作用

头发具有散热和保温的作用：炎热时，头发能向外排放热量；寒冷时，头发能使头部保持一定热量。

（六）头部毛发的流向

头部毛发是按略带倾斜的角度生长的，倾斜方向及角度因生长的部位不同而有所差异。

(1)面部额前软毛是自上而下向耳鬓两侧倾斜生长的。

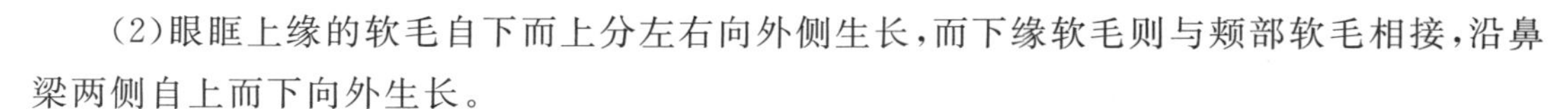

(2)眼眶上缘的软毛自下而上分左右向外侧生长，而下缘软毛则与颊部软毛相接，沿鼻梁两侧自上而下向外生长。

(3)鼻部毛流，由鼻梁两侧呈弧形向中间生长。

(4)胡须一般都是自下而上生长的，嘴唇上端的胡须则是沿人中向两边嘴角外伸，下颏部分的胡须沿外侧向中间聚拢。

(5)头发的生长方向：额前与顶部头发略向前倾斜，两侧与后脑部分则是自上而下生长，每个人的头顶上接近枕骨的部位都有一个(或几个)螺旋形的“发涡”。“发涡”边的头发都是呈环形斜着向外生长，额前有“发涡”的人头发向上生长。

(七)头发的常见病理现象

人体器官病变引起的毛发变化，属于毛发的病理现象。

头发的常见病理现象有：头皮屑过多，头发干枯、发梢分叉，脱发，斑秃，头发早白等。下面分别介绍其产生原因及护理方法。

1 头皮屑过多

(1)产生原因：过度疲劳，油脂分泌过多，洗头次数过频或使用碱性过大的洗发液，服用或注射过多的药液等。

(2)护理方法：注意劳逸结合，正确选用洗护用品，减少染发、烫发次数，经常做头发护理。

2 头发干枯、发梢分叉

(1)产生原因：发质长期受损，头发长时间缺乏营养，过度疲劳和营养不良，频繁染发、烫发、漂发、吹发等。

(2)护理方法：注意劳逸结合，合理调整饮食结构，多吃含碘、维生素 A 及动物蛋白的食物。

3 脱发

(1)产生原因：长期服用某种药物对身体形成的定向刺激，体内新陈代谢紊乱，缺乏维生素，激素分泌不平衡等。

(2)护理方法：减少外界各种刺激，调节吸收及内分泌功能，经常做头部按摩，调节血液循环及新陈代谢。适当选用头发营养剂。

4 斑秃

(1)产生原因：多数为身体内部因素所致，如强烈的神经刺激、内分泌失调、营养不良、慢性疾病等。

(2)护理方法：适当调节吸收、内分泌功能，劳逸结合，保持良好的精神状态与愉快的心情。

5 头发早白

(1)产生原因:遗传、营养性毛发失色病。

(2)护理方法:从身体、精神方面进行调节,可通过染发等改变白发状态。

(八)头发的种类

头发的种类很多,粗细因人而异。人的头发有直发、波浪发和卷发之分。我国大多数人的头发是直发,其断面呈圆形。人的头发颜色有黑色、金黄色、灰白色、白色等,这与人种、性别、年龄、生活环境及营养情况等有关。

1 根据人的健康和保养情况分类

根据人的健康和保养情况,可将头发分为中性发、干性发、油性发和受损发四种。

(1)中性发:中性发是健康的正常头发,其特点是有光泽、柔顺,既不油腻也不干燥,软硬适度,丰润柔软,适合做各种发型,是理想的发质。

(2)干性发:干性发比较干燥,触摸有粗糙感,不润滑,缺乏光泽,造型后易变形。

(3)油性发:油性发比较油腻,触摸有黏腻感,有时头屑多,缺乏光泽。应使头皮更多地接触空气,减少头部油脂的产生。

(4)受损发:受损发是指因物理或化学因素损害的头发。头发干燥,触摸有粗糙感,颜色枯黄,缺乏光泽,发尾易分叉,不易造型。

2 从发型设计实际操作的需要分类

从发型设计实际操作的需要出发,头发又可分为硬发、绵发、沙发、油发、天然卷发五种。

(1)硬发:硬发发丝粗硬,发质富有弹性,分布密,含水量大。

(2)绵发:绵发细软,发干直径小,弹力较差,含水量大。

(3)沙发:沙发缺乏油脂,含水量少,干枯、蓬松。

(4)油发:油发油亮,好像富有弹性,实际弹性不稳定;头发油脂多、含水量少、抵抗力强,造型时较为困难。

(5)天然卷发:天然卷发含水量少,缺乏油脂,柔和。

二、头发养护

(1)洗发前先用5%的盐水浸泡头发,再用洗发液,可使头发柔软光亮,减少头发脱落。

(2)选用中性洗发液洗发,水不宜过热,否则会使头发变松、质地变脆。

(3)选用优良的护发用品是保护头发的关键。

(4)不要经常烫发、染发,经常烫发、染发会使头发发质受损、颜色干黄。

(5)在饮食方面,注意多吃含碘的食物,能保护头发的光泽;多吃含维生素 A 及动物蛋白的食物,能增加头部皮脂的分泌量。

■ 知识关联

用吹风机，吹出好发质

1.吹风机并不会损伤发质

坊间有不少关于用吹风机吹头发有危害的说法，尤其是说它的辐射极大，这让许多人对于这个方便实用的小家电心生畏惧。那就让我们先来澄清一个事实，打消对于健康的顾虑后，再说美观吧。

清华大学物理工程学系教授曾就此做了实验，其结论是，电吹风确实是各种家电中辐射较大的，尤其是当其功率最大时。但是电吹风的辐射属于电磁辐射，而医疗上的X光片，是电离辐射，二者类型不同，没什么可比性。因此并不是辐射伤害了发质，其实是使用方法的问题。

2.使用吹风机的好处

使用吹风机（尤其是有负离子装置的）最大的好处就在于，它能适度带走多余的水分，并消除静电，从而让头发毛鳞片闭合，整体发丝柔顺、有光泽。如果不用吹风机而采用自然干燥的方式，反而会带走更多的水分，毛鳞片也不会自动闭合，头发就会显得毛躁且没有造型。

3.吹风机的使用建议

(1)洗发后，先用干毛巾将头发上的水分吸干净，大约不滴水了才能用吹风机，不然过多的水分会让吹风机工作太久，头发持续受高温自然容易干枯。

(2)使用吹风机前应给发丝一定的保护，比如护发精华，让毛鳞片在自然闭合后有更好的光泽和滋润度。同时不要将护发精华涂在头皮或发根处，那会堵塞毛囊形成头皮屑，而是应该涂在头发中段及发梢，尤其是发梢，因为那里已经过了生长的旺盛期，最缺营养和保护。

(3)风筒与头发的距离应保持在20～30厘米，如果头发比较多，可以把头发分成几部分，先用夹子固定，然后再一部分一部分地吹，先从头发根部吹干，让发根坚挺，能改善软塌发质。

(4)吹头发时最好用卷梳同时打理头发，不能长时间吹一个地方，要迅速地移动，并且不要用太强的热风。尽量选购优质吹风机，原则是既有热力也有风力，最好还要有负离子。

(5)不要将头发完全吹干，那样水分就都没了。吹到八成干就行了，然后使头发自然晾干，如果想涂些定型产品，这个时候最合适，对头发的伤害最小。

(6)如果需要更蓬松的效果，先不要急着分界，而要从头顶向下吹，待七成干后再分界。同时将手插进头发中间使上部头发隆起，吹风机向中间吹风，让上部头发达到想要的效果，然后顺着刘海生长的方向吹平、吹顺刘海。最后，对整体头发进行定型，注意直发与卷发发尾的塑造，要整体抚平，避免凌乱。

4.吹风机使用时应注意的问题

不要将湿头发互相搓动，此时毛鳞片全部打开，极易受损，这往往也是完全干燥后感觉头发干枯的原因；若是厚重的长发，在吹干过程中，要适当地冷热风交替，以减缓水分的过快流失。

任务四　空乘人员发型设计

职业形象就像一个特殊的符号，具有极强的影响力和感召力。每一名合格的空乘人员在上岗前，都必须按照航空公司的标准着装，按标准发型梳洗打扮。

一、女性空乘人员发型标准

基本要求：空乘人员着制服时必须按标准梳理好发型，发型必须用啫喱、发胶等定型产品固定，做到不掉落、不松散；发色均匀且为自然黑或深棕色（以客舱服务部提供的色板为准）；白发过多者，建议按照规定颜色进行染发；不允许留超短发和怪异发型；长发发型仅限无刘海和无层次的斜刘海两种。

（一）长发

女性空乘人员长发发型标准如下。

（1）将前额头发向后梳，露出全部额头，光洁整齐，不可用发夹固定；流海不遮掩眉毛，无层次的斜刘海，光洁整齐，不可用发夹固定（图 7-2）。

（2）发色均匀且为自然黑色或深棕色。

（3）发夹为黑色、藏青色或深棕色细钢丝，外露发夹不得超过 4 个（图 7-2）。

（4）发辫用一个黑色无形网和五个“U”形夹固定在脑后，无碎发。

（5）可在发髻周围佩戴一个黑色小发饰，长和宽不超过 8 厘米和 3 厘米。

（6）可使用啫喱和发胶等定型产品来定型。

(a)

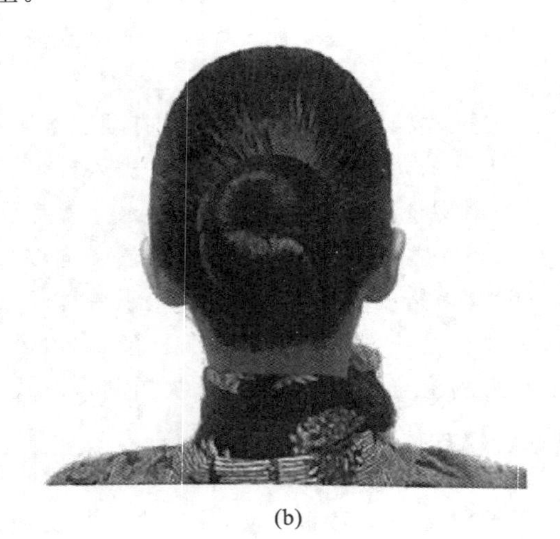

(b)

图 7-2　女性空乘人员长发发型标准

（二）短发

短发适合乘务长级别以上人员。女性空乘人员短发发型标准如下。

（1）短削发，刘海不过眉，长度不遮领，无松散碎发（图 7-3）；短烫发，刘海不过眉，长度不遮领，无蓬乱碎发；BOBO 头，刘海不过眉，头发长度不过下巴。

（2）发色均匀且为自然黑色或深棕色。

（3）使用发蜡和发胶等定型产品来定型。

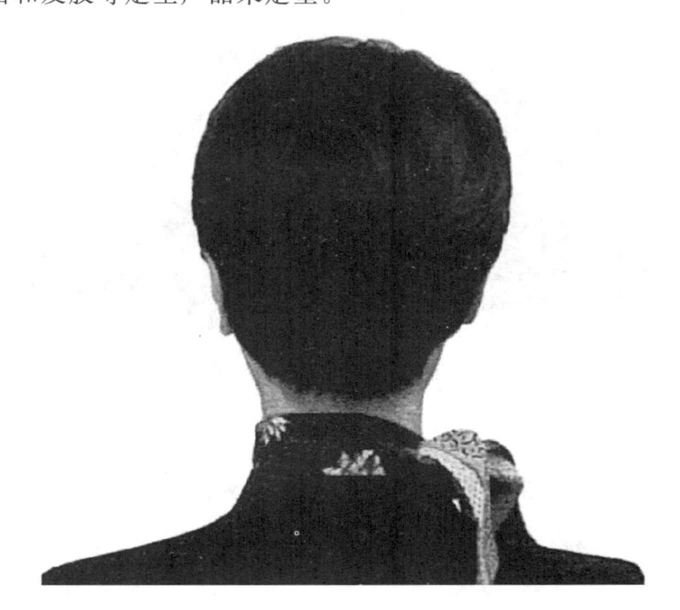

图 7-3　女性空乘人员短发发型标准

（三）过渡期

（1）中长发发辫用黑色头花固定在脑后，无碎发。

（2）短刘海扭转向上翻起，用发夹固定。

乘务长级别以下人员短发蓄发期间尽量保持光洁整齐，使用定型产品固定。

二、男性空乘人员发型标准

男性空乘人员发型标准如下。

（1）发型自然，整洁清爽（图 7-4）。

（2）短发，长度适中，无长刘海；两边对称，鬓角不可以过长，前不遮耳，后不遮领。

（3）发色均匀且为自然黑色或深棕色。

（4）使用发蜡、发胶等定型产品来定型。

图 7-4 男性空乘人员发型标准

■ **知识关联**

女士盘发步骤

长发整齐地向后盘起，高度与耳部上沿平齐，前额不留刘海、碎发使用定型产品和发网固定，做到一丝不乱、整齐干净、饱满。

(1)用皮筋将所有头发扎起呈马尾状。

(2)用黑色发网将马尾全部罩住。

(3)左手抓住发根，右手抓住发尾并顺时针旋转，直至将头发盘起，位于头的后部。

(4)用“U”形夹将发髻固定，外形整体饱满。

(5)用小型发卡和定型产品将碎发固定，真正做到一丝不乱。

项目小结

民航乘务人员的仪表形象代表着航空公司的品牌形象，甚至在一定程度上体现了航空公司的服务水平。在长时间的空中飞行以及干燥的机舱环境下，学会皮肤和发质护理，有助于保持良好的职业形象。本项目围绕美容保健常识、皮肤管理方法、护发养发方法，旨在让学生根据不同年龄段、不同皮肤和发质类型选择合适自己的保养方法，最后遵照空乘职业人员礼仪要求规范，为学生提供合适的空乘人员发型参考。

项目训练

1. 判断自己的皮肤状态，并能准确地为自己制定一套皮肤护理方案。

2. 针对自己的皮肤，说说不同季节护理产品的选择有什么不同。

3. 学会2种职业女士盘发。

4. 案例分析：

频繁飞行对皮肤是非常不利的，机舱环境易导致脱水，而且在不同季节和时区之间穿梭也会使皮肤更加敏感。更令人焦虑的是，频繁飞行会加速衰老，所以我们必须采取补救和预防的措施。

问题：(1)想要时刻保持好的肌肤状态，空乘人员应该如何护理自己的皮肤？

(2)除了必备的皮肤护理之外，想要打造好的皮肤状态还可以从哪些方面进行考虑？

项目八　服饰搭配

项目目标

知识目标

了解服饰搭配遵循的原则；掌握不同场合的着装规范；掌握饰品佩戴的基本要求。

能力目标

通过对服饰搭配基本理论知识的学习，能根据不同场合的要求进行服饰搭配，做到和谐得体；重视与规范个人行为，自觉维护个人形象与当代大学生的整体形象。

素质目标

掌握服饰规范要求，提升审美品位。

知识框架

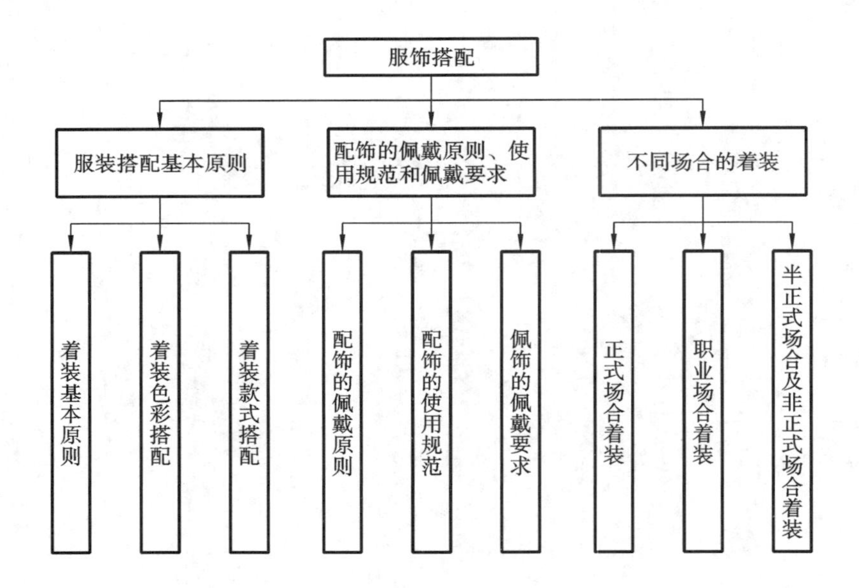

项目引入

小杨是某高校空乘专业大四的学生，即将面临毕业，于是她开始参加招聘会，不久，她接到一个公司的面试通知。

面试当天，小杨因身体不适，耽误了一些时间，出门前来不及熨烫当天要穿的衬衣，

她想着穿上外套就可以遮住有褶痕的衬衣，就没有再花时间去熨烫。可是，没料到在面试的过程中，面试官要求应聘者脱掉外套，穿衬衣进行面试。

这时小杨傻了眼，但她也没有办法，只能按照面试官的要求去做。在接下来的面试过程中，小杨一直想着衬衣上的褶痕，并没有正常发挥。

最后小杨没有收到面试通过的通知，只能懊恼自己没有提前熨烫好衬衣，没有做好充足的面试准备。

问题思考

1. 着装有哪些基本要求？

2. 你身边有因服装不得体导致尴尬的例子吗？

任务一　服装搭配基本原则

服饰是一种文化现象，是一种无声的语言。着装从一个侧面真实地传递出一个人的性格、气质、爱好与追求，显示一个人的社会地位、文化品位、艺术修养以及待人处事的态度。在我们日常生活中，要根据礼仪规范去选择服装的款式，使之合乎身份，保持良好的形象。

一、着装基本原则

（一）TPO 原则

TPO 原则是西方人提出的服饰穿戴原则，分别是 Time（时间）、Place（地点）与 Occasion（场合）这三个单词首字母的缩写。人们要综合考虑这三个因素，力求使自己的服饰适时、适地、适合，整体协调，美观大方。

1　时间原则

时间原则的含义有三层：一是指每日的早、中、晚三个时间段；二是要考虑春、夏、秋、冬四个季节的变化对着装的影响；三是要注意时代的差异，既要顺应时代的潮流，不能泥古不化，也不要刻意猎奇，过于超前。

2　地点原则

地点原则是指因地方、场所、位置不同着装应有所区别，特定的环境应搭配与之相适应、相协调的服饰，才能获得视觉和心理上的和谐美感。

比如在职场应穿西服或工作服，外出旅游可着休闲服，居家则穿家居服。难以想象一个人在静谧严肃的办公室穿着一身很随意的休闲服、穿一双拖鞋，或者在绿草如茵的运动场上穿着笔挺的西装和皮鞋，这样就是不懂地点原则。

不同场合的不同服装可体现自己的身份、教养与品位。一般而言人们涉及的场合有三：公务场合、社交场合与休闲场合。

(1)公务场合。

公务场合着装的基本要求为庄重保守，宜穿套装、套裙以及制服。除此之外，还可以考虑长裤、长裙和长袖衬衫。不宜穿时装、便装。

(2)社交场合。

社交场合着装的基本要求为时尚个性，宜着礼服、时装、民族服装。必须强调，社交场合一般不适合选择过分庄重保守的服装，比如穿着制服去参加舞会、宴会、音乐会，就往往和场合环境不大协调了。

(3)休闲场合。

休闲场合着装的基本要求为舒适自然，换言之，只要不有碍他人的身体安全，只要不违背伦理道德，只要不触犯法律，怎么穿着打扮完全可以凭个人所好。一般而论，在休闲场合，人们适合选择的服装有运动装、牛仔装、沙滩装以及各种非正式的便装，比如T恤、短裤、凉鞋、拖鞋等。在休闲场合，如果身穿套装、套裙，往往会显得格格不入。

3 场合原则

着装还要考虑场合，即考虑在特定场合中通过自己的穿着打扮给别人留下的印象。比如应试、应聘时，最好穿西装或套装，服装颜色要素雅一些，如黑色、深蓝色、深灰色等都可以，给人以成熟、干练、稳重、利落的印象。若选择过于花哨的服装，甚至性感的服装，会使他人对应聘者的职业态度和人生态度表示怀疑，因着装不当而使应聘者痛失机会。

(二)文明大方原则

在搭配上，着装要符合社会的道德传统与规范。例如，做到文明大方，这样才不会有失自己的身份，也不会失敬于他人，或令他人感到不适。在正式场合，着装应避免四种错误：一是穿着过于暴露的服装；二是穿着过于透明的服装；三是穿着过于裸露的服装；四是穿着过于紧身的服装。

(三)搭配得体原则

服装的每一个部分都应是相互呼应的。得体的搭配，特别是服装本身与配饰之间得体的搭配，会使整体着装变得和谐，这样才能展现出着装之美。

(四)个性特征原则

个性特性原则要求着装适合自身体型、年龄和职业等特点，扬长避短，并在此基础上创造和保持自己独有的风格。即在不违反礼仪规范的前提下，在某些方面可体现出与众不同的个性，但是要切记，不能盲目追随时髦。

二、着装色彩搭配

(一)色彩搭配方法

1 统一法

统一法即配色时尽量采用同一色系中各种明度不同的色彩,按照深浅不同的程度进行搭配,创造出和谐的效果。统一法适用于工作场合和庄重的社交场合的着装配色。

2 对比法

对比法即运用冷暖、深浅、明暗两种相反色彩搭配的方法。它可以在色彩上形成强烈反差,静中有动,突出个性。对比法适用于各种场合的着装配色。

3 呼应法

呼应法是在某些相关的部位刻意采用同一种色彩,遥相呼应,产生美感。如男士穿西装,讲究鞋、皮带、包为同一色彩。

4 点缀法

点缀法即在采用统一法配色时,为了有所变化,在某个小范围选用不同色彩加以点缀美化。

5 时尚法

时尚法是在配色时酌情选用时下流行的某种色彩。

(二)色彩与人协调

在着装中,人是主体,所以色彩的选择应首先与人协调。

1 配合体型

巧妙地运用服装的色彩搭配可以在视觉上起到扬长补短的效果。

(1)肥胖的人:不宜穿色彩太过艳丽或大花纹、横纹的衣服,这样会导致视觉上体型向横宽的方向发展。肥胖的人宜穿深色、冷色调及小花纹的衣服,全身颜色不宜过多,一般不应超过三种,以显得清瘦一些。

(2)瘦高的人:宜穿具有膨胀感的浅色系和沉稳的暖色调服装,或大方格、圆圈图案类的衣服。这样可以在视觉上增加体型的横宽感。同时可选用红色、橙色、黄色等暖色的配饰加以搭配,使之看上去更健壮、更匀称一些。

(3)较矮的人:应尽量少穿色彩过重或纯黑色的衣服,免得在视觉上造成过于短小的感觉。同时也尽量不要穿颜色鲜艳的大花纹图案或宽条纹图案的衣服,应该穿颜色素净的和长条纹图案的衣服。上装与下装的颜色应选择同一色系或相近色。

2 配合肤色

(1)皮肤白皙的人:适合穿各种颜色的衣服,只要搭配得当即可。

(2)皮肤偏黄的人:宜穿蓝色调衣服,这类颜色可以令面容看起来更白皙;不宜穿饱和度较高的黄色系(如黄色、褐色)衣服,以免显得面色暗黄、没有光彩。

(3)皮肤较黑的人:可以选择比较明亮的颜色,如浅黄色、粉白色等,这些颜色可以提亮肤色,强化整体的美感。

(三)色彩与季节协调

服装色彩的搭配要与自然界的季节变化同步。

(1)春季万象更新,服装宜选择明快亮丽的颜色。

(2)夏季烈日骄阳,服装宜选择宁静的冷色或能反射阳光的浅色。

(3)秋季收获硕果,服装宜选择沉稳、饱满、中性的颜色。

(4)冬季气候寒冷,服装宜选择与季节相似的浅色,或用强烈的鲜艳色彩组合来增添活力。

(四)色彩与环境协调

服装颜色要与所处环境的色彩和整体的氛围相协调,并与总体色彩风格相映成趣或形成对比。环境因素大致可分为社会环境与自然环境。

社会环境包括职业场所、政治集会、商业街区、文娱场所等。由于在不同社会环境中人们开展的活动也不相同,人们对服装色彩的选择也有所不同。例如:在职业场所,适合选择稳重的颜色;宴会时可选择色彩浓艳的服装以烘托气氛;休闲时可选择色彩清新淡雅、活泼的服装。

自然环境包括高山河流、林荫花间、河滨公园,以及户外的自然背景等。不同的自然环境会让人产生不同的情绪与感受,可适当地调整服装色彩以保持与环境相协调。

(五)色彩与年龄协调

选择服装色彩还应该考虑不同年龄差别。

(1)婴儿宜选择色彩浅淡、柔和的服装。

(2)少儿宜选择色彩对比明快、配色鲜艳或者有色彩拼接的服装。

(3)青年人宜选择色彩鲜艳、时尚、富有个性的服装。

(4)中年人宜选择色彩温和、端庄、雅致的服装。

(5)老年人宜选择色彩沉稳的服装,如中性色,也可以选择一些比较鲜艳的色彩的服装。

（六）色彩与性格协调

每个人都会根据自己的性格和喜好选择不同的服装色彩。

(1)性格外向的人偏爱暖色调，如红色、黄色等。

(2)性格内向的人通常偏向于冷色调，如蓝色、黑色等。

(3)理智、恬静的人偏爱白色、蓝色等。

(4)天真纯洁的少女偏爱粉红色、粉蓝色等。

三、着装款式搭配

（一）着装款式与妆容搭配

妆容的风格决定着服装的款式，服装的完美表现需要通过和谐的妆容来展示，因此，妆容的风格（尤其色彩的运用）决定着个人的整体形象。妆容新潮，就要选择个性前卫的服装款式；妆容古典，就要选择复古典雅的服装款式。

（二）着装款式与体型搭配

人的体型千差万别，并非所有人的体型都是完美的，但是我们可以通过服装的款式来修饰外形的不足。

1 肥胖的人

肥胖的人应选择可以拉长体型的服装款式，如细长的直条纹。上装款式尽量简洁，可选择“V”形领口、长过臀部的款式；下装则以直筒款式为最佳选择，适合选用垂感、不贴身的面料。

2 清瘦的人

清瘦的人适合简单随性的服装款式，如高领衫、披肩等，可选择印有不规则图形的服装。

3 矮小的人

矮小的人适合简洁、直线条的服装款式。上装的腰部设计要稍微高一点，在视觉上可拉长身材比例，下装宜穿着垂直线条的窄裙、直筒长裤。不宜穿格子、大印花和太多图案的服装。

4 其他特征

(1)脖颈短粗：适合无领、敞领、翻领、低领口和“V”形领口的服装款式，以便在视觉上增加脖子的长度。

(2)脖颈细长：适合高领、立领、花边领和中式直领的服装，领口可以用大蝴蝶结、蕾丝花边、荷叶边等做装饰。

(3)腿不够长:宜穿短款、横条纹的上装;下装可选择高腰设计的款式,也可以选择"A"字裙或阔摆裙。另外,鞋袜选择与下装一致的颜色可以拉长腿的比例。

(三)视觉平衡搭配

视觉平衡是指感觉上的大小、轻重、明暗以及质感的均衡状态。当人们看到平衡的物体时能产生安全感和平稳感,否则会有紧张感、压抑感。例如,有的人比较胖,喜欢穿盖过臀部的中长大衣,配大约到小腿中部的裙子,以为可以掩饰体型的不足,但这种穿法打破了视觉平衡,显得非常沉重。相反,如果将衣服下摆向上提一点,大约在臀部上部也就臀围最小的部位,再配一条及膝裙就会显得比较平衡。

综上所述,适宜的着装有三个层次:第一层次是和谐;第二层次是美感;第三层次是个性。搭配通常有三个方面:一是服装与服装间的搭配,比如上装与下装、内装与外装的搭配等;二是饰品与服装的搭配;三是服装、饰品与人体的搭配。

服饰搭配强调的是整体视觉效果。整体搭配的要点:如果要表现权威感,应选择线条感强、挺直、平整的服装;如果要表现妩媚感,应选择展现曲线、外形柔美的服装。

要想在着装上出彩,可有意识地营造视觉中心。它可以是一件非常独特的饰品,也可以是领部、肩部或腰部的别致造型,甚至可以是颜色。

■ **知识关联**

不同着装所反映的心理特征

衣服的式样反映出不同性格的人的心理特征。喜欢传统服装(如中山装、中式服装等)的人,可以看出受传统观念影响较深,体现了其传统、庄重、含蓄和规矩的性格;爱穿西装的人则反映了其积极、大方的性格;喜欢穿运动服、牛仔服的人则体现了一种超前意识,同时敢于并善于表现自己的性格;爱穿笔挺衣服的人,给人一种不可侵犯的印象,同时办事有条理,仔细认真。当然,也有一些特殊原因,如年龄关系,老年人爱穿尺寸宽大的服装;时尚关系,很多年轻人也穿宽大的服装。

从一个人服饰的颜色大致可以了解到这个人的爱好和性格:性格温柔的人喜欢温暖的颜色;性格内向的人喜欢深沉的颜色;性格豪爽的人喜欢明亮的颜色。同时服饰的式样和颜色也随着不同场合、环境和工作性质的需要随时灵活变化。从服饰的颜色可以透视出人的性格及职业特性。喜欢穿红色衣服的人,好胜心强,生性好动,热情,追求强烈刺激,重情重义,感情炽烈;喜欢穿黑色衣服的人,内向深沉,冷静,严肃,办事认真,古板;喜欢穿白色衣服的人,真诚坦率,追求纯净而新潮的事业,不记旧仇,有事往好处想,对开拓新天地充满信心,是高雅、纯洁的象征;喜欢穿绿色衣服的人,勇于追求梦想,事业心强,并且希望自己在事业上有所成就;喜欢穿蓝色衣服的人,爱好和平,具有宁静的心态;喜欢穿黄色衣服的人,富有欢快、热情开朗的性格;喜欢穿灰色衣服的人,希望在闲适的环境中过安逸生活,不想过多参加社交活动等。

(资料来源:黄玉萍、王丽娟,《职业形象与商务礼仪训练教程》)

任务二 配饰的佩戴原则、使用规范和搭配

配饰指的是人们在着装的同时选用合适的、可佩戴的装饰性物品。

从审美的角度来看，配饰有着装饰、美化的功能。它不仅是服装的一个有机组成部分，搭配得当的话还可以成为焦点，有着画龙点睛的作用。

在社交场合上，配饰尤为引人注目，并发挥着一定的交际功能。这主要体现在两个方面：第一，配饰是一种无声的语言，可借以表达使用者的阅历、教养和审美品位；第二，配饰代表了一种有意的暗示，可借以了解使用者的地位、身份、财富和婚恋现状。

一、配饰的佩戴原则

配饰总的佩戴原则遵循“符合身份，以少为佳”。

（一）数量原则

配饰应当起到画龙点睛的作用，而不应是过分炫耀，应该以少为佳、点到为止。对于服务人员，多则两件，也可以不佩戴任何配饰。

（二）扬长避短原则

应借助配饰突出自己的优点，掩盖自己的缺点，使其起到锦上添花、转移视线的作用，饰品的佩戴应与自身条件相协调，如体型、肤色、脸型、发型、年龄、气质等。

（三）同质同色原则

人际交往中，佩戴两种或两种以上的首饰，要表现出自己的品位和水准，要遵循同质同色原则，即质地、色彩相同。

（四）搭配原则

首先，配饰的佩戴应讲求整体效果，要和服装相协调。一般身穿考究的服装时，才佩戴昂贵的饰品；服装轻盈飘逸，饰品也应玲珑精致；穿运动装、工作服时不宜佩戴饰品。

其次，配饰的佩戴还应考虑所处的季节、场合、环境等因素。这些因素不同，其佩戴方式和佩戴取舍也不同。如春秋季可选戴耳环、别针；夏季选择项链和手链；冬季则不宜选用太多的饰品，因为冬天衣服过于臃肿，饰品过多反而不佳；上班、运动或旅游时以不戴或少戴饰品为好，只有在交际应酬的时候佩戴饰品才合适——展示自己时尚、个性、有魅力的一面。

（五）习俗原则

饰品佩戴要注意寓意和习俗，如注意戒指、手镯、玉坠等的佩戴习俗。

二、配饰的使用规范

人们在生活、工作、宴会、休闲等不同的场合，配饰佩戴的要求是不同的。在工作岗位上要严格遵照公司的规定，按要求正确佩戴饰品，在休闲场合可根据自己的性格、爱好佩戴饰品，一般要做到规范、合体、整洁、时尚。

（一）实用性配饰的使用规范

1 帽子

帽子可以遮阳，可以御寒，同时也可给人的仪表增添不同的情趣美。一般场合选择帽子时，要注意帽子的款式、颜色与自身性别、肤色、脸型、年龄、装束相协调。服务人员在工作时要佩戴岗位规定的帽子，帽子要整洁，戴法要规范。

2 围巾/丝巾

一般场合选择围巾时要与年龄、性别、身份和环境相协调，与妆容、发型、服装的面料、款式、颜色以及使用者的脸型、肤色相配。如男士一般选择织物围巾，色彩以灰色、棕色、深咖啡色或海军蓝色为宜。女士可选用丝绸类及色彩多样的三角巾、长巾及方巾等。

丝巾可以系在头发上、包上、腰间等作为装饰品。服务人员在工作时，女士要按规定使用统一的丝巾并系规定的花结，整体看起来要求干净、整洁、美观。服务人员常用的丝巾系法有玫瑰花结、小平结、花冠结等，如图 8-1、图 8-2、图 8-3 所示。

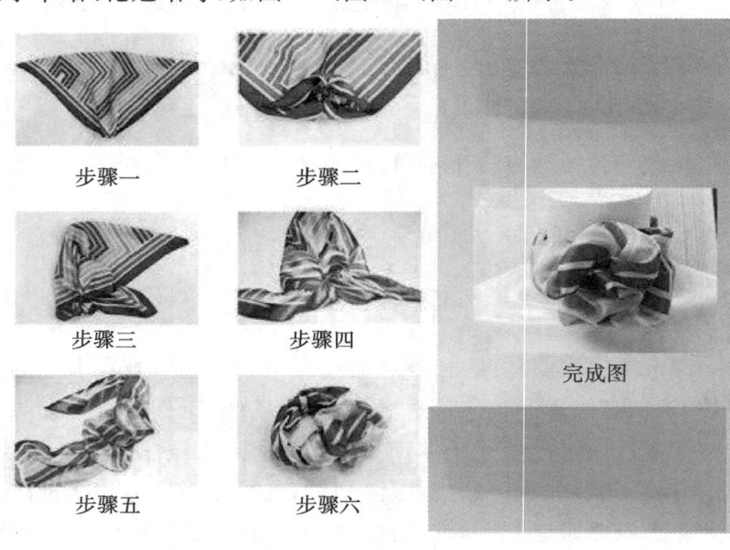

图 8-1　玫瑰花结

将小方巾对折

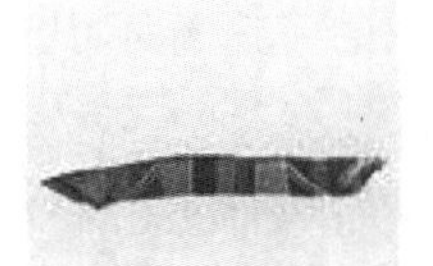

折成合适的宽度

围在脖子上
系一个活结

再系一活结，成为
平结。整理好即可

图 8-2　小平结

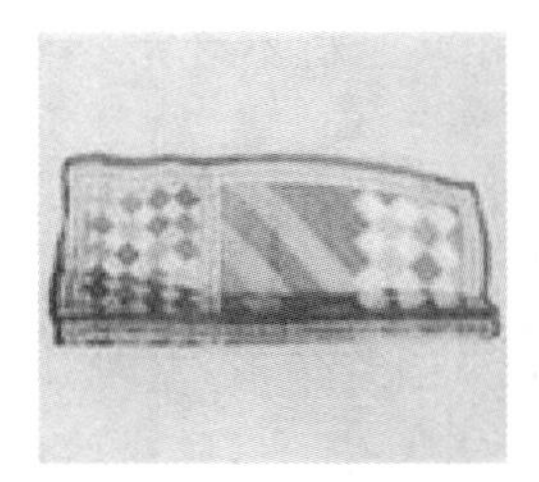

将丝巾折成百褶状

将百褶状的丝巾
绕在脖子上

系一个活结，两端
整理好，呈花冠形状

图 8-3　花冠结

■ **知识关联**

丝巾的保养

丝巾和娇嫩的皮肤一样，也需要保养，否则，很容易变得皱巴巴的。丝巾的保养应注意以下几点。

(1)不要经常固定在同一个位置上打结，因为时间长了很容易产生折痕，从而变皱，原本亮丽的光泽感会荡然无存，丝巾不用的时候最好用衣架挂起来，或者将丝巾卷成圆柱状放到一个形状吻合的圆筒里面也可以。

(2)尽量让丝巾保持干燥是最佳的保养方法，尽量不要让化妆品和香水与丝巾接触，更加不能将丝巾暴晒，不然会发黄。

(3)皱痕比较严重的丝巾用蒸汽挂烫机熨烫，记得熨烫时在上面铺一层厚的棉布，熨烫温度要低，不然丝巾可就报废了。

(4)洗涤也有讲究，如果丝巾的材质是真丝或羊毛，为避免缩水变形，拿到干洗店清洗最保险。普通面料的丝巾清洗时把洗衣液倒在清水里，让水稀释，然后再把丝巾泡到里面，不能用力搓，用指腹轻轻地揉洗，洗干净后往水里放点白醋或者柔顺剂，然后将丝巾用干净的毛巾包裹好挂在衣架上晾干。

注意：绝不能用热水洗涤，温水或冷水都可以。

3 领带

领带是男士在正式场合必备的服装配饰之一，它是男士西装的重要装饰品，对西装起着画龙点睛的作用。所以，领带通常被称作“男子服饰的灵魂”。

(1)面料：一般以真丝、纯毛为宜，档次稍低点就是尼龙的了。绝不能选择棉、麻、绒、皮革等质地的领带。

(2)颜色：服务人员应选用与制服颜色相称、光泽柔和、典雅朴素的领带，不要选用那些过于显眼、花哨的领带。所以，一般选择单色(如蓝色、灰色、棕色、黑色、紫色等较为理想)领带，多色的则不应多于三种颜色，而且尽量不要选择浅色、鲜艳的颜色。

(3)图案：领带图案的选择要坚持庄重、典雅、保守的基本原则，一般选择单色无图案及蓝色、灰色、咖啡色或紫色的领带，或者选择小圆点、条纹等几何图案的领带。

(4)质量：外形美观、平整、无挑丝、无瑕疵、无线头、衬里毛料不变形、悬垂挺括、较为厚重。

(5)领带的位置：衬衣外着西装制服外套时，领带应处于西装上衣与内穿衬衣之间；衬衣外着西装马甲时，领带应处于马甲与衬衫之间。

(6)领带的系法：其一，领带要系得端正、挺括，外观上呈倒三角形；其二，在收紧领带结时，有意地在其下压出一个窝或一条沟，使其看起来美观、自然；其三，领带结的具体大小应大体上与同时所穿的衬衫领子的大小成正比。

领带的主要系法有简式结(马车夫结)、温莎结、浪漫结、四手结、亚伯特王子结等。

①简式结：适用于质料较厚的领带，适合系在标准式及扣式领口衬衫上。给人以理智、冷静之感。

②温莎结：一个形状对称、尺寸较大的领带结，适合宽衣领衬衫。温莎结的缺点是不适合搭配衣领狭窄的衬衫。材质过厚的领带应避免打温莎结，同时，温莎结也不要打得过大。

③浪漫结：适用于浪漫系列的领口及衬衫。完成后可将领结下方的宽边压以皱褶缩小其结型，也可将窄边往左右移动使其小部分露在宽边旁。浪漫结给人坦白、率直、信心十足、具有强烈的自我主张之感。

④四手结：所有领带结中最容易上手的，适用于各种款式的衬衫及领带。四手结给人率直、充满着男性的活力与热情之感。

⑤亚伯特王子结：适用于质地柔软的细领带，搭配扣领与尖领衬衫。由于要绕三圈，因此选择此结法时，不要选择质地较厚的领带。

(7)领带的配饰：领带配饰的基本作用是固定领带，其次才是装饰作用。常见的领带配饰有领带夹、领带针等。领带夹是将领带夹在衬衣第四至第五粒扣位置的金属饰品。

(8)领带的长度：成人所用的日常领带，通常为130～150厘米。领带系好之后，外侧应略长于内侧。其标准长度应当是下端正好触及腰带扣的上端。

4 手套

一般场合手套的选择要与衣服的颜色协调：如穿深色大衣时，宜佩戴黑色手套；穿西服套装时，宜佩戴薄纱或网眼手套。服务人员在工作时，要按照规定使用统一的手套，且手套要求干净整洁。

5 箱包

正式场合应选用质地较好、做工精细、外观美观、体积适中的皮包；正规场合应选用羊皮、牛皮、鳄鱼皮等皮制的手提包；上班或日常外出时选择实用和耐用的箱包。

6 徽标或胸花

一般场合选择胸花时，要考虑服装的款式、颜色、面料，以及出席的场合及自身的体型和脸型等条件。服务人员在工作时，要按规定使用统一的徽标，徽标要求干净整洁、佩戴正确。

7 手表

服务人员在工作时，应佩戴款式简单、功能单一的手表，金色、银色的金属材质或皮制表带为最佳选择。避免佩戴没有分针和秒针的手表以及卡通表和运动表。

（二）装饰性配饰的使用规范

装饰性配饰主要指的是首饰，佩戴时要注意与服装相协调。色彩鲜艳的服装可搭配简单含蓄的首饰，色彩单一沉稳的服装可搭配鲜艳多变的首饰。

1 戒指

戒指往往能暗示佩戴者的婚姻和择偶状况。戒指要戴在左手上，并且不同手指的佩戴有不同的含义。

（1）戴在食指上表示单身。

（2）戴在中指上表示正在热恋中，未婚或被求婚。

（3）戴在无名指上表示已订婚或已婚。

民航服务人员要求佩戴的戒指设计简单，镶嵌物直径不能超过 5 毫米。

2 项链

佩戴的项链应和自己的年龄、体型、服装相协调。服务人员在工作时，最好只戴一条项链，并且要放到自己的衬衫里面，一般以直径不超过 5 毫米的纯金、纯银项链为佳。

3 耳饰

耳饰分为耳钉、耳环、耳坠等，一般讲究成对使用。耳饰应根据脸型选择。如长脸的人宜戴大的、圆的及贴耳式的耳饰；方脸的人宜戴不正规形状的、小巧的、狭长的耳饰；圆脸的人宜戴长款式的耳饰等。另外，耳饰的款式、色泽等都要与服装和其他配饰相协调。

■ **拓展阅读**

小小袖扣有讲究

一定的身份和品位的人佩戴一枚合适的袖扣会锦上添花，气质契合是佩戴的关键。

国外比较著名的服饰品牌与珠宝品牌，每年都会推出与其服饰相配的袖扣，比如迪奥、古驰、香奈儿等，卡地亚和路易威登也有系列的袖扣产品。

袖扣造型各异，有方形、圆形、菱形、花瓣形等传统造型，有些品牌还推出一些特别版袖扣，既具有观赏性也具有收藏价值。

品牌袖扣大都千元以上，因为许多大品牌袖扣材质一般选用贵重金属，有的还要镶嵌钻石、宝石等，颜色主要集中在黑色、白色、灰色等经典色系上，近年来也增加了一些时尚的亮色系。

小小的袖扣，搭配有讲究。细心的人，会挑与皮带扣或是与领带夹同色系的袖扣；更为讲究的，则会购买著名品牌皮带扣、领带夹、袖扣的套装商品。袖扣颜色的搭配也很关键，一般有一个规律：冰晶玻璃袖扣因其透明，搭配白色衬衫；而金色袖扣搭配红色衬衫，有华丽和时髦的感觉；银色袖扣搭配黑色、白色、灰色衬衫，则有沉稳、高贵的感觉。

欧洲的一些饰品专卖店里，可以定制能够体现自我个性化款式的袖扣。比如，可以将自己的头像做成袖扣；将个人喜欢的材质、色彩和图案，交给那些饰品专卖店进行定制。国内袖扣消费需要引导，特别是20～40岁消费群体，有很大的消费潜力，也有需求空间。

三、配饰的佩戴要求

配饰一定要力求佩戴有方。应同时掌握一些不同场合的佩戴技巧，只有这样，在佩戴时，才有可能既使自己充满自信，又为他人所欣赏。

1 穿校服时的要求

穿校服时，一般不宜佩戴任何配饰。校服代表着正统、保守。因此，在穿校服时，大学生以不佩戴配饰为好。从根本上来讲，校服不需要被刻意装饰。

即便允许在校园内佩戴配饰，通常大学生也只宜选戴金银配饰、工艺配饰，而绝对不宜佩戴珠宝或仿真的珠宝。否则，不但与自己所处的环境不符，而且也会给他人留下不好的印象。

2 穿正装时的要求

着正装时，通常不宜佩戴工艺配饰。工艺配饰，在此特指那些经过精心设计、精心制作，具有高度的技巧性、艺术性，在造型、花色、外观上别具一格的饰物。一般而言，工艺配饰多适合人们在社交场合中佩戴，借以突出佩戴者本人的鲜明个性。然而，正装的基本风格却是追求共性，不强调个性，所以，着正装时通常不宜佩戴工艺配饰，特别是不宜佩戴那些被人们视为另类的工艺配饰，诸如造型为字母、骷髅、刀剑等的饰品。

3 协调性要求

配饰佩戴不宜彼此失调。配饰佩戴力求少而精。如果准备同时佩戴两种配饰或多种配饰时，要尽力使其和谐、相互统一。

在这一问题上，重要的是应当关注以下三点：一是配饰在质地上大体相同；二是配饰在色彩上保持一致；三是配饰在款式上相互协调。这就是所谓协调性要求。做到了这三点，配饰的佩戴才可以称之为恰到好处。

■ 阅读思考

夸张的配饰

小张是某航空公司的一名乘务员。有一天，在紧张的飞行任务结束后，小张要去参加同学聚会。小张慌慌忙忙地回到家，换下了制服，并悉心地打扮了一番。可谁知道，到了聚会的地方，同学们都以怪异的眼神看着她，弄得小张很不好意思。

原来，小张想着与同学们好久不见，便想以与众不同的样子出现在同学会上，就把自己夸张的项链、耳饰、手链和手表等全部戴上，并且还携带了一个超大的背包。所以，当小张以这样的形象出现在同学会上，难怪同学们都以诧异的眼神看着她，认为她的这一身打扮十分夸张，与现场气氛很不协调。

思考：我们应该如何搭配与选择配饰？

任务三　不同场合的着装

■ 阅读思考

一次，某公司招聘文秘人员，由于待遇优厚，应聘者非常多。某高校中文系毕业的安琪前往面试，安琪在大学四年里，成绩优异，在各类刊物上发表过上万字的作品，还为好多家公司策划过周年庆典，英语达到六级水平。从外表上来看，安琪五官端正，身材高挑、匀称，追求时尚，在学校也是风云人物，具有自己独特的风格。面试当天，安琪悉心打扮，她上身穿着露脐装，下身穿着迷你短裙，露出白皙的皮肤，涂着鲜艳的口红。当轮到安琪面试时，她轻盈地走进面试场地，不请自坐，笑眯眯地等待面试者的问话。三位面试者看到这样的情景，互相交换了一下眼神，其中一位面试者说道："请你回去等通知吧。"安琪喜形于色，以为自己不用面试，便说了句："好！"走出了面试场地。

思考：你认为安琪能否收到录取通知？请讲明原因。

一、正式场合着装

正式场合应着正装，给人郑重之感。若正装选择不当，使人觉得过于随便，其功能自然会大打折扣。平常可以选择的正装大体上分为如下两类。

一类是统一指定的正装。在绝大多数情况下，校服、制服或工作服、职业装等都是统一指定的正装。它通常是由社会组织为其成员统一制作的，在款式、面料、色彩上统一，是在正式场合按规定必须穿着的服装。

另一类则是自行选择的正装。它指的是社会组织要求其成员在正式场合穿的正装，但又未对其做出较为统一的规定，而可以由其成员根据个人特点、喜好，在一定的范围内自行选择。

要使正装发挥其应有的作用，大学生在身着正装时，必须在以下四个方面特别注意。

（一）制作精良

正装应当制作精良。在财力、物力允许的前提下，统一制作的正装要力求精益求精，如果过于粗劣，则会使个人形象大打折扣。要确保正装制作精良，一般要求具体负责人及经办人记住如下三点。

1 优质的面料

面料与款式、色彩一样，同为服饰的三项基本要素。正装的面料如果过于廉价，无疑会使正装的品质大大降低。通常认为，纯毛、纯棉等天然纤维面料，吸湿透气、柔顺贴身、结实耐用，线条挺括，是理想的正装面料。高比例含毛、含棉的混纺面料，因其耐折耐磨、价格较为低廉，亦可予以考虑。而纯为化学纤维的面料，一般吸湿、透气效果差，并且不耐折、不耐磨，所以不应当成为正装面料之选。

2 适当的款式

任何服装，都有着一定的款式。款式是服饰的三项基本要素之一，主要指的是服装的具体式样。在确定正装的具体式样时，应当在尊重设计师艺术创作的同时，对其提出具体的指导性原则，并且认真地进行反复审核。按照惯例，在设计正装尤其是校服时，应当主要兼顾四点：一是要适应学生的特点；二是要充分展示学生积极进取、奋发向上的精神风貌；三是要努力体现该院校的整体形象；四是要尽量有自己的特色。具体而言，“正式”的最低标准是上衣有领、有袖、无拉链，下装不露大腿。

3 精心的制作

正装精良与否，往往与制作是否精心有着极大的关系。如果正装在缝制时偷工减料、粗制滥造，即使面料与款式再好，也会无济于事，更难以展现其风采。制作单位在制作正装时应精工细作，确保正装的制作严格按照每道工艺必须的流程，对其主、辅料均不得随便变更或减量，不要一味地在制作时“争时间、抢速度”。制作精良的正装应针脚严密，针线直正，表面平展，左右对称，纽扣钉牢，领口、袖口之处不能翻起。

（二）外观整洁

正常情况下，任何服装都应当外观整洁，正装更是如此。一个人平日的衣着，即便款式无任何特色，但只要干净、爽洁、平整，同样也会为大众所接受。相反，即使某人衣着的款式、面料、做工俱佳，但如果不够整洁，甚至折痕遍布、肮脏不堪，也必定会贻笑于人，被视为懒散之人。

要保证正装的外观整洁，应当兼顾以下两个方面。

1 忌穿外观不整洁的服装

正装的外观不够整洁，主要是指其穿在身上时看上去不够整齐清洁，甚至显得邋遢。具体来讲，正装不够整洁，主要包括以下几种情况。

一是布满褶皱。在穿着正装前，要进行熨烫；在暂时将其脱下时，则应小心地把它悬挂起来。若是平时不熨不烫，脱下之后随手乱丢，使之折痕遍布、皱皱巴巴，定然会十分难看。

二是出现残破。同样的道理，简洁大方、得体的正装是不能与“乞丐装”一样标新立异的。身着残破的正装（如被刮破、扯烂、磨透、烧洞或者纽扣丢失等）极易给人留下不好的印象。在他人眼里，这是态度消极、敷衍的表现。

三是遍布污渍。穿沾染了污渍（如油渍、泥渍、汗渍、雨渍、水渍、墨渍、血渍等）的正装往往会给人以不洁之感，有时甚至还会令人产生不好的联想。

四是沾有脏物。与遍布污渍相比，正装上沾有脏物（如灰土、泥块、木屑、饭粒时），对于正面接触者的视觉冲击力很大，往往会形成更大的负面印象。

五是充斥体味。穿充满异味（如汗酸、体臭等）的正装，属于一种“隐形”的不洁状态。这表明着装者疏于清洗。在与他人交往时，若是浑身上下异味袭人，则会令交往对象感到不适。

2 遵守必要的规章制度

目前，在现实生活中，此类规章制度大致包括以下主要内容：一是由单位统一规定正装换洗的具体时间，如每日一换、三日一换或一周一换；二是由单位明确要求，正装必须随脏随换，不得懈怠；三是由单位任命专人负责检查，凡不合要求者，不仅会受到通报批评，而且还要予以一定的处罚。

（三）文明着装

在日常生活中，大学生身着正装时不仅要强调美观问题，而且还要重视雅观与否。

着装雅观是着装的基本要求。所谓着装雅观，主要是指衣着文明，既十分雅致、令人赏心悦目，又不落俗套，不失自己的身份。身穿正装时要讲究文明礼貌，努力避免失之雅观。当大学生身着的正装是由其自行选择时，这一方面的问题则更为重要。

根据相关的个人礼仪规范，大学生在身着正装时要显示自己的文明高雅的气质，主要需要注意下述四个方面的禁忌。

1 过分裸露

穿着于正式场合的正装，是不宜过多地暴露身体的。前文已指出正装的基本特征是：上衣有领、有袖、无拉链，下装不露大腿。在这一方面，正装与时装截然不同。一般而言，令人反感、有碍观瞻的服装都不能穿。

胸部、腹部、背部、腋下、大腿是公认的身着正装时不准外露的五大部位。在特别正式的场合，脚趾与脚跟同样也不得裸露。

2 过分透视

正装若过于单薄或透明，往往会使人难堪。

3 过分短小

一般来讲，正装的穿着应合身。若过分肥大，会显得无精打采、呆板滑稽。若过分短小，则会捉襟见肘、行动不便。

4 过分艳丽

选择正装时，需要在色彩、图案等方面加以注意。一般正装不宜抢眼，色彩不宜过多、过艳，图案不宜过于繁杂古怪。通常，最保险的做法是，选择深色且最好不带任何图案的正装。色彩过于艳丽、图案过于花哨可能会给人以轻薄、浮躁之感。

（四）着装得当

具体来说，大学生要穿好正装，有以下两个问题应予以重视。

1 按规定着正装

对于要求全体出席者必须身着正装的场合，通常都会有详尽的着装规定，诸如穿正装的时间、穿正装时的具体注意事项等。对于这一类规定，出席者应当严格遵守。

2 正确着正装

所谓正确着正装，在此特指在穿着正装时，必须遵守约定俗成的穿着方法。

例如：男大学生着长袖衬衣与西裤时，按照标准的穿法，衬衫的衣扣（除领扣之外）与袖扣皆应扣好；若打了领带，则领扣必须扣上。衬衫下摆放在西裤的裤腰之外，或袖管、裤管卷起，都是不合规矩的。

女大学生以裙式服装作为正装时，一般应当穿着皮鞋或布鞋。此外还应注意，在选择袜子时，必须优先考虑袜筒的高度。因为女性在穿裙式服装时，不要穿高度低于裙摆的袜子，此谓“三截腿”，不仅极为失礼，而且也毫无美感。

二、职业场合着装

（一）工作制服

工作制服是从业人员在工作时所穿的一种能标明其职业特征的服装，具有实用性、标志性、艺术性、防护性等特征。

1 工作制服的作用

（1）企业的标志。

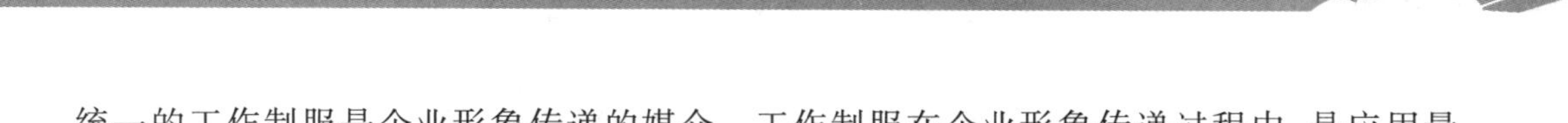

统一的工作制服是企业形象传递的媒介。工作制服在企业形象传递过程中，是应用最广泛、出现频率最高的，同时也是关键元素。

(2)体现企业文化。

工作制服可以反映从业人员的精神风貌，体现企业的文化内涵。另外，设计独特的工作制服还能体现企业的价值观。

(3)规范从业人员行为。

从业人员一旦穿上工作制服，就能马上意识到自己要进入工作状态，提醒自己要规范自身行为，尽到工作职责。

2 穿工作制服的要求

(1)合体。

工作制服不仅要款式统一，还要符合穿着者的体型，一般讲究"四长"和"四围"："四长"即袖至手腕、衣至虎口、裤至脚面、裙至膝盖；"四围"即领围以插入一指大小为宜，上衣的胸围、腰围以及裤裙的臀围以能穿一套羊毛裤的松紧为宜，裤腿应盖在鞋面上，后面的长度要盖住鞋跟的一半。袜子的颜色应与鞋子的颜色统一。

(2)规范。

从业人员着工作制服时要注意规范性和整体性，如上衣、裤子或裙子、风衣、鞋子、帽子、领带或丝巾要配套使用。

(3)整洁。

从业人员的工作制服包括衬衣、领带、丝巾、鞋袜等，要时刻保持整齐、干净、挺括，做到上衣平整、裤线笔挺，因此，从业人员的制服要定期清洗、熨烫，避免出现起皱、开线、磨毛、破损、掉扣、污染等现象。

(4)文明。

从业人员穿着要文明。例如，做到上衣扣好衣扣，衬衣下摆收入裤、裙内，系好腰带等细节。

3 穿工作制服的注意事项

(1)男士西装。

西装具有造型优美、做工考究、四季皆宜等特点，许多职业场合男性从业人员都以西装作为工作制服。一套合体的西装，可以使穿着者显得专业、精神。多年来西装流行不衰，深得各国各界人士的喜爱。

西装通常为两件套或者三件套，面料统一、色彩统一，是规范化的正式场合的服装。穿着西装，对从业人员而言，体现着其所在企业的规范化程度。商界男士穿着西装时，必须了解衬衫、领带、鞋袜和公文包与之组合搭配的基本常识。

①西装穿着讲究"三个三"。

a. 三色原则：男士在正式场合穿着西服套装时，全身(包括上衣、下装、衬衫、领带、鞋子、袜子)颜色必须限制在三种之内，否则就有失庄重。

b. 三一定律：男士穿着西服套装外出时，鞋子、腰带、公文包应为统一的颜色，而且首选黑色。鞋子、腰带、公文包的色彩统一有助于彰显品位。

c. 三大禁忌：第一，袖口上的商标没有拆。如果西装袖口上的商标没有拆掉，就会显得不够专业。第二，在非常正式的场合穿着夹克或短袖衬衫打领带。领带和西服套装是配套的，如果是行业内部的活动，比如说领导到本部门视察，穿夹克或短袖衬衫打领带是允许的。但是在正式场合，夹克或短袖衬衫等同于休闲装，尤其是对外商务交往中，穿夹克或短袖衬衫打领带是绝对不能接受的。第三，男士在正式场合穿着西服套装时袜子出现了问题。一般而论，穿袜子讲究不多，最重要的是两只袜子应该颜色统一。在商务交往中有两种袜子还是不穿为妙：第一种是尼龙丝袜；第二种是白色袜子。

②穿西装的具体礼仪要求。

a. 合体：领子应紧贴衬衫领口且低于衬衫领口 1～2 厘米。上衣长度宜于垂下手臂时与虎口相平，袖长至手腕，胸围以穿一件厚“V”字领羊毛衫后松紧度适宜为好。上衣的下摆与地面平行，裤子要烫出裤线。裤长以裤脚接触脚背为妥。西装领子的选择应注意，一般脸长的人应选用短驳头；圆脸、方脸的人宜选用长驳头。

b. 色彩庄重、正统：可以选择灰色、藏蓝色或棕色的单色西装。黑色的西装更适于庄严而肃穆的活动。在正式场合不要穿色彩鲜艳或发光发亮的西装，朦胧色、过渡色的西装通常也不要选择。

③西装的款式。

a. 欧式：宽肩收腰，有特别夸张的垫肩，最明显的特征是双排扣，戗驳领，裤子是卷边的，显得大方得体。

b. 美式：宽松、不贴身，腰部成筒状，后中开衩，适合瘦高身材。

c. 英式：无垫肩或只有一点垫肩，腰部略有形状，能显现绅士格调和品位，大多为单排扣。

④西裤的穿着要求。

因西装讲究线条美，所以西裤必须要有中折线；西裤长度以前面能盖住脚背，后边能遮住 1 厘米以上的鞋帮为宜；不能随意将西裤裤管挽起来。

⑤西装的扣子。

西装的扣子有单排扣与双排扣之分。单排扣有一粒、两粒、三粒；双排扣有两粒、四粒和六粒。

单排扣的西装穿着时可以敞开，也可以扣上扣子。照规矩，西装上衣的扣子在站着的时候应该扣上，坐下时才可以敞开。穿单排扣西装应特别要注意：一粒扣的，扣不扣都无关紧要，但正式场合应当扣上；两粒扣的，应扣上面的一粒，下面的一粒为样扣不用扣，记住“扣上不扣下”；三粒扣的，扣中间一粒，或扣上面和中间的扣子，下面一粒不用扣。

穿双排扣的西装要把扣子全扣上。双排扣西装最早出现在美国，曾经在意大利、德国、法国等欧洲国家很流行，不过现在已经不多见了。现在穿双排扣西装比较多的当数日本。

西装背心有六粒扣与五粒扣之分：六粒扣的，最底下的那粒可以不扣；五粒扣的，则要全部都扣上。

⑥西装的口袋。

西装讲求以直线为美，所以，西装上很多口袋为装饰袋，是不能够装东西的。如果在穿西装时不注意，口袋里装满东西弄得鼓鼓囊囊，那么肯定会破坏西装的整体线条，这样既不美观，又有失礼仪。

a. 上衣口袋：穿西装尤其强调平整、挺括，要求线条轮廓清楚，服帖合身。上衣口袋仅为装饰，不可以用来装任何东西，必要时可装折好花式的手帕。

b. 西装左内侧衣袋：可以装票夹（钱夹）、小笔记本或笔。右内侧衣袋，可以装名片、打火机等。裤兜也与上衣袋一样，不能装东西，以求裤型美观。但裤子后兜可以装手帕、零用钱等。

千万需要注意的是，西装的衣袋和裤袋里不宜放太多的东西。另外，把两手随意插在西装衣袋和裤袋里，也是有失风度的。如需要携带大量必备物品时，可以装在提袋或手提箱里，这样不但看起来干净利落，也能防止衣服口袋装太多东西而变形。

（2）男士衬衫。

与西装配套的衬衫应为正装衬衫。一般来讲，正装衬衫具有以下特征。

①面料：应为高织精纺的纯棉、纯毛面料，或以棉、毛为主要成分的混纺衬衫；条绒布、水洗布、化纤布、真丝、纯麻皆不宜选。

②颜色：应为单一色。白色为首选，蓝色、灰色、棕色、黑色亦可，杂色、过于艳丽的颜色有失庄重，不宜选。

③图案：以无图案为最佳，较细竖条纹的衬衫有时候在商务交往中也可以选择。但是，切忌竖条纹衬衫配竖条纹西装或方格衬衫配方格西装。

④领型：以方领为宜，扣领、立领、翼领、异色领不宜选。衬衫的质地有软质和硬质之分，穿西装要配硬质衬衫。尤其是衬衫的领头要硬实、挺括、干净。

⑤衣袖：正装衬衫应为长袖衬衫。

⑥穿法讲究：

a. 衣扣：穿西装打领带时衬衫的第一粒扣一定要系好，否则显得松松垮垮，给人极不稳重的感觉。相反，不打领带时，衬衫的第一粒扣一定要解开，否则给人感觉像是忘记打领带似的。再有，打领带时衬衫袖口的扣子一定要系好，而且绝对不能把袖口挽起来。

b. 袖长：衬衫的袖口一般以露出西装袖口以外 1.5 厘米为宜。这样既美观又干净，但要注意衬衫袖口不要露出太多。

c. 下摆：衬衫的下摆不可过长，而且下摆要塞到裤子里；只穿衬衫打领带不穿西装外套仅限室内，而且正式场合不允许。

（3）男士鞋袜。

①皮鞋：首先，穿整套西装时一定要穿皮鞋，不能穿旅游鞋、便鞋、布鞋或凉鞋，否则显得不伦不类。其次，在正式场合穿西装，一般穿黑色或咖啡色皮鞋较为正规。但需要注意的是，黑色皮鞋可以配任何颜色的西装套装，而咖啡色皮鞋只能配咖啡色西装套装。白色、米黄色等其他颜色的皮鞋均为休闲皮鞋，只能在游乐、休闲的时候穿。最后，皮鞋的款式要庄重、正统。皮鞋要勤换、勤晾，鞋面要无尘，鞋底要无泥，鞋垫要相宜，尺码要适当。

②袜子：袜子起衔接裤子和鞋的作用。穿整套西装一定要穿与西裤、皮鞋颜色相同或较深的袜子，袜子颜色一般为黑色、深蓝色或藏青色，绝对不能穿花袜子或白色袜子。同时，男士宜穿中长筒袜子，这样坐着谈话时不会露出皮肤。

■ **知识关联**

男士西装搭配技巧

穿银灰色、乳白色西装，适宜配大红色、朱红色、墨绿色、海蓝色、褐黑色的领带，会给人以文静秀丽、潇洒的感觉。

穿红色、紫红色西装，适宜配乳白色、乳黄色、银灰色、湖蓝色、翠绿色的领带，以显示出一种典雅华贵的效果。

穿深蓝色、墨绿色西装，适宜配橙黄色、乳白色、浅蓝色、玫瑰色的领带，会给人一种深沉、含蓄的美感。

穿褐色、深绿色西装，适宜配天蓝色、乳黄色、橙黄色的领带，会显示出一种秀气飘逸的风度。

穿黑色、棕色的西装，适宜配银灰色、乳白色、蓝色、白红条纹或蓝黑条纹的领带，这样会显得更加庄重大方。

■ **知识关联**

男士西裤穿着的注意事项

在穿好裤子后，在自然呼吸的情况下裤腰不松不紧刚好放得下一只手掌，就说明裤腰是合适的。裤腰可修改的幅度是有讲究的，往小里改只能在5厘米之内，往大里改不能超过3.8厘米，如果超出这个范围就会改变裤子原来的形状。

裤管的中折线一定要不偏不倚，笔直而自然地垂到鞋面，只有这样，中折线才能撑出裤管笔挺的质感。裤子的长度从后面看应该刚好到鞋跟和鞋帮的接缝处。如果想让腿看起来更修长，那么裤管的长度也可以延伸到鞋后跟的1/2处。另外，在买皮带的时候，注意皮带一定要比裤子长5厘米。

一般来说，男袜的颜色应该是基本的中性色，而且要比长裤的颜色深。袜子的颜色与西装的颜色相配是最佳的。另外，袜子的长度也要注意。袜子太长会显得土气，袜子太短易露出腿上部分皮肤，这样是不美观的。

■ **知识关联**

西装的保养方法

1. 清除口袋内的物品

换下西装后应取出口袋内的物品，否则，长时间悬挂衣服很容易变形。

2. 经常清刷西装

尘污是西装的最大敌人，会使西装看上去十分陈旧，故须常用刷子轻轻刷去尘土。有时西装上沾有的其他纤维或较不容易除去的尘埃，可以用胶带纸加以粘贴，效果很好。

3. 西装简易除皱

久穿或久放衣橱中的西装，挂在有一定湿度的地方，有利于衣服纤维恢复，但湿度过大会影响西装定型的效果，一般毛料西装在相对湿度为35%～40%的环境中放置一晚，衣服褶皱可消失。

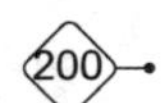

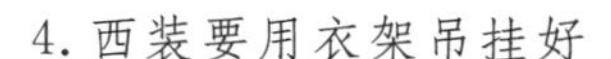

4. 西装要用衣架吊挂好

吊挂西装最好用木头或塑胶制成的宽柄圆弧形西装专用衣架，裤子吊挂既可用衣裤联合衣架，也可用带夹子的西装专用衣架夹住裤脚(裤线对齐)，倒挂起来。

5. 西装的收藏

收藏前，先送到干洗店进行清洁干洗。干洗后用衣架吊好，口袋内放入樟脑等除虫剂，套上塑胶套、防尘袋，收藏起来。收藏处最好是通风性良好、温度低的地方。

6. 除去西装上的光亮

西装(尤其是光面面料)久穿后在肘部和膝部易产生光亮，可准备半盆清水，往水中滴上几滴醋，把毛巾蘸湿，用蘸湿处按一个方向擦几下，便可除去光亮。

7. 给西装打包

给西装打包的秘诀：首先把口袋中的零钱、钥匙等杂物统统掏出来；然后把西装外套正面朝下放平，将左肩反折，折向背中线(内里朝外)，再将右肩反转出来，折向左肩，并将右手袖子顺入左手袖子中(右手的正面套入左手的内里)，自领子的部分开始，将衣服以三等分的方式折叠起来；最后再用手仔细地将外套的内里顺好，用一个干净的塑料袋包起来，就可以放入行李箱中了。要记住，西装外套是最后一件打包的衣物，必须放在最上面。拿出时第一件事就是将西装外套取出，用衣架挂起。

8. 注意事项

一件西装建议不要连续穿两天及以上。高质量的西装大都是以天然纤维(如羊毛、蚕丝、羊绒等)为原料，这类西装穿过后，会因局部张力而变形，但让它适当“休息”就能复原。所以，应准备两三套来换穿。

(4)女士套裙。

女性职业装选择的原则是高雅、整齐、大方、舒适、实用、挺括、不起皱。女性职业装在款式上以套装、套裙为好；颜色以素雅为好，如藏蓝色、炭黑色、烟灰色、雪青色、黄褐色、茶褐色、蓝灰色、暗土黄色、暗紫红色等较冷的色彩，这些颜色会给人一种稳重、端庄、高雅之感。切忌选用大红大绿或太亮太刺眼的颜色。

套裙的款式可分为两件套、三件套两种。

以两件套西装套裙为例，上衣与裙子可以是同色，也可以采用上浅下深或上深下浅两种不同的颜色，以此形成对比。前者正统而庄重，后者则富有动感与韵律，各有千秋。另外，上下同色的套裙可以不同颜色的衬衣、装饰手帕、丝巾、胸花等“画龙点睛”，或者用与上装花色、图案不同的裙子的面料来做上衣的衣领等，使衣裙的色彩“遥相呼应”，给人一种协调美。

从图案上讲，西装套裙讲究的是朴素、简洁。除素色外，各种或明或暗、或宽或窄的格子与条纹图案，以及规则的圆点所组成的图案大多数也都可以选择。

从整体造型上讲，西装套裙有很多变化。但是，它的变化主要集中于长短与宽窄两个方面。上衣与裙子的长短没有明确规定，但最好不要太长或太短，否则短了不雅观，长了显得没精神。根据实践经验，上衣与裙子的造型，采用上长下短、上短下长都可以取得较好的效果。

迄今为止，套裙是展现职业女性形象的最佳选择。对于职业女性来说，身穿得体的套裙，形象、气质和风度就有了很好的保证，事业上也会有更多的成功契机。

女士套裙有两种基本类型：一为随意型套裙，即西装上衣随意和裙子进行自由搭配与组合；二为成套型或标准型套裙，即西装上衣和与之同时穿着的裙子为成套设计。严格地讲，套裙事实上指的仅仅是后一种类型。

①套裙的选择。

a. 面料：女士套裙面料的选择要比男士西装广泛得多，宜选择纯天然、质地好的面料。上衣、裙子、背心要求用同一面料。套裙面料讲究均匀、平整、滑润、光洁、柔软、悬垂、挺括，不仅要求弹性好、手感好，而且不起皱、不起毛、不起球。可选纯毛面料（如薄花呢、人字呢、华达呢、凡尔丁、法兰绒）、府绸、丝绸、亚麻、麻纱、毛涤、化纤面料，绝对不可选皮质面料。

b. 颜色：以冷色调为主，以体现着装者典雅、端庄、稳重的气质，颜色要求清新，忌艳丽的颜色。

与男士西装不同，女士套裙不一定非要深色，且不受单一色限制，可上浅下深、下浅上深。但需要注意的是，全身颜色不应超过三种。

c. 图案：讲究朴素简洁，以无图案最佳，或选格子、圆点、条纹等图案。

d. 点缀：不宜添加过多点缀，以免显得琐碎、杂乱、低俗、小气，有失稳重。有贴布、绣花、花边、金线、彩条、扣链、亮片、珍珠、皮革等点缀的不选。

e. 尺寸：包括长短和宽窄两方面。套裙中的裙子一般有三种形式：及膝式、过膝式、超短式。职业女性超短裙裙长应不短于膝盖以上 15 厘米。套裙的四种基本形式是上长下长式、上长下短式、上短下长式、上短下短式。从宽窄的角度讲，上衣可分为松身式、紧身式两种，前者时髦，后者比较正统。

套裙的造型有以下四种。

“H”型：上衣宽松，裙子为筒式，让着装者显得优雅、含蓄。

“X”型：上衣紧身，裙子为喇叭状，上宽下松，突出纤细的腰部。

“A”型：上衣紧身，下裙宽松，体现上半身的身材优势，又适当掩盖下半身的身材劣势。

“Y”型：上衣宽松，裙子紧身（以筒式为主），遮掩上半身的短处，表现下半身的长处。

套裙的款式有很多种。衣领多样；衣扣多样，如无扣式、单排式、双排式、明扣式、暗扣式等；裙子形式多样，如西装裙、一步裙、围裹裙、筒式裙、百褶裙、旗袍裙、开衩裙、“A”字裙、喇叭裙等。

②套裙的穿法。

a. 大小适度：上衣最短齐腰，裙子可达小腿中部，袖长刚好盖住手腕；整体不过于肥大或紧身。

b. 穿着到位：衣扣要全部扣好，不允许随便脱掉上衣。

c. 考虑场合：商务场合宜穿，宴会、休闲等场合不宜。

d. 协调妆饰：讲究着装、化妆和配饰风格的统一。

(5)女士职业装的搭配。

①衬衫：面料应轻薄柔软（宜真丝、麻纱、府绸、罗布、涤棉），颜色应雅致端庄（宜白色或单色且颜色不能过于鲜艳），无图案，款式庄重。另须注意：衬衫下摆应掖入裙内，纽扣要系好，衬衫在公共场合不能直接外穿。

②内衣、衬裙：不外露、不外透、颜色一致、外深内浅。

(6)女士鞋子的选择与穿着。

黑色的、牛皮材质的为首选，或与套裙颜色一致，但鲜红色、明黄色、艳绿色、浅紫色等

不宜。

一身漂亮的套裙配上一双得体的鞋子方能显示出整体美，西装套装或套裙绝不能配布鞋或球鞋，而应配皮鞋，深色套装套裙应配黑色皮鞋。随着人们穿着品位的提高，女士不同颜色不同款式的套装越来越多，因此，在选择套装时，最好也应选择与套装相配的皮鞋。比如，棕色套装最好选棕色或棕黑色皮鞋，这样上下呼应，有一种整体美感；再如，带花色的套裙最好选择一双与裙子主色相近的皮鞋，这样，皮鞋与裙子的某一种颜色呼应，能产生高雅得体之感。

(7)女士袜子的选择与穿着。

袜子应为单色，肉色为首选，还可选黑色、浅灰色、浅棕色。

在社交场合中，女士如着裙装，必须穿适当的袜子，不穿袜子出现在社交场合是很不礼貌的。女士穿长裙，可选择中长肉色袜子，如穿超短裙或一步裙，应配穿连裤袜。总之，长筒袜的长度一定要高于裙子下部边缘，否则很不雅观。袜子的颜色应与自己的肤色相配，一般肉色长筒袜能使女士皮肤像笼罩一层光晕而显示出一种线条美，但肉色长筒袜又有许多种不同的颜色：皮肤较白的人，可以选择浅肉色的长筒袜，使皮肤更显细腻娇嫩；皮肤较黑或较粗糙的人，可以选深肉色的长筒袜，这样可以弥补肤色的缺陷，从而使得腿部更加修长健美。白色和黑色的长筒袜穿着应慎重，一般穿黑色裙装时可以配黑色长筒袜，以显得更加神秘迷人。

(8)职业女性着裙装“五不准”。

商务交往中，职业女性着裙装有以下“五不准”。

①穿黑色皮裙：在商务场合职业女性不能穿着黑色皮裙。

②裙、鞋、袜不搭配：鞋子应为高跟或半高跟皮鞋，最好是牛皮鞋，大小适宜，颜色以黑色最为正统，此外，与套裙色彩一致的皮鞋亦可选择。袜子一般为尼龙丝袜或羊毛高筒袜或连裤袜，颜色宜为单色，有肉色、黑色、浅灰色、浅棕色等几种常规颜色选择，切勿将健美裤、九分裤等裤装当成长袜来穿。袜口要没入裙内，不可暴露于外。

③袜子破损：如果穿一身高档的套裙，而袜子却有破洞，就显得极不协调，不够庄重。

④光脚：光脚不仅显得不够正式，甚至还会显现自己的某些缺陷。与此同时，在国际交往中，穿着裙装，尤其是穿着套裙时，不穿袜子是不被允许的。

⑤三截腿：所谓三截腿，是指穿半身裙的时候，穿半截袜子，袜子和裙子中间露一部分腿，看上去裙子一截、袜子一截、腿一截。这种穿法容易使腿显得又粗又短，即“恶性分割”。

(二)外出职业装

外出职业装是指职业人员外出工作不用穿着制服时所穿着的正装，一般为职业套装。职业套装一般采用高档面料，图案精致、色彩含蓄、剪裁合体、配套严谨，配上精致淡雅的妆容和整洁美观、自然大方的发型，给人优雅、成熟、严谨的感觉。

外出职业装的款式应注重整体职业形象，应舒适、简洁、得体，便于走动。正式的场合以西装最为合适；较正式的场合也可选用简约、品质好的套装；较为轻松的场合，虽然可以在服装和鞋的款式上稍做调整，但切不可忘记职业特性是着装标准。

外出职业装色彩不宜复杂，并应注意与发型、妆容、手袋、鞋袜相统一，不宜过分显眼，甚至给对方造成视觉压力。佩戴的饰品不宜夸张，手袋宜选择公务手袋，以表现个人专业、干练的职业风采。

女士的外出职业装以西服套裙配高跟皮鞋为宜，男士的外出职业装一般是西服套装配皮鞋。

■ 知识关联

商务人员职场着装六忌

1.过于杂乱

着装过于杂乱，是指不按照正式场合的规范化要求着装。杂乱的着装极易给人留下不良的印象，使人对企业的规范化程度产生疑虑。

2.过于鲜艳

着装过于鲜艳，是指商务人员在正式场合的着装色彩较为繁杂、过分鲜亮，还有衣服图案过分烦琐以及标新立异等问题。

3.过于暴露

在正式的商务场合，着装通常要求不暴露肩部和大腿。

4.过于透视

在社交场合可适当穿着透视装，但是在正式的商务场合着透视装就有失庄重，有失敬于对方的嫌疑。

5.过于短小

在正式场合，商务人员的着装不可以过于短小，如不能穿短裤、超短裙，重要场合不允许穿露脐装、短袖衬衫等。特别需要强调的是，男士在正式场合身着短裤是绝对不允许的。

6.过于紧身

在社交场合可穿紧身的服饰，但工作场合和社交场合是有区别的，工作场合不可以穿着过分紧身的服装。设想一下，一名着过分紧身服装的商务人员如何能体现自己的庄重呢？

（三）晚礼服

晚礼服是出席庆典、宴会、晚会等礼仪活动时所穿着的服装。晚礼服高贵优雅、华丽典雅，应搭配高档、闪亮的配饰。身着晚礼服出席宴会既能表现自己的礼仪和仪态，又是对宴会发起人的尊重，但不同时间段、不同场合礼服的穿搭都是有讲究的，晚礼服的讲究或者搭配规则是最需要注意的。

1 晚礼服的分类

（1）传统晚礼服和现代晚礼服。

晚礼服不只是礼服这么简单，它有传统和现代两种不同风格，每种礼服因款式不同搭配都是有讲究的。

①传统晚礼服多指一些长及脚背的拖地或者不拖地的纯色连衣裙款式的礼服，面料多

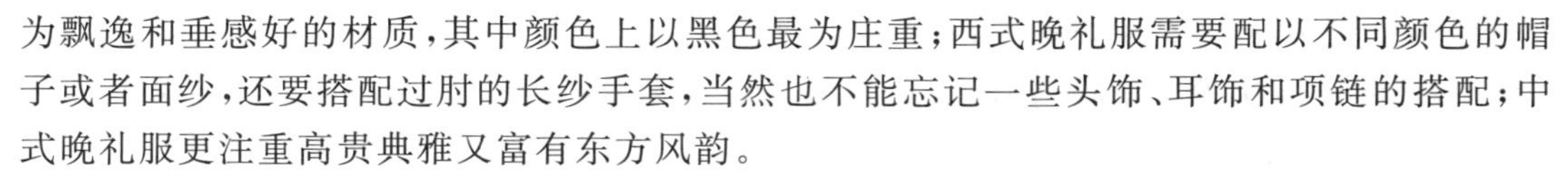

为飘逸和垂感好的材质，其中颜色上以黑色最为庄重；西式晚礼服需要配以不同颜色的帽子或者面纱，还要搭配过肘的长纱手套，当然也不能忘记一些头饰、耳饰和项链的搭配；中式晚礼服更注重高贵典雅又富有东方风韵。

总的来说，无袖或者无领款式、由缎面或者塔夫绸等有光泽的面料制成的大礼服式的晚礼服适合官方举行的正式宴会、大型交际舞会和典礼酒会等，一般这样的场合在西方国家比较常见。

②现代的晚礼服更讲究舒适、经济和美观，具有现代化服装的一些特征和新奇的变化，造型上也多讲究时尚感。

现在西装套装款式、短上衣加上长裙款式、内外两件组合款式，以及搭配长裤造型款式的晚礼服等，在时尚圈非常常见。虽然看起来不那么奢华，但精致的剪裁、个性的款式或者适宜的配色等都让穿着者更有韵味和气质。

(2)中式礼服和西式礼服。

①中式礼服：女士一般着中式上衣配长裤或长裙、连衣裙、旗袍或其他民族服装；男士着毛料中山装或民族服装。

②西式礼服：女士一般着长及脚背但不拖地的单色露背式连衣裙或其他套装。男士着传统的晨礼服、小礼服、大礼服，多为黑色、灰色等深色西服套装配黑色领结或银灰色领带。

(3)男士小晚礼服和大晚礼服。

①小晚礼服：晚间活动最常见的服装，也是礼服中最常用的。多数人参加晚宴或观赏戏剧时都穿小晚礼服。

小晚礼服的上身式样与普通西装相同，单排扣或是双排扣不扣，通常为黑色，左右两襟为黑缎。夏季多穿白色，称白色小晚礼服。不论白色或黑色上衣，其裤子都是黑色的，左右裤管都饰以黑色缎带。小晚礼服一般配白色硬胸式或百叶式衬衫、黑色横领结、黑袜子和黑皮鞋。

②大晚礼服：比小晚礼服更正式，通常称为燕尾服，这就是所谓的白领结大礼服了。大晚礼服的上衣通常为深蓝色，或是黑色，前胸很短，约与腰齐，后裾拖长如同燕尾，长可及膝。双襟为黑色或蓝色缎带制成，适合重要的正式宴会，如国宴、隆重晚宴及观赏歌剧等场合。

大晚礼服的裤子为黑色，左右两侧有黑色缎带为装饰，配以白色硬胸式或百叶式衬衫、白色凸花棉布背心、皮革或棉质白色手套、白色横领结、黑色丝袜、黑色皮鞋，有时还要配有高圆筒帽。

(4)另类小礼服。

还有一种常见的小礼服也是很多人的选择。个子较矮的女性比较适合穿小礼服。小礼服裙长一般在膝盖上下 5 厘米左右，款式简洁和流畅，不需要特别复杂的装饰点缀，穿着舒适、减龄，还有一种俏皮感和设计感。小礼服不仅仅适合晚宴，一些白天的宴会或者婚礼场合都是较为合适的，适用的场合较多。

2 晚礼服的选择和搭配

(1)根据体型选择晚礼服。

①身材娇小者：适合中高腰、纱面的晚礼服，以修饰身材比例，不要选择裙摆过于蓬松且裙摆低于膝盖以下的晚礼服。肩袖设计不能过于夸张，上身可以多些变化，腰线建议用

“V”字微低腰设计，以形成修长感。

②身材修长者：天生的衣架子，任何款式的晚礼服皆可尝试，尤其以包身鱼尾裙更能展现身姿。

③身材丰腴者：适合直线条的裁剪，穿起来显得苗条。面料宜选用较薄的平面蕾丝，不可选高领款式的晚礼服，腰部、裙摆的设计应尽量避免繁复。

(2)根据肤色选择晚礼服。

①白皙型：可选择粉嫩色系的晚礼服，避免大红、黑丝绒等太厚重的颜色，否则会显得不协调。

②黝黑健康型：可选择亮色系，以搭配健康的形象并衬托肤色。应避免选择粉色系的晚礼服，否则会被黝黑的肤色掩盖。

③偏黄型：肤色偏黄会令人觉得面色较差，不妨选择中间色系的晚礼服。除非面容姣好，一般应避免选择太复杂的晚礼服。

(3)晚礼服颜色搭配。

①黑色晚礼服：给人冷艳、神秘、高贵的感觉。若是在晚礼服样式上多一些变化，或是加以明亮的装饰，比如裙摆上的镂空蕾丝、面料上暗花的点缀或加一条别样的披肩等，就可以立即打破黑色过于凝重的感觉，让穿着者楚楚动人。

②白色晚礼服：能展现穿着者幽雅高贵、洁白无瑕的气质，加以明亮的点缀，如闪光面料、亮片或者是宝石，能在灯光下星光熠熠、光彩夺目。

③红色晚礼服：热情奔放，能让穿着者显得妩媚。在红色的面料上添加荷叶边以平衡红色的冲击，可显得柔和、甜美。

④花色晚礼服：拒绝单一的装扮，颜色上要缤纷亮丽，装饰上要新颖别致。荷叶边、蕾丝、珠片、连绵却又变幻的花型，方显高雅时尚。

(4)场合搭配。

音乐会宜穿丝质晚礼服，而不能够穿棉织短打衣衫。

对未婚人士而言，参加好友婚礼是一个结识同龄朋友的绝好机会。穿适宜的晚礼服参加婚礼既显庄重又能展现个人风采。

商务酒会无论规模大小，如果不是特别标明，可穿便服前往的，一定要穿上晚礼服以示重视。不是特别隆重的商务酒会穿长至膝部的礼服裙更能体现坦率与年轻。

在西餐厅等场合，气氛比菜肴更能给人留下难忘的印象。在友好对酌的气氛中，优雅的晚礼服将成为气氛的调和剂。

(5)发型搭配。

一般适合晚礼服搭配的发型主要有高贵盘发系、清爽短发系、优雅复古系、空气感蓬松系四种发系。

①高贵盘发系：将头发高高盘起，适合长发、发量多、发质毛糙的人，给人以简单、干净的高贵感。

②清爽短发系：适合短发层次分明、身材高挑的人。

③优雅复古系：将长发堆于一侧，刘海做出优美的手推波纹；或将短发整齐地别于耳后，露出整个美背，适合发量多的人。

④空气感蓬松系：可以使用直径较粗的电卷棒使长发发尾更具空气感和层次，增添柔美气质。如果是蓬松感短发，还可以为整体造型减龄，制造精神、干练的感觉。任何发型或

者发质都可以如此打造，是一种比较省时的做法，适合各人类群。

(6)搭配技巧。

①饰品：可选择珍珠、蓝宝石、祖母绿、钻石等高品质的配饰，也可选择人造宝石。

②鞋：多配高跟凉鞋或修饰性强、与礼服相宜的高跟鞋，如果脚趾外露，就得与面部、手部的化妆同步加以修饰。

■ **知识关联**

着装技巧

1.黑色永不落伍

要打扮得入时出挑，当然最好将服装的主体色与流行色结合起来。如果来不及挑选款式别致的礼服，那就选择最简单的款式，即黑色、开领、无袖的礼服，简单含蓄，永远不会落伍。再以精致细节来点睛：精致的流苏刺绣披肩加高跟皮鞋，可以表现慵倦的旧时淑女风范；粉红色小山羊皮玫瑰手袋加珊瑚项链，尽显浪漫。

2.配饰可体现时尚感

这就需要在细节上多花点工夫。华丽的披巾，闪亮的项链，夺目的耳环，纤巧的手镯，都是普通服装向小礼服转换的讨巧方式。丝巾、头饰等都是引入前卫元素的载体，最能体现时尚度。但记得在佩戴时，切不能全套皆上，务必求精。手袋的款式一定要齐全，以配合不同的场合。

3.潮流背心极管用

如果临时通知需要参加一个重要的酒会，临时置办一套已是不可能，一件小背心此时正是最好的帮手。欧洲设计师推出了日夜两用的华丽小背心。这种有珠片、绣花、闪光材料的小背心白天穿在外套里面，风光不显；晚上脱去外套，时尚、华贵的气氛马上显现。至于颜色，想抢眼一点儿可选红色、粉色等鲜艳的颜色，想含蓄一点则可选黑色、灰色。

4.中式服装最能讨巧

一袭旗袍看似随意，却一定是派对或酒会中的焦点。只要搭配得体，一身中式服装完全可以出入各种正规场合。当然了，中式服装要穿出味道来，还靠服装的特色。着中式服装最忌讳模仿，有特色、符合自身气质才是最重要的。

5.拒绝所有卡通服装

正式场合不适宜打扮得过于幼稚，这几乎是公认的。

■ **知识关联**

礼服挑选技巧

1.下半身线条不佳者

臀部过大、腿较粗者，尽量以蓬裙款式为主，起到遮掩的效果，千万不要挑鱼尾裙等体现线条的款式。

2. 腰粗者

可以挑选腰间具有倒三角形线条设计的礼服，或是高腰娃娃装设计的礼服，就是上面短、下面长能够模糊视觉焦点的礼服。

3. 手臂粗者

可以挑选具有成套披肩设计的礼服，或是选择一条能相互搭配的披肩来当作造型点缀遮掩手臂。尽量不要挑选肩带太细的礼服，免得形成强烈对比，更加凸显缺点。肩带稍微粗一点或者单肩礼服都比较适合。

4. 身材完美者

这种身材称为魔鬼身材，任何礼服都适合。为了更好地显示身材，可以选择鱼尾款，或者前短后长的礼服更好地展示完美的身材。

5. 上半身丰满者

此类身材的人选择礼服时应以简单低调的优雅剪裁设计为重点，太过复杂的设计，反而会有虎背熊腰的错觉，裙部不能为贴身设计，否则会强调头重脚轻的不协调感。所以尽量不要选上半身很贴的礼服。

6. 体型太瘦者

避免挑选低胸或裸露度高的款式，可以挑选高领或长袖带点维多利亚风格的礼服，能显出气质度与存在感。

7. 身材娇小者

身材娇小的人尽量选择相对合身、庄重而又能拉长线条的礼服，但又不能过长。到膝盖以上的短款礼服能增添灵气。身材娇小者不适合大拖尾礼服。

三、半正式场合及非正式场合的着装

半正式场合和非正式场合着装可以根据具体的时间、地点、场合以及个人的体型、气质、喜好等来进行选择：度假、旅游、娱乐时，可着宽松、舒适、方便的休闲装；居家休闲、待客时，可着舒适、温馨、个性的家居服。非正式场合着装整体要求整洁大方、和谐统一、个性鲜明、时尚美丽。

（一）半正式场合的着装

在半正式场合，如一般性访问、高级会议、白天举行的较隆重活动等，可以穿浅色或较明亮的深色西装，衬衫应洁净、文雅与西装颜色协调，配以有规则花纹、图案的领带或是素雅的单色领带。

半正式场合着装示例如图 8-4 所示。

（二）非正式场合的着装

在非正式场合，如旅游、访友等，穿着可较为随便自由，可选择色调明朗轻快、花型华美的衣服，衬衫可任意搭配，也可不穿衬衫而穿 T 恤衫，装饰性的领带可自由搭配，但切忌使用鲜红色领带。

图 8-4 半正式场合的着装

■ **知识关联**

各种季节的着装

1. 春季着装

万物复苏、欣欣向荣的春季带来轻松而温暖的心情。春季服装的颜色可以是光谱中的任意一组，由冷色向暖色过渡是最常见的，如米黄色、葱绿色等。春季服装以密实、有弹性的精纺面料为主。整体可协调搭配套装两件套加风衣。

2. 夏季着装

烈日骄阳，炽热下我们渴望凉爽。中性色、纯度和明度相对弱些的颜色会受欢迎，如本白色、象牙黄色、浅米灰色。棉、麻、丝是夏季服装的首选面料。式样简单、裁剪恰当、做工精致的套装适合职场和参加晚会。

3. 秋季着装

草木萧疏、满地黄叶的秋季堆积起沉甸甸的收获心情。秋季服装值得推荐暖色，如咖啡色、芥末黄色。协调搭配套装两件套、带马甲的三件套或者是外套。秋装面料的选择可以多样化，蓬松的质地和柔软的裁剪值得考虑。

4. 冬季着装

寒冬已至，暗淡的环境给我们展示色彩提供了机会，反季节的颜色同样会有吸引力。

当然，常规的冬季服装应是藏蓝色、混灰色、姜黄色、深蓝色、褐色，冬季的服装搭配应整齐、精致，这需要技巧，通常冬装的面料可以是羊毛、羊绒、驼绒等，可以是精纺也可以是粗纺。

项目小结

服饰是一种文化现象，是一种无声的语言。从审美的角度来看，佩饰有着装饰、美化的功能。在生活、工作、宴会、休闲等不同的场合，服饰搭配的要求是不同的。在工作岗位上要严格遵照公司的规定，按要求正确着装，一般要做到规范、合体、整洁。

不同场合的服饰搭配有不同的要求，正式场合服装有工作制服、外出职业装、晚礼服等。工作制服是从业人员在工作时所穿的能标明其职业特征的服装，具有实用性、标志性、艺术性、防护性等特征。工作制服的作用：作为企业的标志、创造独特的企业文化、规范员工行为；穿工作制服的要求是规范、合体、整洁、文明。

在人与人的交流中，服饰给人留下的印象是深刻的、鲜明的，一个人的服饰是否得体，不仅反映审美情趣和修养，同时也反映了对他人的态度。穿着得体、大方能提升人的自信，也能给别人带来美感并留下美好的印象。

项目训练

1. 在学习服饰搭配之前，你自身的服饰穿戴是否符合礼仪规范？举例说明。

2. 假设你是一位管理人员，星期天要与同事一起去郊游，请问什么款式的服装郊游才合适呢？原因是什么？

3. 案例分析：

一家公司要与法国某公司进行商务谈判，古总经理叮嘱担任翻译的小沈和做会议记录兼会议服务的小陈要好好准备。小沈和小陈除了在文本、资料等方面做了充足的准备外，还特意打扮了一番。

会议当天，坐在古总经理身边的小沈衣着鲜艳，金耳环、大颗宝石戒指闪闪发光，这身打扮使古总经理身上那套价值不菲的名牌西装也“黯然失色”。

古总经理与法国客商在接待室聊天时，小陈进来送茶水。只见她花枝招展，一对夸张的大耳环晃来晃去，五颜六色的手镯碰桌有声，高跟鞋噔噔作响。看到小陈的打扮，古总经理和客商不高兴地皱起了眉头。

谈判中，由于价钱问题，双方发生了争执，小沈帮着古总经理指责客商，最后谈判失败，客商拂袖而去。古总经理望着远去的客商，冲着小沈大喊道：“托你的福，好端端的一笔生意，让你给毁了，无能！”

小沈并没有意识到自己的过错，为自己辩解道：“我哪里错了？是你自己得罪的客商，跟我有什么关系？”

问题：请结合所学知识，解释小沈和小陈的穿着和做法有何不妥？如果是你，你会怎么做？

项目九　职业礼仪

项目目标

知识目标

了解职业礼仪的基本内容,掌握职业礼仪的内涵和特点,理解职业礼仪的基本原则;了解职业礼仪的基本要求和特征,理解服务中职业礼仪的内涵与优质服务的关系;了解服务人员所需具备的职业礼仪素质、能力。

能力目标

通过对职业礼仪基本理论知识的学习,端正服务礼仪态度,培养服务礼仪意识,做好对客服务的心理准备和行为准备。

素质目标

掌握职业礼仪规范要求,增强自身文明修养。

知识框架

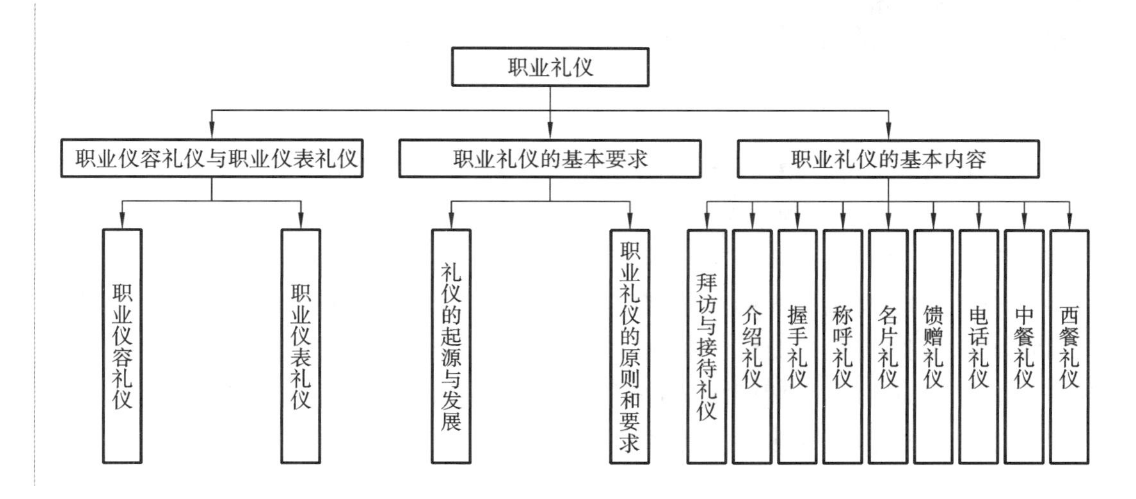

项目引入

2005 年 4 月 5 日,法国航空公司为 36000 名员工更换了新制服,新制服由知名服装品牌公司、世界顶级奢侈品集团路威酩轩(LVMH)集团旗下的 Christian de lacroix 公司设计制作,替代了上一套使用长达 17 年的制服。该套制服极具时尚感,尤其是女性乘务员的制服，打破传统制服观念，进行了大胆创新。新制服被美国有线新闻网评为最新颖时尚的航空制服。

制服的整体风格体现了法国航空公司的特性，整体设计高雅大方，融合了法国固有的优雅和当今时代开放的姿态，达到了实用功能与美观舒适的完美结合，既体现了高雅的巴黎时尚又不乏创意，既素雅端庄又精美绝伦。设计师意图为法国航空公司设计一套包罗万象的制服：100件单衣和饰物搭配的繁多变化，使每位着装者都能穿出个性和气质，穿出品位和职业风采。全套制服从手套、鞋子、帽子、短外衣到正装的设计，自始至终都由Christian de lacroix公司独立完成，这在法国航空公司制服设计上史无前例。此外，男女制服同时设计，这在该公司历史上尚属首次，从而真正实现了风格的统一，体现了罕见的和谐。

为什么航空公司如此重视员工的制服呢？因为它代表了航空公司的企业形象，代表了航空公司的软竞争力。看似狭小的飞机空间和不算太长的飞行旅程，展现着航空公司形象及空乘人员客舱服务等细节，让该航空公司成为乘客的首选。

另外，该航空公司成为乘客的首选，不仅仅体现在空乘人员服饰上，更体现在内在涵养、仪容仪表、举止仪态等诸多方面，这包含着很大的学问。

问题思考

1. 职业服务人员美好的职业形象由哪些因素构成？
2. 如何塑造和训练职业礼仪？

任务一　职业仪容礼仪与职业仪表礼仪

一个成功的职业形象，展示给人们的是自信、尊严、力量、能力。它并不仅仅反映在别人的视觉中，同时它也是一种外在辅助工具，这使得我们对自己的仪表、言行有了更高的要求，并唤起内在沉积的优良素质，通过穿着、表情、仪态等，让自身散发出魅力。因此，职业礼仪对于表达感情、增进了解和树立形象来说是必不可少的。形象设计是表达职业礼仪的基础，职业礼仪训练是塑造形象非常重要的手段。在社交活动中，言谈讲究礼仪，可以变得文明；举止讲究礼仪，可以变得高雅；穿着讲究礼仪，可以变得大方；行为讲究礼仪，可以变得美好。总之，一个人讲究礼仪，会充满魅力。

一、职业仪容礼仪

仪容，主要是指个人的容貌，包括一个人的头发、脸庞、眼睛、鼻子、嘴巴、耳朵等全部外观。在人际交往中，仪容会引起交往对象的特别关注，并将影响对方对自己的整体评价。

(一)面部修饰

人与人的交际,应该是从对面部的第一感受开始的。一般来说,给人以美感的容颜,总能引起人们的交际欲望,所以航空服务人员要重视自己的面部修饰。面部修饰要从细节入手,同时要注意皮肤保养和皮肤美化。

1 眼部修饰

每天早上起床都要洗脸,此时要注意眼睛的清洁。特别应注意眼角要清洁干净。乘务员的眉毛应以自然美为主。眉毛较粗浓或者眉毛杂乱的,可以适当修剪美化。

2 口部修饰

口部修饰包括口腔修饰和口周修饰两个方面。

口部修饰要注意口腔卫生,保持牙齿清洁。牙齿清洁的标准是无异物、无异味、保持洁白。在社交场合,进餐后如若需要剔牙,切忌当着别人的面剔牙。口腔有异味是很失风范的事情。平常最好不吃生葱、生蒜一类带刺激性气味的食物。每日早晨,空腹饮一杯淡盐水,平时多以淡盐水漱口,能有效地控制口腔异味。在工作时嚼口香糖是不礼貌的,特别是与人交谈时,更不应嚼口香糖。

3 鼻部修饰

鼻子的修饰重在保养,要点有三:一是注重保养,鼻子及其周围若是长疮、脱皮,生出黑头、连片的青春痘甚至出现酒糟鼻,都会严重影响美观;二是不能乱挤、乱挖、乱抠,鼻子是面部的敏感区,容易感染;三是要注意及时修剪鼻毛。

4 耳部修饰

耳部修饰主要是保持耳部的清洁,及时清除耳垢和修剪耳毛。耳朵里沟回很多,容易藏污纳垢,应注意耳朵的清洁。清除耳垢,不要当众进行,不要伤及耳膜。若有耳毛生长到耳朵外面,要及时修剪。

(二)化妆礼仪

职业服务人员化妆的基本流程为:粉底→散粉→眉毛→眼影→眼线→睫毛膏→腮红→口红。下面主要介绍前三种。

1 粉底

在特别干燥的环境,底妆就需要选择有保湿效果的粉底,上妆后应与肤色接近,质地柔和。

2 散粉

散粉可以增加粉底的附着力,使妆容持久,它可以缓和涂得过浓的腮红和眼影,也可以改善油性皮肤的化妆效果，通常选择细腻、无反光成分的粉底。

3 眉毛

眉色应略浅于发色和睫毛色，不要使用棕红色。眉毛应画得柔和，不应有过于强硬的线条感。

(1)柳叶眉：柳叶眉的眉头和眉尾基本上在同一条水平线上。眉峰在整条眉毛的 2/3 处。柳叶眉是比较百搭和常见的眉型，对年龄和脸型没有过多要求，几乎适合所有人。

(2)上挑眉：上挑眉眉头低、眉尾高，眉头和眉尾不在一条水平线上。眉峰在整条眉毛的 2/3 处或者是 3/4 处。这样的眉型比较适合圆脸的人或者是脸盘稍大一些的人。上挑眉看上去会比较精神、有朝气。

(3)拱形眉：拱形眉的眉头和眉尾基本上在一条水平线上，眉峰在整条眉毛的接近 1/2 处。整个眉毛弧度较大，呈拱形。这样的眉毛比较适合菱形脸或者三角形脸的人。拱形眉比较小众，一般情况下很少遇见。

(4)平直眉：平直眉的眉头和眉尾在一条水平线上，眉峰在整条眉毛的 2/3 处或者 3/4 处。眉峰呈菱形，眉尾较短，类似于柳叶眉，但不同于柳叶眉。基本上这样的眉型适合脸稍长的人。

(三)发型礼仪

发型礼仪是个人形象礼仪中不可或缺的一个重要组成部分。发型礼仪指的是头发的护理与修饰的礼仪规范。在正常情况之下，人们观察一个人往往是“从头开始”的，因此发型会给他人留下十分深刻的印象。美发，一般是对头发进行护理与修饰，其目的是使个人形象更加美观、大方，并且适合自身的特点。

发型礼仪主要分为护发礼仪与美发礼仪这两个有机组成部分。前者主要与头发的护理有关，后者则是重点关注头发的修饰问题。如果不打算让自己“头上失礼”的话，护发礼仪与美发礼仪均应认真地学习和遵守。

1 护发礼仪

护发礼仪的基本要求是健康、秀美、干净、清爽、卫生、整齐。要真正达到以上要求，就必须在头发的清洗、梳理、养护等方面加以注意。

(1)要重视头发的清洗。想要头发保持干净、清洁，就要认真清洗。清洗头发，一是为了去除灰垢，二是为了清除头屑，三是为了防止异味，四是为了使头发分明。此外，清洗还有助于保养头发。

(2)梳理头发时，应注意以下几点。一是要选择适当的工具，选用专用头梳、头刷等梳理工具，梳理标准是不会伤及头皮、头发。二是要掌握梳理的技巧。三是要避免公开操作，梳理头发是一种私人性质的活动，当众梳理自己的头发，残发、发屑飘落是极不雅观和礼貌的。

(3)要重视头发的养护。中国人通常有黑头发、黑眼睛、黄皮肤的共同特征，我们每一个人都理当重视头发的养护，以拥有一头浓密的黑发。

2 美发礼仪

美发礼仪的基本要求是庄重、简约、典雅、大方。以民航服务人员为例，不论是修剪头发，还是选择一定的造型，都必须严格遵守以下要求。

（1）着制服时必须按照出勤标准梳理好发型；发型必须用发胶整理固定，做到不掉落、不松散。

（2）短发者可留职业女性短发，美观、整齐，不允许留超级短发及怪异发型，短发长度不过肩，不能挡住眉毛。

（3）如果染发只许染黑色或接近发色的自然色；白发过多者，建议染发。

（4）长发必须束起，盘于脑后，可使用统一发放的隐形发网，隐形发网包裹住头发后须饱满，长发者禁止留刘海，碎发用发胶、夹子固定，注意外露发夹数量不超过 4 枚。

长发盘发发型如图 9-1 所示。

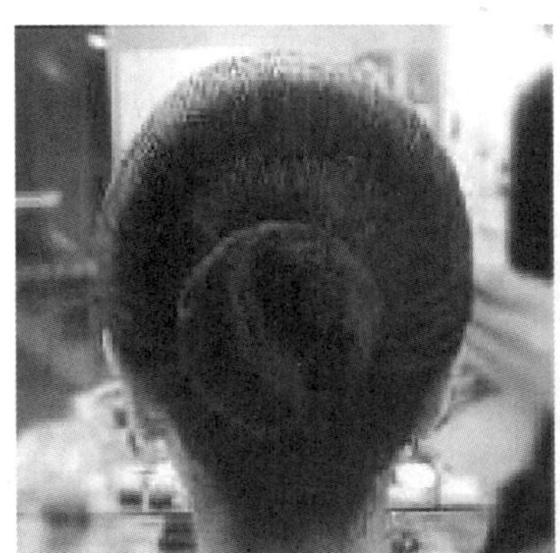

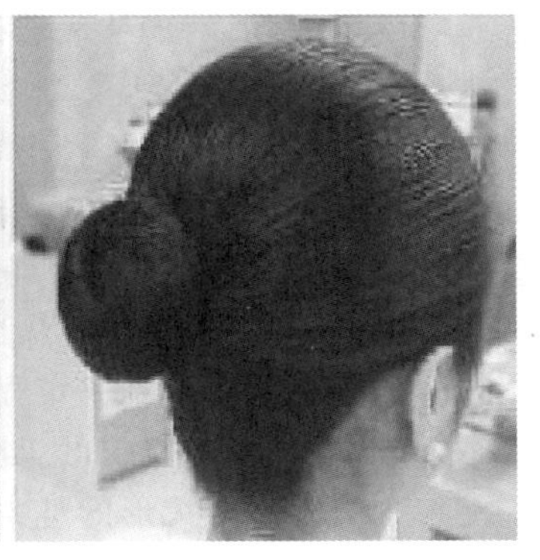

图 9-1 长发盘发发型

修剪头发时，有以下三个方面的问题应当引起重视。其一，定期理发。应根据头发生长的规律定期修剪头发。其二，保持适当长度。服务人员头发的标准长度，业界已有成规。服务人员不能随意披散长发，应将长发盘起来。

3 女性发型禁忌

时下一些特别发型，如“爆炸式”“多穗式”等不适合服务人员，不能出现在工作场合；在一般情况下，在工作岗位上不宜使用彩色发胶、发膏；除黑色发卡外，不能使用其他颜色的发卡，不要在工作岗位上佩戴彩色或带有卡通、动物、花卉图案的发饰；一般来说，不允许将头发染成黑色、深棕色以外的颜色。

作为一名合格的职业服务人员，首先，要求自然美。美好的仪容会令人赏心悦目，感觉愉快。其次，要求修饰美。依照规范与个人条件，对仪容施行必要的修饰，扬其长，避其短，设计、塑造出美好的个人形象。最后，要求内在美。通过努力学习，不断提高个人的文化、艺术素养和思想、道德水准，培养高雅的气质与美好的心灵，使自己秀外慧中，表里如一。真正意义上的仪容美，应当是上述三个方面的高度统一。

二、职业仪表礼仪

(一)服饰礼仪的内容

服饰,既包括服装,也包括随服装相配的装饰品,如纱巾、帽子、发卡、项链、手链、胸花、纽扣、提包、鞋袜以及领带、领带夹等。

服饰礼仪是人们审美的一个重要方面,大方和整洁的服饰有一种无形的魅力,能反映一个人多方面的素养,人们在初次见面开口说话之前,往往先从服饰来判断对方的地位、品位和气质。“服饰等于您的名片,等于您的徽章。”这句话虽有夸大的成分,但足见服饰是否高雅大方,往往关系到社交活动的成功与否。因此,在社交场合,一个人的服饰直接关系到别人对他的个人形象评价。正如意大利著名影星索菲娅·罗兰所说:“你的服装往往表明你是哪一类人物,它们代表着你的个性。一个和你会面的人往往自觉不自觉地根据你的衣着来判断你的为人。”大文豪莎士比亚则进一步强调:“服装往往可以表现人格。”

服饰是一种文化、一种语言,是人际交往中“首因效应”的重要因素之一。在社会节奏如此之快的今天,人们常常凭借第一面就决定了彼此是否有继续深入交往的可能。服饰礼仪往往是最为重要的一环。它能透露出一个人的生活水平、身份、地位、品位,甚至是性格和爱好。

任何一种服饰都在一定程度上体现着个体的精神风貌,反映着社会的等级差异与角色分工,同时也充当着礼仪的工具。服饰能够反映一个人的社会生活和文化素养,得体的服饰能使人具有一种无形的魅力。在职场上,人们首先考虑的是服饰的社会性作用,而把装饰性作用放在第二位来考虑。

(二)服饰礼仪的基本原则

1 个性原则

个性原则是指在社交场合树立个人形象的要求。一个人所穿的服装往往能传达出性格、爱好、心理状态等多方面的信息,不同的人由于身材、年龄、性格、职业、文化素养等不同,自然就会有不同的个性特点。所以,在服饰的选择上,首先应考虑自身特点,把握形体尺寸,力求“量体裁衣”,扬长避短;其次保持并创造自己所独有的风格,突出长处,符合个性要求,穿出自己的风格。着装切勿盲目追求时髦,随波逐流。

2 着装的 TPO 原则

TPO 原则是三个英语单词的缩写,它们分别代表时间(time)、地点(place)和场合(occasion),即着装应该与时间、地点和场合相协调。

(1)时间原则。时间涵盖了每一天的早间、日间和晚间三个时间段,也包括每年春、夏、秋、冬四个季节的交替以及不同的时期、时代。因此,人们在着装时应考虑到时间层面,做到随时更衣。比如,冬天要穿保暖、御寒的冬装;夏天要穿通气、吸汗、凉爽的夏装。比如马褂是清代男子最典型的服饰，但如今有谁穿着走在大街上那就不符合时代特征了。商务人员的着装既不能过于超前，也不能过于落后。

（2）地点原则。从地点上讲，置身在室内或室外，驻足于闹市或乡村，停留在国内或国外，身处于单位或家中，在这些变化不同的地点，着装理当有所不同，切不可一成不变，即特定的环境应配以与之相适应、相协调的服饰，以获得视觉与心理上的和谐感。例如，穿泳装出现在海滨浴场，是人们司空见惯的，但若是穿着它去上班、逛街，则令人哗然；西装革履地步入金碧辉煌的高级酒店会产生一种人境两相宜的效果，而若出现在大排档，便会出现极不协调、反差强烈的局面；在静谧肃穆的办公室里着一套休闲装和穿一双拖鞋，或者在绿草茵茵的运动场着一身挺括的西装和穿一双皮鞋，都会因环境与服饰不协调而显得人境两不宜。

（3）场合原则。衣着要与场合协调。与顾客会谈、参加正式会议等，衣着应庄重考究；听音乐会或看芭蕾舞表演，则应按惯例着正装；出席正式宴会时，则应穿中国的传统旗袍或西方的长裙晚礼服；而在朋友聚会、郊游等场合，着装应轻便舒适。试想一下，如果大家都穿便装，你却穿礼服就太过庄重；同样的，如果以便装出席正式宴会，不但是对宴会主人的不尊重，也会令自己颇觉尴尬。无论外出跑步做操，还是在家里盥洗用餐，着装都应以方便、随意为宜，如可以选择运动服、便装、休闲服等，这样会透出几分轻松温馨之感。旗袍最能体现东方女性的风韵美，但如果有谁穿着旗袍去挤火车，那就大煞风景了。

3 协调原则

协调原则既包含了服饰与年龄、身份、职业、体型等方面的协调，更包含服饰本身在颜色、款式、材质以及与之相配套的装饰物的协调。服饰颜色协调是指上下身服饰的颜色要协调统一，即颜色可以是对比色、互补色、相近色等。全身着装可为同一色系，即所谓的同色系。同色系就是有深浅变化的相同颜色，如桃红色、粉红色、紫红色，是红色系；黄绿色、草绿色、橄榄绿色，是绿色系。若采取全身同色系搭配方式，如中灰色西装外套搭配淡灰色套头针织衫与深灰色长裤，再加上银色项链与铁灰色手包，可以让整体造型呈现出活泼且协调的美感。

服饰风格协调强调服装在功能和款式上的统一性。例如，雪纺材质的和皮草材质的衣服一般不能一起搭配。

任务二　职业礼仪的基本要求

礼仪是社会发展的产物，是人类在长期的社会实践活动中逐步形成、发展、完善起来的。中西方由于地理位置、历史文化背景有所不同，在礼仪上也存在一定的差异。尽管中外礼仪种类纷繁，但从总体来看，其反映人们追求真善美的愿望是一致的，基本内容均为社会各阶层人士所共同遵守的准则与行为规范。

一、礼仪的起源与发展

古今中外，礼仪的发展经历了漫长的，不断形成、沉淀、完善与进步的过程。

（一）礼仪在中国的发展

礼仪起源于人类社会形成之初，经历了漫长的发展过程。《说文解字》中有“禮，履也，所以事神致福也，从示从豐；豐，乃行礼之器也，从豆，象形。”其中，“示”是偏旁“礻”的演变。在古代，它通常与“预卜”和“占卜”有关。据说当年商王祈愿时，通常使用龟甲或兽骨占卜，并根据其裂纹的方向和形状来决定征战、狩猎、建筑、年成、生老病死等。“豆”是古代礼器的一种，礼器是古人祭祀时行礼的器物，包括烹煮器、食器、酒器、水器和乐器等。“豆”属于食器，主要用于盛放黍、稷、稻等熟食。在原始社会，生产力极其低下，人类处于愚昧无知的状态，对于千变万化的自然现象，如日月星辰、山川河流、风雨雷电等无法解释，便将之神秘化、人格化，并想象出各种神灵来进行膜拜，借以祭祀天地神明等。因此，中国古代，礼是指用来事神祈福的器物和仪式。它是先人寻求与大自然（神灵）沟通的一种方式，希望此举能缓和与大自然之间的矛盾，调和与大自然之间的关系。这种祭礼活动逐步被移植到日常生活中，如耕作狩猎、饮食娱乐等活动要按照一定的程序进行，并逐步扩大到社会的各个方面。这表明了先人在追求与大自然之间的平衡与和谐后，开始追求人际关系的平衡与融洽。因此，礼仪的内容已经发生了根本性变化，从控制自然开始向控制人类社会转化，标志着人类文明的发展与进步。

在奴隶社会、封建社会，礼为统治阶级所利用，成为维护和实现自身利益的机制的和道德规范。《荀子》中有：“礼者，贵贱有等，长幼有差，贫富轻重，皆有称者也。”

鸦片战争使我国的国门被西方列强打开，之后伴随着西方政治、经济、文化的渗透，中国的传统礼仪文化受到冲击，一些当时西方流行的握手礼、注目礼等礼仪礼节，在我国被接受和运用。

辛亥革命后，符合现代社会道德、思想、伦理观念的新的礼仪开始兴起，剪辫子、脱马褂、穿西装成为一种时尚，这些礼仪形式的变化，在一定程度上反映了时代的进步，反映了人们革除陈规陋习的美好愿望，推动了礼仪文化的发展。

1949 年，中华人民共和国成立。人与人之间的关系发生了根本性的变化，人人地位平等，不分贵贱，不分等级。人与人之间的交往是以平等相处、友好往来、相互帮助、团结友爱为主要原则的，那些反映旧的等级制度的礼仪形式被彻底抛弃。

改革开放以来，我国强化了提升公民文明素质的顶层设计，相继出台了引导公民增强文明礼仪意识、不断提高自身道德修养的相关文件，如《关于开展文明礼貌活动的联合倡议》《中共中央关于加强社会主义精神文明建设若干重要问题的决议》《公民道德建设实施纲要》等，特别是 2013 年中共中央办公厅印发的《关于培育和践行社会主义核心价值观的意见》。社会主义核心价值观是社会主义核心价值体系的内核，体现社会主义核心价值体系的根本性质和基本特征，包括国家层面倡导富强、民主、文明、和谐的价值目标，社会层面倡导自由、平等、公正、法治的价值取向，个人层面倡导爱国、敬业、诚信、友善的价值准则。社会主义核心价值观经过广泛的宣传、教育、引导，使得民众为家庭谋幸福、为他人送温暖、

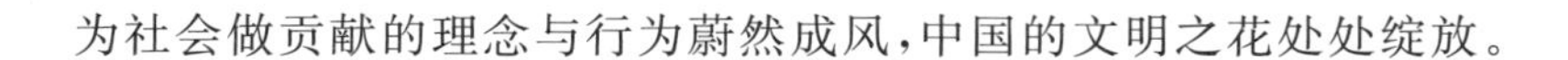

为社会做贡献的理念与行为蔚然成风，中国的文明之花处处绽放。

（二）礼仪在西方国家的发展

礼的英文为“etiquette”，来源于法语，指法庭上的通行证，在英文中，这个词汇演变为礼仪、礼节和规矩，其中也体现出其原始含义中所蕴含的尊重与威仪。礼的形成与古希腊、古罗马的城邦制有深刻的关系，进入中世纪后，礼仪的形成深受宗教与法国、英国宫廷文化的影响，逐渐奠定了国际通行的礼节基础。

古希腊的《荷马史诗》等作品中体现出人与神的斗争过程，展示着人们勇敢、智慧的一面，并且把作战英勇、能言善辩、谦恭有礼、高度负责甚至对战败者的宽宏大量和对自己的高度责任感当作贵族不可缺少的高贵品质。公元前 6 世纪至公元前 4 世纪，进入民主时代，公开的议事制度与抽签选举方式构建了较为平和的社会氛围，为礼仪的形成创造了较好的条件，在城邦关系的处理中，握手礼等礼节逐渐开始通行，在人与人见面的礼节上，古希腊还制定了优遇外侨的制度，设置负责礼宾的外侨官。公元前 5 世纪，苏格拉底提出了著名的思想:金钱并不能带来美德，美德却可以带来金钱，以及个人和国家的其他一切好事。他认为，应当把礼仪同美德、知识、规矩联系在一起，教育人们不仅要遵守礼仪规范，更主要的是明白为什么要遵守礼仪规范，怎样做到遵守礼仪规范。这一思想影响深远，对美德的强调体现了古希腊在礼仪方面的深刻认知。

二、职业礼仪的原则和要求

职业礼仪是指人们在职场中应当遵循的一系列礼仪规范。了解、掌握并恰当地应用职业礼仪有助于完善和维护职场人的职业形象，想要拥有成功的职业生涯非常重要的一点就是在工作中遵循职场礼仪规范，用恰当合理的方式与人沟通和交流，这样才能在职场中赢得别人的尊重并取得成绩。

通过职业礼仪的学习和训练，职业人士能培养礼仪修养意识，规范自己的言谈举止，将行业的服务理念落实到实际工作中，把文明礼仪渗透到工作中，进一步提升职业服务能力，为切实落实更优质的服务而不懈努力。

在服务行业中，职业礼仪能实现公司规范化，提高自身的职业素养，也能体现企业和职业人员对客户的尊重，还能促进职业人员高质量完成服务流程，提高企业整体的服务水平，给客户留下较好的印象，进而提高客户满意度，塑造公司良好的服务形象，提高企业的社会效益及经济效益。

（一）亲切的微笑

人与人相识，第一印象往往是在见面后的前几秒形成的，若想改变它，需要付出很长时间的努力。良好的第一印象源于对方的仪表谈吐，但更重要的是取决于对方的表情。微笑是表情中最能给人以好感、增加友善、加强沟通、愉悦心情的表现方式。人们在面对一个微笑的人，必能感受到这个人的热情、修养和魅力，从而容易对他产生信任和尊重。

微笑有以下几种。

1 亲切式

面带微笑，笑不露齿，真诚亲切，如沐春风。

2 温馨式

两边嘴角微微上扬，稍露齿。

3 灿烂式

自然、露出平整的牙齿，是最为灿烂的笑容。

（二）挺拔的站姿

1 女士站姿

女士站姿的基本要点具体如下（图 9-2）。

（1）头摆正，脊椎挺直，挺胸收腹，下巴微微往里收。

（2）双手可以在体前交叉，右手在上，肘部略微外张，双手轻轻放在身体前面；也可以双手伸直自然下垂，手指自然弯曲放在身体两侧。

（3）站立时，双膝、两脚跟并拢，靠紧，脚打开成“V”字形。

站立时，要表现出轻盈、典雅、娴静美。双手自然垂于身体两侧，或手自然抬臂至腹部做提包状，脚后跟并拢，双脚呈丁字步。上身笔直是构成女士形体曲线美的根本，因此站立时要腰部挺直、下腹微收、胸部挺起，只有这样才能显示女士的曲线美，才能有亭亭玉立的美感。

2 男士站姿

男士的站姿要体现刚健、潇洒、英武、强壮，站立时双手自然垂于身体两侧或相握叠放于腹前、身后，双脚可以叉开，与肩同宽（图 9-3）。

站姿忌讳：无精打采，东倒西歪；双手叉腰，抱在胸前；身体倚墙，以物支撑；弓腰驼背，两肩不平；手臂乱摆，两腿抖动；手插衣袋，多小动作。

一些职业人员在工作中经常会长时间站立，难免有疲劳的时候，但无论如何也不能有随意靠着墙或者桌子、歪着身子等懒散的姿态。

（三）端正的坐姿

端正的坐姿的基本要点是坐如钟，具体如下。

1 男士坐姿

入座时要轻稳，头部挺直，双目平视，下颌内收；身体端正，两肩放松，勿倚靠座椅的背部；挺胸收腹，上身微微前倾，坐满椅子的 2/3 左右。双膝自然并拢或略分开（图 9-4）。

规范的坐姿还需注意两手摆放方式，具体如下。

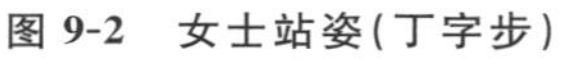
图 9-2　女士站姿(丁字步)

图 9-3　男士站姿

(1)有扶手时,双手轻搭或一搭一放。

(2)无扶手时,两手相交或轻握放于腹部;左手放在左腿上,右手搭在左手背上;两手呈八字形放于腿上。

2 女士坐姿

头正腰直,坐姿端正,膝盖并拢,坐满椅子的 2/3。两手轻轻放在膝盖上,或放在沙发扶手的一侧(图 9-5)。

(1)两腿摆法。

①凳高适中时,两腿相靠或稍分,不能超过肩宽。

②凳面低时,两腿并拢,自然倾斜于一方。

③凳面高时,一腿搁于另一腿上,脚尖向下。

(2)两脚摆法。

①脚跟与脚尖全靠或一靠一分。

②两脚一前一后或右脚放在左脚外侧。

“ S ”形坐姿:上体与腿同时转向一侧,面向对方,形成优美的“S”形坐姿。

叠膝式坐姿:两腿膝部交叉,一脚内收与前腿膝下交叉,两脚一前一后着地,双手稍微交叉于腿上;起立时,右脚向后收半步,而后站起;离开时,再向前走一步,自然转身。

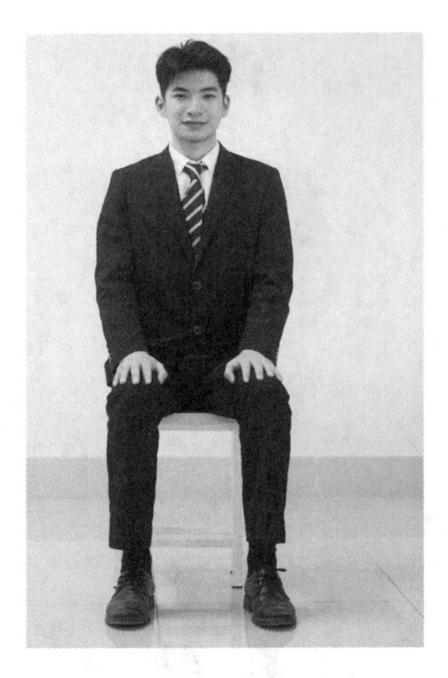

图 9-4　男士坐姿

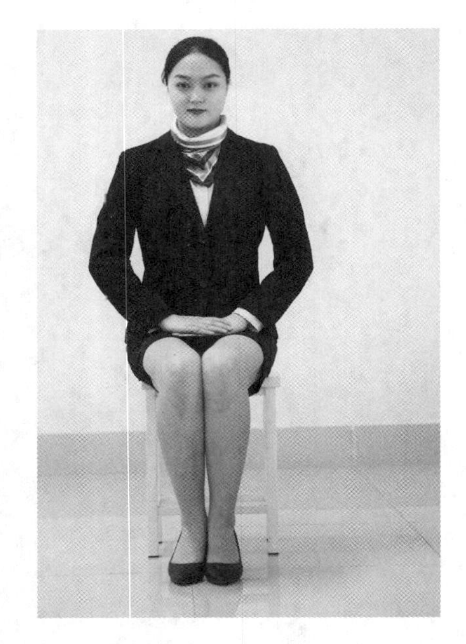

图 9-5　女士坐姿

（四）矫健的走姿

职场人士走姿的要求是行如风，具体如下。

(1)头正：双目平视，收颔，表情自然。

(2)肩平：双肩平稳，以肩关节为轴，双臂前后自然摆动，掌心向内，两手自然弯曲，摆动角以 30°～35°为宜。

(3)躯挺：上身挺直，立腰收腹，身体重心稍前倾，精神饱满，面带微笑。

(4)步速平稳：行进中的速度应保持均匀、平稳，不要忽快忽慢，步速为 80～100 步/分。走路时腰部用力，要有韵律感。如果走路时腰部松散，会很不美观。如果拖着脚走路，更显得没有朝气，十分难看。

1 男士走姿

男士走姿

走路时双腿并拢，身体挺直，双手自然放下，下巴微向内收，眼睛平视，双手自然垂于身体两侧，随脚步微微前后摆动。常见的走姿是平行步(图 9-6)。其要领是双脚各踏出一条直线，使之平行，步伐快而不乱，与女士同行时，男士步子应与女士保持一致。步履要雄健有力，不慌不忙，展现雄姿英发、英武刚健的阳刚之美。男士的步幅一般在 50 厘米左右，步速为 108～118 步/分。规范的走姿还需注意以下几点。

(1)双脚尽量走在一条直线上，脚尖应对正前方，切莫呈内八字或外八字，步伐大小以自己的脚长为准，速度不快不慢，尽量不要低头看地面。

(2)走路时应该抬头、挺胸、精神饱满，不宜将手插入裤袋中。正确的走路姿态会给人一种充满自信的印象，同时也给人一种专业的信赖感觉。

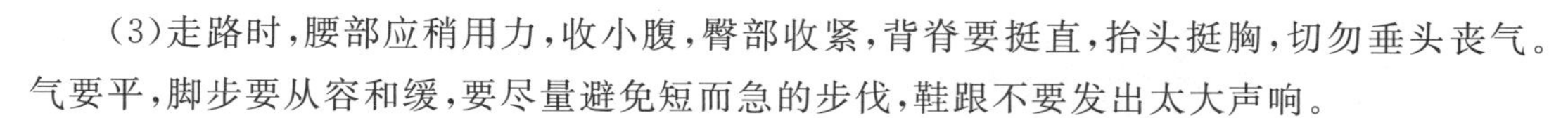

(3)走路时，腰部应稍用力，收小腹，臀部收紧，背脊要挺直，抬头挺胸，切勿垂头丧气。气要平，脚步要从容和缓，要尽量避免短而急的步伐，鞋跟不要发出太大声响。

2 女士走姿

女士走姿

女士应步履轻快优雅，步伐适中，不快不慢，展现温柔、矫健之美。上半身不要过于晃动，双脚自然而又均匀地向前迈进，这样的走路姿态，不疾不缓，给人如沐春风的感觉(图 9-7)。女士的步幅一般在 30 厘米左右，步速 118～120 步/分，可根据鞋跟高度来适当调整。规范的走姿还需注意以下几点。

图 9-6 男士走姿

图 9-7 女士走姿

(1)女士常见的走姿是一字步。一字步走姿的要领是行走时两脚内侧在一条直线上，两膝内侧相碰，收腰提臀，肩外展，头正颈直，微收下颌。

(2)女士在走路时，不宜左顾右盼，经过玻璃窗或镜子前，不可停下梳头或补妆，还要注意不要三五成群、左推右挤、一路谈笑，这样不但有碍于他人而且也不安全。

(3)一些女士由于穿高跟鞋，走路时发出咯噔咯噔的声音，这种声音在任何场合都是不文雅的，容易干扰他人，特别是在正式的场合，以及人较多的地方，尤其注意不要在走路时发出太大的声响。

(4)女士走路时双手应在身体两侧自然摆动，幅度不宜过大。如随身携带有包，如是大包，可挎在手臂上；如为小包，可拎在手上；背包则背在肩膀上。走路时身体不可左右晃动，以免妨碍他人行动。

(五)优美的蹲姿

职场人士蹲姿的要求是下蹲时一脚在前另一脚在后，两腿向下蹲，前脚全着地，小腿基本垂直于地面，后脚脚跟提起，脚尖着地(图 9-8)。

1 基本要点

(1)上体姿态与标准站姿时一样。头正，双目平视，收颌，表情自然。躯挺，上身挺直，立腰收腹，身体重心稍前倾。精神饱满，面带微笑。

(2)下蹲时，先向后退半步，然后保持上体正直的同时，重心下降，屈膝下蹲。

(3)下蹲时，两腿合力支撑身体，避免滑倒。

(4)下蹲时，应使头、胸、膝关节在一个角度上，使蹲姿优美。

(5)下蹲拾物时，应自然、得体、大方，不遮遮掩掩。

(6)下蹲时，男士两膝可以微分，但不宜超过一拳的距离；女士双膝必须靠紧。

(7)起立时，要保持身体正直，肩部先起，不可臀部先起。

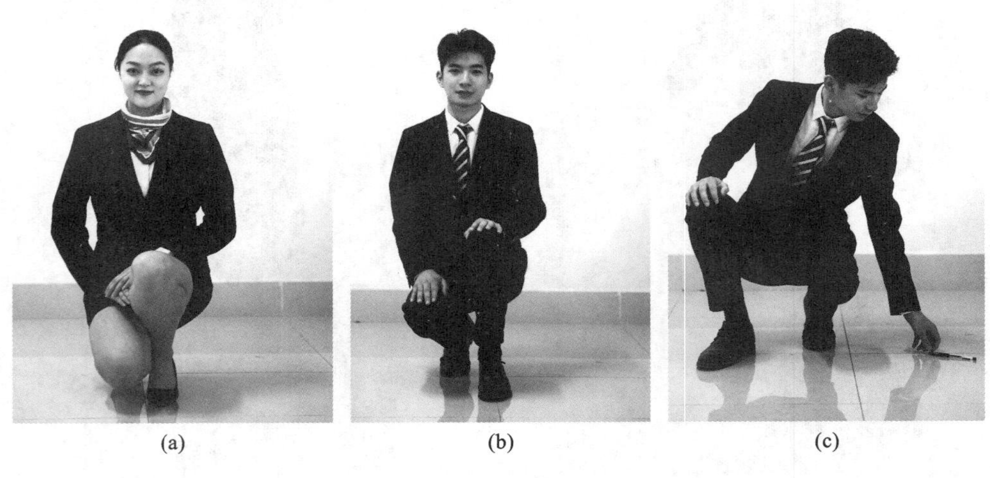

(a) (b) (c)

图 9-8 蹲姿

2 蹲姿的基本类型

(1)高低式蹲姿：男性更适合这种蹲姿。

高低式蹲姿要求如下：下蹲时，双腿不并排在一起，而是左脚在前，右脚稍后。左脚应完全着地，小腿基本上垂直于地面；右脚则应脚掌着地，脚跟提起。此刻右膝低于左膝，右膝内侧可靠于左小腿的内侧，形成左膝高右膝低的姿态。臀部向下，基本上用右腿支撑身体。

(2)交叉式蹲姿：女性适合这种蹲姿，尤其是穿短裙时，交叉式蹲姿的特点是造型优美典雅，蹲下后两腿交叉。

交叉式蹲姿要求如下：下蹲时，右脚在前，左脚在后，右小腿垂直于地面，全脚着地，右腿在上，左腿在下，二者交叉重叠；左膝由后下方伸向右侧，左脚跟抬起，并且脚掌着地；两脚前后靠近，合力支撑身体；上身略向前倾，臀部朝下。

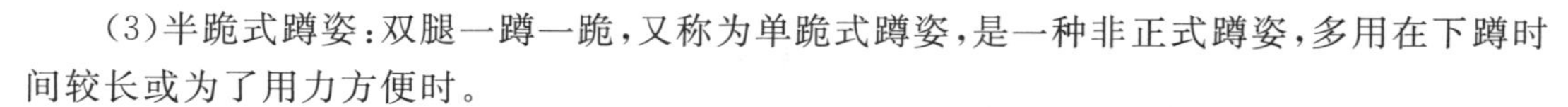

(3)半跪式蹲姿:双腿一蹲一跪,又称为单跪式蹲姿,是一种非正式蹲姿,多用在下蹲时间较长或为了用力方便时。

半跪式蹲姿要求如下:在下蹲后,改为一腿单膝点地,臀部坐在脚跟上,以脚尖着地。另外一条腿小腿垂直于地面,全脚着地。双膝应同时向外,双腿应尽力靠拢。

3 注意事项

(1)不要突然下蹲。蹲下来的时候,不要速度过快。在行进中需要下蹲时,要特别注意这一点。

(2)不要离人太近。在下蹲时,应和身边的人保持一定距离。和他人同时下蹲时,更不能忽略双方的距离,以防彼此“迎头相撞”或发生其他误会。

(3)不要方位失当。在他人身边下蹲时,最好是和他人侧身相向。正面他人,或者背对他人下蹲,通常都是不礼貌的。

(4)不要毫无遮掩。大庭广众之下,尤其是身着裙装的女士,一定要避免此类情况,特别是要防止大腿叉开。

(5)不要蹲在凳子或椅子上。在公共场合这么做的话,是不能被接受的。

(六)合适的鞠躬

鞠躬(图 9-9)是我们在生活中对别人表示恭敬的一种礼节,既适用于庄严肃穆、喜庆欢乐的仪式,也适用于一般的社交场合。在一般的社交场合,晚辈对长辈、学生对老师、下级对上级、表演者对观众等都可行鞠躬礼。领奖人上台领奖时,可向授奖者及全体与会者鞠躬行礼;演员谢幕时,可对观众鞠躬致谢;演讲者也可用鞠躬来表示对听众的敬意。

施礼前,脱帽、身体直立,目光平视对方,然后上体前倾,目视对方脚尖或地面,双手放于身体两侧或叠放于体前。

1 鞠躬的基本类型

鞠躬训练

鞠躬包括 15°、30°和 45°的鞠躬行礼。

(1)15°的鞠躬行礼是指打招呼,表示轻微寒暄。

(2)30°的鞠躬行礼是敬礼,表示一般寒暄。

(3)45°的鞠躬行礼是最高规格的敬礼,表达深切的敬意。

2 注意事项

(1)一般情况下,鞠躬要脱帽,戴帽子鞠躬是不礼貌的。

(2)鞠躬时,目光应该向下看,表示一种谦恭的态度。不可以一边鞠躬一边翻起眼看对方,这样做既不雅观,也不礼貌。

(3)鞠躬礼毕起身时,双目还应该有礼貌地注视对方。如果视线转移到别处,即使行了鞠躬礼,也不会让人感到诚心诚意。

(4)鞠躬时,嘴里不能吃东西或叼着香烟。

(5)上台领奖时,要先向授奖者鞠躬,以示谢意,再接过奖品。然后转身面向全体与会者鞠躬行礼,以示敬意。

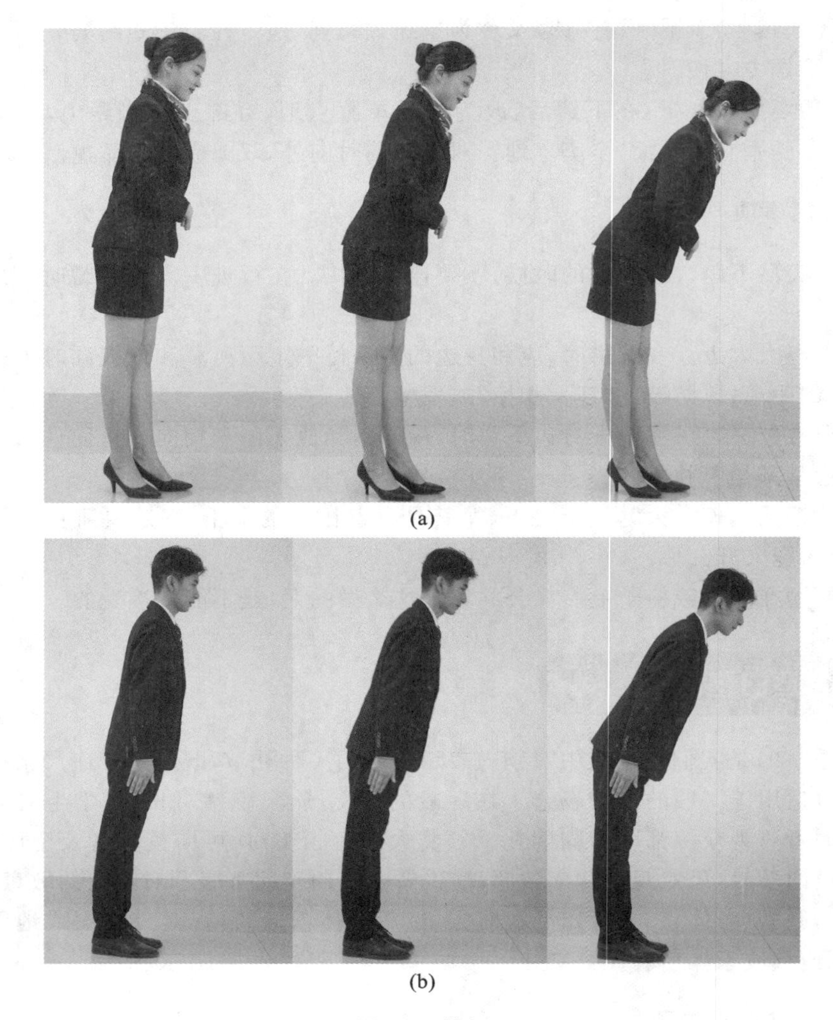

(a)

(b)

图 9-9　鞠躬

（七）大方的手势

手势即手臂姿态，是体态语言中重要的传播媒介，它是通过手臂姿态和手指活动传递信息的。手势作为信息传递方式不仅远远早于书面语言，而且也早于有声语言。手势语有两大作用：一是表示形象；二是表达感情。在社交活动中，手势运用得自然、大方、得体，会使人感到既表意明晰又含蓄高雅。

1　手势的类型

（1）横摆式手势：常用来表示"请进"。右手五指伸直并拢，掌心向上，然后以肘关节为轴，手从腹前抬起向右摆动至身体右前方，不要将手臂摆至体侧或身后。同时，脚跟并拢，脚尖略开，左手下垂，目视来宾，面带微笑。应注意，一般情况下要站在来宾的右侧，并将身体转向来宾。当来宾将要走近时，向前上一小步，不要站在来宾的正前方以免阻挡来宾的视线和行进的方向，与来宾保持适度的距离。上步后，向来宾施礼、问候，然后向后撤步，先

撤左脚再撤右脚，将右脚跟靠于左脚心内侧，站成右丁字步（图 9-10）。

（2）直臂式手势：常用来表示“请往前走”。右手五指伸直并拢，掌心向上，屈肘由腹前抬起，手的高度与肩同高，再向要行进的方向伸出前臂。注意，在指引方向时，身体要侧向来宾，眼睛要兼顾所指方向和来宾，直到来宾表示已清楚了方向，再把手臂放下，向后退一步，施礼并说“请您走好”等礼貌用语。切忌用一个手指指指点点。

（3）屈臂式手势：常用来表示“里边请”。右手五指伸直并拢，从身体的侧前方，由下向上抬起，上臂抬至离开身体 45°，然后以肘关节为轴，手臂由体侧向体前左侧摆动成屈臂状。

（4）斜摆式手势：常用来表示“请坐”。当请来宾入座时，用双手扶椅背将椅子拉出，然后一只手屈臂由前抬起，再以肘关节为轴，前臂由上向下摆动，使手臂向下呈一条斜线，表示请来宾入座。当来宾在座位前站好，要用双手将椅子往前放到合适的位置，请来宾坐下。

图 9-10　横摆式手势

2 手势的禁忌

（1）在介绍某人或为他人指路时不可用手指指指点点，而应使用手掌，四指并拢，掌心向上。

（2）在与人交流中手势不可过多，幅度不宜过大，更不要手舞足蹈，手势幅度要控制在一定的范围内。

（八）礼貌致意

致意无论是对相识的人还是初次见面者，都是一种表达友好和礼貌最常用的方式。

1 致意的类型

（1）点头致意。

在公共场合遇到相识的人而相距较远时，或者与相识者在一个场合多次见面时，又或者与一面之交或不相识的人在社交场合见面时，均应微笑点头向对方致意，以示问候，不应视而不见，不理不睬。

施礼时，一般应脱帽。致意时身体要保持正直，两脚跟相靠，双手下垂于身体两侧或搭放于体前，目视对方，面带微笑，头向前下方微低。

（2）欠身致意。

欠身是一种表示致敬的方式，多用于被他人介绍，或是主人向客人奉茶时。

欠身致意时，应以腰为轴，上体前倾 15°。行礼时应面带微笑，注视对方。如果是坐着，欠身时只需要稍微起立，不必站起来。

(3)举手示意。

举手示意与点头致意的场合大致相似,适合向距离较远的熟人打招呼(图 9-11)。

图 9-11　举手示意

举手示意的正确做法是右(左)臂向前上方伸直,右(左)手掌心向着对方,四指并拢,拇指微张,轻轻向左右摆动一两下。不要将手上下摆动,也不要在手部摆动时将手背朝向对方。

(4)注目致意。

注目致意主要用于升国旗、剪彩揭幕、庆典等活动时。

注目致意时,不可戴帽子、东张西望、嬉笑喧哗。正确的做法是身体立正站好,挺胸抬头,双手自然下垂、放于身体的两侧,表情庄重严肃,目视行礼对象,目光随之缓缓移动。

2 注意事项

(1)致意要讲究先后顺序。通常应遵循:年轻者先向年长者致意;学生先向老师致意;男士先向女士致意;下级先向上级致意。

(2)向他人致意时,往往可以两种形式同时使用,如点头与微笑并用,起立与欠身并用。

(3)致意时应大方、文雅,一般不要在致意的同时向对方高声叫喊,以免影响他人。

(4)如遇对方先向自己致意,应以同样的方式回敬,不要视而不见。

■ **知识关联**

轿车的乘坐

在比较正规的场合,乘坐轿车时一定要分清座次的尊卑,并在合适之处就座。但在非正式场合,则不必过分拘礼。

驾驶轿车的司机一般可分为两种:一是主人,即轿车的拥有者;二是专职司机,即以驾车为其职业者。我国轿车多为双排座与三排座,以下分述其驾驶者不同时,车上座次尊卑的差异。

由主人亲自驾驶轿车时,一般前排座为上,后排座为下;以右为尊,以左为卑。

其一,双排五人座轿车。在双排五人座轿车上,座位由尊而卑依次是:副驾驶座,后排右座,后排左座,后排中座。

其二,双排六人座轿车。在双排六人座轿车上,座位由尊而卑依次是:前排右座,前排中座,后排右座,后排左座,后排中座。

其三,三排七人座轿车。在三排七人座轿车(中排为折叠座)上,座位由尊而卑依次是:副驾驶座,后排右座,后排左座,后排中座,中排右座,中排左座。

其四，三排九人座轿车。在三排九人座轿车上，座位由尊而卑依次是：前排右座，前排中座，中排右座，中排中座，中排左座，后排右座，后排中座，后排左座。

乘坐主人驾驶的轿车时，最重要的规矩是不能令前排座位空着，应有一个人坐在那里，以示与主人相伴。由先生驾驶自己的轿车时，则其夫人一般坐在副驾驶座上。由男主人驾车送其友人夫妇回家时，其友人之中的男士应坐在副驾驶座上，与主人相伴。

任务三　职业礼仪的基本内容

一、拜访与接待礼仪

拜访和接待，是常见的社会交往方式，可以起到增进联系、提高工作效率、交流感情、沟通信息的作用。无论是客户拜访还是接待，都要有组织形象意识，在时间选择、仪表仪容、言谈举止方面都要符合一定的礼仪规范。

一般来说，只要找准切入点，方法得当，客户拜访工作并非想象中的那样棘手，拜访其实很简单。

（一）提前预约

拜访者拜访前应事先和被访者约定，以免扑空或扰乱被访者的计划。

拜访应选择适当的时间，如果双方有约，应准时赴约。拜访时间长短应根据拜访目的和被访者意愿而定。一般时间宜短不宜长。万一因故迟到或取消访问，应立即告知被访者。

（二）拜访礼仪

到达被访者所在地时，一定要用手轻轻敲门，进屋后待被访者安排后坐下。后来的拜访者到达时，先到的拜访者应该站起来，等待介绍。

1　拜访介绍礼仪

如果与被访者是第一次见面，应主动递上名片，或做自我介绍。熟人可握手问候。

2　拜访等待礼仪

如果被访者因故不能马上接待，应安静等候，有抽烟习惯的人，要注意观察该场所是否有禁止吸烟的警示。如果等待时间过久，可向有关人员说明并另定时间，不要表现出不耐烦。

3 拜访交谈注意事项

谈话时开门见山，不要高谈阔论，浪费时间。要注意观察被访者的举止表情，适可而止，当被访者有不耐烦或有为难的表现时，应转换话题或口气；当被访者有结束会见的表示时，应立即起身告辞。

与被访者的意见相左时不要争论不休，对被访者提供的帮助要致以谢意。

（三）拜访的仪态要求

拜访时应彬彬有礼，注意一般交往细节。离开时要同被访者和其他拜访者告别，说“再见”“谢谢”；被访者相送时，应说“请回”“留步”或“再见”。

二、介绍礼仪

在社交场合，为了加强沟通和交流，有时候需要将客人介绍给别人。

（一）介绍的顺序

为他人做介绍时，应事先了解双方的基本情况和意愿。并遵循受尊重的一方有权优先了解对方的原则。介绍的顺序如下：先介绍地位、职务低的，再介绍地位、职务高的；先介绍晚辈再介绍长辈；先介绍男士再介绍女士；先介绍客人再介绍主人。在集体介绍中，主人应按客人到达的先后顺序，把后到的客人介绍给先到的客人，然后再向后到的客人介绍先到的客人。

（二）介绍的原则

为他人做介绍时必须遵守“尊者优先了解情况”的规则。

（三）介绍他人的场合

（1）在家中接待彼此不相识的客人。

（2）在办公地点，接待彼此不相识的来访者。

（3）与家人外出，路遇家人不相识的同事或朋友。

（4）陪同亲友，前去拜会亲友不相识者。

（5）本人的接待对象遇见了其不相识的人士，而对方又跟自己打了招呼。

（6）陪同上司、长者、来宾时，遇见了其不相识者，而对方又跟自己打了招呼。

（7）打算推介某人加入某一交际圈。

（8）受到为他人做介绍的邀请。

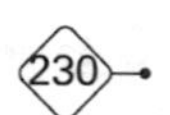

（四）介绍的姿态

向他人做介绍时，应用手掌示意。即无论介绍哪一方，都应掌心向上，四指并拢，拇指微张，指向被介绍一方，同时眼神要随手势转向第三方。

（五）被介绍者的表现

听人介绍时，无论哪一方，无论何人、何种身份，都应起立示意。目视对方，面带微笑，全神贯注，切勿心不在焉。同时，可以以握手或其他致意形式，一边行礼一边使用“您好”“认识您很高兴”等礼貌用语。

（六）自我介绍

自我介绍是向别人展示自己的一个重要手段，同时，也是认识自己的手段。自我介绍的好坏甚至直接关系到给别人的第一印象的好坏及以后交往的顺利与否。

1 自我介绍的时机

（1）因业务关系需要相互认识，进行接洽时可进行自我介绍。

（2）当遇到一位你知晓或久仰的人士，他不认识你，可做自我介绍。

（3）第一次登门造访，事先打电话约见，在电话里应做自我介绍。

（4）参加一个人较多的聚会，主人不可能一一介绍，与会者可以与同席或身边的人互相进行自我介绍。

（5）与他人不期而遇，并且有必要与之建立临时接触时可适当自我介绍。

（6）初次前往他人住所、办公室，进行登门拜访时要进行自我介绍。

（7）应聘求职时需首先做自我介绍。

2 自我介绍应注意的问题

（1）及时、清楚地报出自己的姓名和身份。

对自己的姓名，可适当解释，以便他人记住。

（2）要注意把握时间。

自我介绍一定要力求简洁，尽可能地节省时间，以半分钟左右为佳。如无特殊情况，最好不要长于1分钟。如果是求职面试，自我介绍的内容可以丰富些，但时间也应控制在3分钟以内。

（3）充满信心和勇气，态度自然、友善、亲切、随和。

自我介绍时，要正视对方的双眼，显得胸有成竹，不慌不忙。这样做，有助于自我放松，并使对方对自己产生好感。要避免语气生硬、冷漠，语速不要过快或过慢，语音不要含糊不清。

三、握手礼仪

握手礼通常是用来表示欢迎、欢送、见面、相会、告辞，表示祝贺、感谢、慰问，表示和好、合作时使用的礼仪。

（一）握手次序

握手次序应根据握手双方的社会地位、年龄、性别和宾主身份来确定。

（1）男女之间握手。

男士要等女士先伸出手后再握手。如果女士不伸手或无握手之意，男士可向对方点头致意或微微鞠躬致意。男女初次见面，女方可以不和男士握手，只是点头致意即可。男女握手时，男士要脱帽和脱右手手套，如果偶遇匆匆忙忙来不及脱，要道歉。女士除非对长辈，一般可不必脱手套。

（2）主客之间握手，主人有向客人先伸出手的义务。

在宴会、宾馆或机场接待宾客，当客人抵达时，不论对方是男士还是女士，主人都应该主动先伸出手。尽管对方是女宾，男主人也可先伸出手，以表示对客人的热情欢迎。而在客人告辞时，则应由客人首先伸出手来与主人相握，这表示的是“再见”之意。

（3）长幼之间握手，年幼的一般要等年长的先伸手。

和长辈及年长的人握手，不论男女，都要起立趋前握手，并要脱下手套，以示尊敬。

（4）上下级之间握手，下级要等上级先伸出手。

涉及主宾关系时，可不考虑上下级关系，做主人的应先伸手。

（5）若是一个人需要与多人握手，握手时亦应讲究先后次序。

由尊而卑，即先年长者后年幼者，先长辈后晚辈，先老师后学生，先女士后男士，先已婚者后未婚者，先上级后下级，先职位、身份高者后职位、身份低者。

（二）握手方式

（1）伸出右手，手掌与地面垂直，五指并拢。

（2）稍用力握住对方的手掌，持续 3～5 秒。

（3）身体稍前倾，双目注视对方，面带微笑。

（4）初次见面握手时间一般在 3 秒以内。

（三）握手时机

（1）遇见认识的人时。

（2）某人进自己的办公室或离开时。

（3）相互介绍时。

（4）安慰某人时。

（四）握手的姿态

一般情况下，握手的两个人手掌相握，表示平等而自然的关系，这是最稳妥的握手方式。如要表示谦虚或恭敬，则可掌心向上同他人握手，而如果是伸出双手去捧接，就更是谦恭备至了。切不可掌心向下握住对方的手，这通常是傲慢无礼的表示。握手时应伸出右手，绝不能伸左手与人相握。

（五）握手的禁忌

一忌不讲先后顺序，抢先出手。
二忌目光游移，漫不经心。
三忌不摘手套、墨镜，自视高傲。
四忌掌心向下，目中无人。
五忌用力不当，鲁莽或敷衍了事。
六忌左手相握，有悖习俗。
七忌交叉握手，是一种不礼貌的行为（特定场合除外）。
八忌握时过长，让人无所适从。
九忌滥用"双握式"，令人尴尬。
十忌"死鱼"式握手，显得轻慢冷漠。

四、称呼礼仪

称呼是人们在日常交往中彼此之间经常采用的称谓语。要根据对方的身份、地位、职业、年龄、性别以及对方所处的场合的不同而恰当地选择称谓。对熟人、朋友的称呼，可以用代词"你""您"；对长辈和平辈可以称"您"；对待晚辈，称呼"你"；对于有身份的年长者，可以"先生"相称，前面可以加上姓，如王先生；对于德高望重的年长者、资深者，可以姓后加"老"字或"公"字。

1 称呼的基本要求

在日常生活与工作中，称呼别人有以下基本要求。
(1)要采用常规称呼。
(2)要区分具体场合。在不同的场合，应该采用不同的称呼。
(3)要坚持入乡随俗。要了解并尊重当地风俗。
(4)要尊重个人习惯。

2 常规性称呼的分类

在日常生活、工作和交际场合，常规性称呼大体上有以下五种。
(1)行政职务。
行政职务是在较为正式的官方活动，如政府活动、公司活动、学术活动等活动中使用的，如李局长、王总经理、刘董事长等。

(2)技术职称。

通常使用技术职称者是该领域内的权威人士或专家，如李总、工程师、王会计师等。

(3)学术头衔。

学术头衔跟技术职称不完全一样，这类称呼实际上表明了被称呼者在专业技术方面的造诣。

(4)行业称呼。

在不知道人家职务、职称等具体情况时可采用行业称呼，如解放军同志、警察先生、护士小姐等。

(5)泛尊称。

泛尊称是指对社会各界人士在较为广泛的社交面中都可以使用的表示尊重的称呼，比如小姐、夫人、先生、同志等。在不知道对方姓名及其他情况(如职务、职称、行业)时可采用泛尊称。

3 称呼的禁忌

在较为正式的场合里，有一些称呼是不能够使用的，主要涉及以下几种。

(1)无称呼。

无称呼就是不称呼别人就没头没脑地跟人家搭讪、谈话。这种做法要么令人不满，要么会引起误会，所以要避免。

(2)替代性称呼。

替代性称呼就是用非常规的称呼代替正规称呼。比如医院里的护士称呼患者“十一床”、服务行业称呼顾客为“下一个”等，这是很不礼貌的。

(3)易于引起误会的称呼。

因为习俗、关系、文化背景等的不同，有些容易引起误会的称呼切勿使用。

(4)地方性称呼。

比如，北京人爱称人为“师傅”，山东人爱称人为“伙计”，中国人常称配偶为“爱人”等。但是，在有些地区，“师傅”(父)等于出家人，“伙计”就是打工者，外国人则将“爱人”理解为第三者。

(5)不适当的简称。

比如称呼“王局(长)”“李处(长)”一般不易引起误会，但如果叫“王校(长)”“李排(长)”就易产生误会。

此外，在称呼他人时还要避免误读(如将仇(qiu)读成(chou)等)、误会(如将未婚女子称为夫人等)、过时的称呼(如将官员称为老爷、大人等)、绰号(如罗锅、四眼等)。

称呼是交际之始，交际之先，因此要慎用称呼、巧用称呼、善用称呼。

五、名片礼仪

名片是一个人身份的象征，是人们社交活动的重要工具。因此，名片的递送、接收、存放也要讲究社交礼仪(图 9-12)。

图 9-12　递送名片

（一）名片的准备 

（1）名片不要和钱包、笔记本等物品放在一起，原则上应该使用名片夹。

（2）名片可放在上衣口袋。

（3）要保持名片或名片夹的清洁、平整。

（二）接收名片 

（1）必须起身接收名片。

（2）应用双手接收。

（3）不要在接收的名片上面做标记或写字。

（4）接收的名片不可来回摆弄。

（5）收到名片后，要认真看一遍。

（6）不要将对方的名片遗落在座位上。

（7）接收名片后不可以装在裤兜里。

（三）递名片

（1）注意递名片的次序：地位低的先向地位高的人递名片，男士先向女士递名片。当对方不止一人时，应先将名片递给职务高者或年长者；若分不清职务高低、年龄大小，宜先和自己对面左侧的人交换名片，然后按顺序进行。

（2）递名片时应说“请多关照”“请多指教”等。

（3）互换名片应右手拿自己的名片，左手接对方的名片后，双手托住。

（4）互换名片后，要认真看一遍对方的职务、姓名等。

（5）应称呼对方的职务，尽量不使用“你”字或直呼其名。

六、馈赠礼仪

馈赠是人们在交往过程中通过赠送给交往对象礼物来表达对对方的尊重、敬意、友谊、纪念、祝贺、感谢、慰问等情感与意愿的一种交际行为，目的在于沟通感情、保持联系、体现馈赠者的品质和诚意。

馈赠的注意事项如下。

(1)选择的礼物自己要喜欢，如果自己都不喜欢，别人怎么会喜欢呢？

(2)为避免几年选同样的礼物给同一个人的尴尬情况发生，最好每年送礼时做记录。

(3)千万不要把以前接收的礼物转送出去，或丢掉它，不要以为送礼者不知道，送礼物给你的人会留意你有没有使用他所送的物品。

(4)切勿直接去问对方喜欢什么礼物，一方面可能他想要的会超出预算，另一方面，可能会出现他对你选的物品大小、品质并不满意的情况。

(5)切忌送一些将会刺激到别人的东西。

(6)不要打算用你的礼物来改变别人的品位和习惯。

(7)必须考虑接受者的职位、年龄、性别等。

(8)即使你比较富裕，送礼物给一般朋友也不宜太过，通常送一些有纪念意义的礼物较好。

(9)送自己的能力负担范围内的礼品，较让人乐于接受。谨记去掉价格标签及商店购物袋，无论礼物是否名贵，最好用包装纸包装，有时细微的地方更能显出送礼人的心意。

(10)考虑接受者在日常生活中能否使用你送的礼物。

七、电话礼仪

现代社会，电话是人们传递信息的一种便捷的通信工具。电话具有即时性、经常性、简洁性、双向性等特点，已成为人们联络感情、沟通信息、联系业务的重要方式。在工作交往中，普普通通的接打电话，实际上是在为通话者所在的单位、为通话者本人绘制一个给人深刻印象的电话形象。它能够真实地体现个人的素质、待人接物的态度以及通话者所在单位的整体水平。

(一)接打电话的一般要求

为了正确地使用电话，树立良好的“电话形象”，无论是发话人还是受话人，都应遵循以下接打电话的一般要求。

1 态度礼貌友善

不管对方是什么人，在通电话时都要注意态度友善、语调温和、讲究礼貌。

2 传递信息简洁

由于现代社会信息来源广泛，人们的时间概念强，因此，商务活动中的电话内容要简洁

而准确，忌海阔天空地闲聊和不着边际地交谈。

3 控制语速语调

由于主叫和受话双方语言上可能存在差异，因此，要控制好自己的语速，以保证通话效果；语调应尽可能平缓，忌过于低沉或高亢。善于控制语气、语调是打电话的一项基本功。要语调温和、音量适中，咬字要清楚，吐字比平时略慢一点。为让对方容易听明白，必要时可以把重要的话重复一遍。

4 使用礼貌用语

对话双方都应该使用常规礼貌用语，忌出言粗鲁或通话过程中夹带不文明的口头禅。

（二）拨打电话的礼仪

拨打电话时，给人印象最深的是打电话人的语言与声调等。从总体上讲，拨打电话时应当简洁、明了、文明、礼貌。

1 拨打电话的流程

提前想好谈话要点，列出提纲；拨打电话并做自我介绍；确定对方及问候；说明来电事由；主动询问是否需要再说一遍；礼貌地结束谈话。

2 注意事项

拨打电话时要注意时间、内容、语言、姿态等方面的内容。

（1）时间适宜。

拨打电话，首先要考虑在什么时间最合适。如果不是特别熟悉或者有特殊情况，一般不要在 7:00 以前、22:00 以后打电话，也不要在用餐时间和午休时打电话，否则有失礼貌，也影响通话效果。

（2）准备充分。

如果要谈的内容较多，可在纸上列出。尤其是业务电话，内容涉及时间、数量、价格，有所记录是非常必要的。

（3）内容简练。

交谈的语言应简短、清楚。一次打电话的时间一般以 3 分钟为宜，切忌过长。

（4）言行得体。

发话人在通话的过程中，自始至终，都要以礼待人，表现得文明大度，尊重自己的通话对象。在通话之初问候对方，如“您好”或“早晨好”，然后，应用礼貌的口吻询问对方。当询问得到证实后，要及时通报自己的姓名、身份等。

（5）语音悦耳。

注意语音、语速、语调。在电话交谈时，语言流利、吐字清晰、声调平和，能使人感到悦耳舒适。再加上语速适中、声音清朗、富于感情、热情洋溢，使对方能够感觉到自己在对他微笑，这样富于感染力的电话沟通，一定能打动对方，并使其乐于与自己对话。

（三）接听电话的礼仪 

接听电话不可太随便，得讲究必要的礼仪和一定的技巧，以免发生误会。无论是打电话还是接电话，都应做到大方自然、文明礼貌、语调热情。

1 接听电话的流程

(1)铃响三声内拿起听筒。

(2)自报家门。

(3)询问对方的单位、姓名、职务。

(4)询问来电事由。

(5)记录通话内容。

(6)复述通话内容，以便得到确认。

(7)礼貌地结束电话。

2 注意事项

接听电话时，由于具体情况不同，分为本人受话、代接电话以及录音电话等分别加以应对。

(1)本人受话。

所谓本人受话是指由本人亲自接听他人打给自己的电话。本人受话时应注意以下几个方面。

①接听及时。

要遵循“铃响不过三声”原则，即接听电话时，以铃响三次以内拿起话筒最为适当。如因特殊原因，电话响了四次以上才接听的话，须在通话之初向发话人表示歉意。拿起电话后应说：“对不起，让您久等了。”

②应对有礼。

拿起话筒后，应自报家门，并向发话人问好。

在通话时，不论是何缘故，都应聚精会神地接听电话。不要在接听电话时，与他人交谈、看文件，或者看电视、吃东西，也不能够对话筒打哈欠。要不时地用一些回复给对方以礼貌的反馈。当通话终止时，不要忘记向发话人道再见。当通话因故暂时中断后，要等候对方再拨打过来。

要友善对待打错的电话。如果对方打错了电话，应当及时告之，口气要和善，不要讽刺挖苦，更不要表示出恼怒之意。正确处理好打错的电话，有助于提升组织形象。

(2)代接电话。

在日常生活里，经常会遇到为他人代接、代转电话的时候。在代接、代转电话时，需要注意以下几个方面。

①彬彬有礼。

接电话时，假如是找他人的，或要找的人不在时，都应礼貌应对。

②尊重隐私。

在代接电话时，当发话人要求转达某事给某人且不能外传时，要严守口风。切勿随意扩散，广而告之。即使发话人要找的人就在附近，也不要大喊大叫。

③做好记录。

对方如有留言，应当当场用纸笔记录，之后重复一遍，以免有误，并告诉对方会立即转告。

电话记录既要简洁又要完备，这有赖于5W1H技巧。所谓5W1H是指When（何时）、Who（何人）、Where（何地）、What（何事）、Why（为什么）、How（如何进行）。在工作中这些资料都是十分重要的，对打电话、接电话具有相同的重要性。

④及时转达。

若发话人所找的人就在附近，应立即去找，不要拖延。若答应发话人代为传话，则应尽可能快地传递给对方。代接电话的留言最好用N次贴记录，然后贴到相关人员的桌子或者电脑旁，以免遗忘造成损失。

（3）录音电话。

为了保证联络的畅通，人们往往会使用录音电话，为自己代劳。使用录音电话要注意以下两点。

①要制作好留言。

留言的常规内容有电话机主的姓名或电话号码、问候语、致歉语、道别语、留言的原因、对发话人的请求等。例如，“您好！这里是12345678。对不起，主人因事外出。若有事，请在提示音之后留言。主人回来后，将立即同您联系。谢谢。再见！”

②要及时处理好来电。

在处理录音电话的他人来电时，要及时回复。

（四）移动电话使用礼仪

1 注意场合

在某些特定的严肃、安静的公共场所（如剧场、音乐厅、阅览室、法庭、会议室、课堂等）应关闭手机，或转换至震动。使用手机时，还要注意公共安全，如在飞机上应关闭手机，以免影响飞行安全。在开启手机时，还应注意周围有无禁止无线电发射的标志。

2 注意通话方式

在人员较多的场合使用手机，应侧身通话，或找个僻静的场所交谈，这样既可以听得清晰，通话也不会影响其他人。在大街上或其他公共场所使用手机通话时，最好不要边走边谈，更不要旁若无人地大声说话。使用手机通话时，时间不宜过长，力求简单、明了。

3 注意文明携带

将手机别在腰间或放在衣服口袋里并不十分合适。较好的办法是将手机放在随身携带的包内，这样既方便又雅观。

八、中餐礼仪

(一)中餐席位的排列

中餐席位的排列关系到来宾的身份和主人给予对方的礼遇,所以是一项重要的内容。中餐席位的排列在不同情况下,有一定的差异。可以分为桌次排列和位次排列两种方式。

1 桌次排列

在中餐宴请活动中,往往采用圆桌布置菜肴、酒水。排列圆桌的尊卑次序,有两种情况。

第一种情况,由两桌组成的小型宴请。

这种情况又可以分为两桌横排和两桌竖排的形式。

当两桌横排时,桌次是以右为尊,以左为卑。这里所说的右和左,是由面对正门的位置来确定的。

当两桌竖排时,桌次讲究以远为上,以近为下。这里所讲的远近,是以距离正门的远近而言。

第二种情况,由三桌或三桌以上的桌数所组成的宴请。

在安排多桌宴请的桌次时,除了要注意"面门定位""以右为尊""以远为上"等规则外,还应兼顾其他各桌距离主桌的远近。通常,距离主桌越近,桌次越高;距离主桌越远,桌次越低。

在安排桌次时,餐桌的大小、形状要基本一致。除主桌可以略大外,其他餐桌都不要过大或过小。

为了确保在宴请时赴宴者及时、准确地找到自己所在的桌次,可以在请柬上注明赴宴者所在的桌次,在宴会厅入口悬挂宴会桌次排列示意图,安排引位员引导来宾按桌就座,或者在每张餐桌上摆放桌次牌(用阿拉伯数字书写)。

2 位次排列

宴请时,每张餐桌上的具体位次也有主次尊卑的分别,排列位次的基本方法有四种,它们往往会同时发挥作用。

方法一,主人大都应面对正门而坐,并在主桌就座。

方法二,举行多桌宴请时,每桌都要有一位主桌主人的代表在座。位置一般和主桌主人同向,有时也可以面向主桌主人。

方法三,各桌位次的尊卑,应根据距离该桌主人的远近而定,以近为上,以远为下。

方法四,各桌距离该桌主人相同的位次,讲究以右为尊,即以该桌主人面向为准,右为尊,左为卑。

另外,每张餐桌上所安排的用餐人数应限在10人以内,最好是双数。例如,6人、8人、10人。人数如果过多,不仅不容易照顾,而且也可能坐不下。

根据上面四个位次的排列方法,圆桌位次的具体排列可以分为两种具体情况。它们都

是和主位有关。

第一种情况，每桌一个主位的排列方法。

每桌只有一位主人，主宾在右首就座，每桌只有一个谈话中心。

第二种情况，每桌两个主位的排列方法。

主人夫妇在同一桌就座，以男主人为第一主人，女主人为第二主人，男主宾和主宾夫人分别在男女主人右侧就座。从而每桌客观上形成了两个谈话中心。

如果主宾身份高于主人，为表示尊重，也可以安排在主人位子上坐，而请主人坐在主宾的位子上。

为了便于来宾准确无误地就座，除招待人员和主人要及时加以引导指示外，还应在每位来宾所属座次正前方的桌面上，事先放置醒目的个人姓名座位卡。举行涉外宴请时，座位卡应以中、英文书写。我国的惯例是，中文在上，英文在下。必要时，座位卡的两面都书写用餐者的姓名。

排列便餐的席位时，如果需要进行桌次的排列，可以参照宴请时桌次的排列进行。位次的排列，可以遵循四个原则。

(1)右高左低原则。

两人一同并排就座，通常以右为上座，以左为下座。这是因为中餐上菜时多以顺时针方向为上菜方向，居右坐的因此要比居左坐的优先受到照顾。

(2)中座为尊原则。

三人一同就座用餐，坐在中间的人在位次上高于两侧的人。

(3)面门为上原则。

用餐的时候，按照礼仪惯例，面对正门者是上座，背对正门者是下座。

(4)特殊原则。

高档餐厅里，室内外往往有优美的景致或高雅的演出，供用餐者欣赏。这时候，观赏角度最好的座位是上座。在某些中低档餐馆用餐时，通常以靠墙的位置为上座。

(二)中餐餐具的使用注意事项

与西餐相比较，中餐的一大特色就是就餐餐具有所不同。下面主要介绍平时经常出现问题的餐具的使用。

1 筷子

筷子是中餐最主要的餐具。筷子必须成双使用。用筷子取菜、用餐的时候，要注意下面几个问题。

(1)不论筷子上是否残留着食物，都不要去舔。

(2)与人交谈时，要暂时放下筷子，不能一边说话，一边挥舞着筷子。

(3)不要把筷子竖插放在食物上面。

(4)筷子只能用来夹取食物的，用来剔牙、挠痒或是用来夹取食物之外的东西都是失礼的。

2 勺子

勺子的主要作用是舀取菜肴、食物。有时，用筷子取食时，也可以用勺子来辅助。尽量不要单用勺子去取菜。用勺子取食物时，不要过满，免得溢出来弄脏餐桌或自己的衣服。在舀取食物后，可以在原处“暂停”片刻，汤汁不会再往下流时，再将勺子及舀取的食物移回来。

暂时不用勺子时，应放在自己的碟子上，不要把它直接放在餐桌上，或是让它在食物中立着。用勺子舀取食物后，要立即食用或放在自己碟子里，不要再把它倒回原处。而如果取用的食物太烫，不可用勺子舀来舀去，也不要用嘴对着吹，可以先放到自己的碗里等凉了再吃。不要把勺子塞到嘴里，或者反复吮吸、舔食。

3 盘子

稍小点的盘子就是碟子，主要用来盛放食物，在使用方面和碗略同。盘子在餐桌上一般要保持原位，而且不要堆放在一起。

需要着重介绍的，是一种用途比较特殊的被称为食碟的盘子。食碟的主要作用，是用来暂放从公用的菜盘里取来享用的菜肴的。用食碟时，一次不要取放过多的菜肴。不要把多种菜肴堆放在一起。食物残渣、骨、刺不要吐在地上、桌上，而应轻轻取放在食碟前端，放的时候不能直接从嘴里吐在食碟上，要用筷子夹放到碟子旁边。如果食碟放满了，可以让服务员更换。

4 水杯

水杯主要用来盛放清水及汽水、果汁等软饮料。不要用它来盛酒，也不要倒扣水杯。另外，喝进嘴里的东西不能再吐回水杯。

5 湿毛巾

用餐前，比较讲究的话，服务员会为每位用餐者上一块湿毛巾。它只能用来擦手。擦手后，应该放回盘子里，由服务员拿走。有时候，在正式宴会结束前，服务员会再上一块湿毛巾。和前者不同的是，它只能用来擦嘴，不能擦脸、抹汗。

6 牙签

尽量不要当众剔牙。非剔不可时，要用另一只手掩住口部。剔出来的东西，不要当众观赏或再次入口，也不要随手乱弹或随口乱吐。剔牙后，不要长时间叼着牙签，更不要用来扎取食物。

九、西餐礼仪

吃的礼节，不同的国家或文化常存在着许多差异，你认为很有礼貌的举动，如代客夹菜、劝酒，欧洲人可能感到很不文雅；尽管有许多不同，但还是有许多规则是大多数国家通用的礼节。

(一)席位的排列

1 西餐桌次的排列

如果西式宴请中涉及三桌或三桌以上的桌数,国际上的习惯是桌次的高低以离主桌位置远近而定。距离主桌越近,桌次越高;距离主桌越远,桌次越低。这项规则称为主桌定位。在安排桌次时,餐桌的大小、形状应大体相仿。除主桌略大之外,其他餐桌不宜过大或过小。

2 西餐座次的排列

西式宴请多采用长条餐桌,席位安排,类似中式的圆桌,要让陪同人员或主人坐在长桌的两端,尽量留心别让客人坐在长桌两端的席位上。排座时还应考虑来宾民族习惯、宗教信仰等。

(二)西餐餐具的礼仪

1 西餐的餐具

广义的西餐餐具包括刀、叉、匙、盘、杯、餐巾等。其中,盘又有菜盘、布丁盘、奶盘、白脱盘等;酒杯更是讲究,正式宴会几乎每上一种酒,都要换上专用的玻璃酒杯。

狭义的西餐餐具专指刀、叉、匙三大件。刀分为食用刀、鱼刀、肉刀(刀口有锯齿,用以切牛排、猪排等)、黄油刀和水果刀。叉分为食用叉、鱼叉、肉叉和虾叉。匙则有汤匙、甜食匙、茶匙。公用刀、叉、匙的规格明显大于餐用刀、叉。

2 餐具的用法

(1)刀叉用法。

刀叉持法:用刀时,应将刀柄的尾端置于手掌之中,以拇指抵住刀柄的一侧,食指按在刀柄上,但需注意食指绝不能触及刀背,其余三指则顺势弯曲,握住刀柄。叉如果不是与刀并用,叉齿应该向上。持叉应尽可能持住叉柄的末端,叉柄倚在中指上,中间则以无名指和小指为支撑,叉可以单独用于叉餐或取食,也可以用于取食某些头道菜和馅饼,还可以用于取食那种无需切割的主菜。

刀叉的使用:右手持刀,左手持叉,先用叉子把食物按住,然后用刀切成小块,再用叉送入嘴内。欧洲人使用时不换手,即从切割到送食物入口均以左手持叉。美国人则切割后,将刀放下换右手持叉送食入口。

刀叉并用时,持叉姿势与持刀相似,但叉齿应该向下。通常刀叉并用是在取食主菜的时候,但若无需用刀切割时,则可用叉切割,这两种方法都是正确的。

(2)匙的用法。

持匙用右手,持法同持叉,但手指务必持在匙柄之端(图 9-13),除喝汤外,不用匙取食其他食物。

图 9-13 匙的用法

(3)餐巾用法。

进餐时,大餐巾可折起(一般对折)且折口向外平铺在腿上,小餐巾可展开直接铺在腿上。注意不可将餐巾挂在胸前(但在空间不大的地方,如飞机上可以如此)。拭嘴时需用餐巾的上端,并用其内侧来擦。绝不可用来擦脸部或擦刀叉、碗碟等。

3 餐具的摆设

垫盘放在餐席的正中心,盘上放折叠整齐的餐巾或餐纸(也有把餐巾或餐纸折成花蕊状放在玻璃杯内的)。两侧的刀、叉、匙排成整齐的平行线,如有席位卡,则放在垫盘的前方。所有的餐刀放在垫盘的右侧,刀刃朝向垫盘。各种匙类放在餐刀右边,匙心朝上。餐叉则放在垫盘的左边,叉齿朝上。一个座席一般只摆放三副刀叉。面包碟放在客人的左手边,上置面包刀(即黄油刀,供抹奶油果酱用,而不是用来切面包),各类酒杯和水杯则放在右前方。如有面食,吃面食的匙、叉则横放在前方。

(三)西餐就餐礼仪

(1)就座时,身体要端正,手肘不要放在桌面上,不可跷足,与餐桌的距离以便于使用餐具为佳。餐台上已摆好的餐具不要随意摆弄。将餐巾对折轻轻放在膝上。

(2)使用刀叉进餐时,从外侧往内侧取用刀叉,要左手持叉,右手持刀;切东西时左手拿叉按住食物,右手执刀将其切成小块,用叉送入口中。使用刀时,刀刃不可向外。进餐中放下刀叉时应摆成八字形,分别放在餐盘边上。刀刃朝向自身,表示还要继续吃。每吃完一道菜,将刀叉并拢放在盘中。千万不可手执刀叉在空中挥舞摇晃;也不要一手拿刀或叉,另

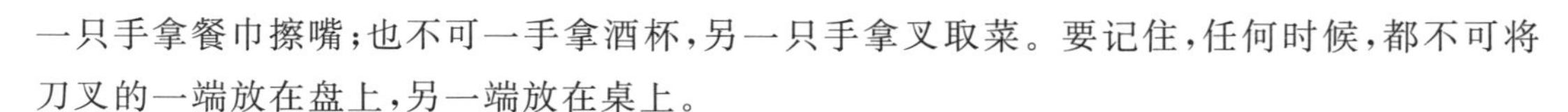

一只手拿餐巾擦嘴；也不可一手拿酒杯，另一只手拿叉取菜。要记住，任何时候，都不可将刀叉的一端放在盘上，另一端放在桌上。

(3)喝汤时不要啜，吃东西时要闭嘴咀嚼。不要舔嘴唇或咂嘴发出声音。如汤菜过热，可待稍凉后再用嘴吹。喝汤时，用汤勺从里向外舀，汤盘中的汤快喝完时，用左手将汤盘的外侧稍稍翘起，用汤勺舀尽即可。吃完汤菜时，将汤匙留在汤盘(碗)中，匙把指向自己。

(4)吃鱼、肉等带刺或骨的菜肴时，不要直接外吐，可用餐巾捂嘴轻轻吐在叉上放入盘内。如盘内剩余少量菜肴时，不要用叉子刮盘底，更不要用手指相助食用，应以小块面包或叉子相助食用。吃面条时要用叉子先将面条卷起，然后送入口中。

(5)用刀叉吃有骨头的肉时，可以用手拿着吃。若想吃得更优雅，还是使用刀叉。用叉子将整片肉固定(可将叉子朝上，用叉子背部压住肉)，再用刀沿骨头插入，把肉切开。最好是边切边吃。必须用手吃时，会附上洗手水。当洗手水和带骨头的肉一起端上来时，意味着“请用手吃”。用手拿东西吃后，将手放在装洗手水的碗里洗净。吃一般的菜时，如果把手弄脏，也可请侍者端洗手水来，注意洗手时要轻轻地洗。

(6)吃鸡时，欧美人多以鸡胸脯肉为贵。吃鸡腿时应先用力将骨去掉，不要用手拿着吃。吃鱼时不要将鱼翻身，要吃完上层后用刀叉将鱼骨剔掉后再吃下层，吃肉时，要切一块吃一块，块不能切得过大，或一次将肉都切成块。

(7)吃面包时，面包一般掰成小块送入口中，不要拿着整块面包去咬。抹黄油和果酱时也要先将面包掰成小块再抹。吃面包可蘸调味汁，吃到连调味汁都不剩，是对厨师的礼貌。注意不要把面包盘子“舔”得很干净，而要用叉子叉住已撕成小片的面包，再蘸一点调味汁来吃，是优雅的做法。

(8)吃沙拉时，要用叉子，如菜叶太大，可用刀在沙拉盘中切割，然后再用叉子吃。

(9)吃水果时，不要拿着水果整个去咬，应将水果切成小瓣，再削皮用刀叉取食。

(10)喝咖啡时，如愿意添加牛奶或糖，添加后要用小勺搅拌均匀，将小勺放在咖啡的垫碟上。喝时应用食指和拇指拈住杯把端起来，直接用嘴喝，不要用小勺一勺一勺地舀着喝。

(11)喝饮料时，应先将口中咀嚼物咽下，然后将刀叉在盘中放成八字形或交叉，用餐巾纸将嘴唇擦拭干净，然后再喝饮料。在西方，最文明的方式是头保持平直、一口口啜饮。喝到底时，杯中总还是留一点饮料。

(四)西餐上菜顺序

1 头盘

头盘也称为开胃品，一般有冷盘和热头盘之分，常见的品种有鱼子酱、鹅肝酱、熏鲑鱼、鸡尾杯、奶油鸡酥盒、焗蜗牛等。

2 汤

汤大致可分为清汤、奶油汤、蔬菜汤和冷汤四类。品种有牛尾清汤、各式奶油汤、海鲜汤、美式蛤蜊汤、意式蔬菜汤、俄式罗宋汤、法式葱头汤。

3 副菜

通常水产类菜肴与蛋类、面包类、酥盒菜肴均称为副菜。吃鱼类菜肴讲究使用专用的调味汁，品种有荷兰汁、酒店汁、白奶油汁和水手鱼汁等。

4 主菜

肉、禽类菜肴是主菜。其中最有代表性的是牛肉或牛排。肉类菜肴配用的调味汁主要有西班牙汁、蘑菇汁、白尼丝汁等。禽类菜肴的原料取自鸡、鸭、鹅；禽类菜肴最多的是鸡，可煮、可炸、可烤、可焗，主要的调味汁有咖喱汁、奶油汁等。

5 蔬菜类菜肴

蔬菜类菜肴可以安排在肉类菜肴之后，也可以与肉类菜肴同时上桌。蔬菜类菜肴在西餐中称为沙拉。与主菜同时搭配的沙拉，称为生蔬菜沙拉，一般用生菜、番茄、黄瓜、芦笋等制作。还有一类是用鱼、肉、蛋类制作的，一般不加调味汁。

6 甜品

西餐的甜品在主菜后食用，可以算作是第六道菜。从真正意义上讲，它包括所有主菜后的食物，如布丁、冰激凌、奶酪、水果等。

7 咖啡

饮咖啡一般要加糖和淡奶油。

（五）自助餐礼仪

1 排队取菜

自觉维护公共秩序，讲究先来后到，排队选用食物。取菜时，切勿犹豫再三，让后面的人久等，更不应挑挑拣拣，甚至直接下手或以自己的餐具取食。

2 循序取菜

一般自助餐取菜的先后顺序是冷食、汤、热菜、点心、甜品、水果。

3 量力而行

为避免浪费，选取食物，必须量力而行。

4 少量多次取菜

用餐者选取某一种菜肴，允许反复多次去取。每次应当只取用一小点，待品尝后，如符

合自己的口味，可以再次去取。

5 送回餐具

自助餐强调自主，不但要求就餐者取用菜肴时以自己的喜好取食为主，而且要求在用餐完毕时，自觉将餐具送到指定处，做到善始善终。

6 避免外带

所有自助餐，只许就餐者在用餐现场自行享用，而绝不允许餐毕带回家。

7 照顾他人

在用餐时，对自己的同伴，要多加关心与照顾，但不得自作主张地直接代对方选取食物，更不允许将自己不喜欢或吃不了的食物拿给对方。

8 积极交际

工作人员必须明确，那些有目的性的，为谈公事而设定的自助餐，吃东西往往属于次要之事，而与他人进行适当交际才是自己最重要的任务。一定要寻找机会，如请人引见或是毛遂自荐，积极进行交际活动。

项目小结

职业礼仪是在人际交往中，以一定的、约定俗成的程序、方式表现的律己、敬人的过程，涉及穿着、交往、沟通等内容。礼仪是一个人的文化修养、品德，风貌、教养良知等精神内涵的外在表现，同时也代表一个国家、一个民族的社会文明程度和文化道德风范。职业礼仪在很大程度上影响着企业的成功或失败，这是显而易见的。职场交往中个人需要给上司、同事、商务伙伴以及客户以专业稳重的个人印象是至关重要的，因此在职场交往中得体的言谈举止对职业发展有加分的作用。只有当一个人真正意识到个人形象与修养的重要性，不断加强职业道德修养，塑造美的心灵，培养美的情感、情操及健康的人格，自觉地遵守礼仪规范，使自己的内在美与外在美有机地结合起来，才能塑造出最佳的职业形象美。

项目训练

1. 学生三人一组，结合礼仪训练的动作，轮流练习。

相互介绍，要求介绍人动作规范、大方、口齿清晰、内容准确；被介绍者大方友好，握手问候符合礼仪规范。

2. 假设公司要进行一次商务宴请，宴请的对象是合作公司董事长一行。本公司出席的有董事长、总经理还有你，模拟如何安排此次商务宴请。

1. 李泽厚:《美的历程》

作为一本广义的中国美学史纲要。作者以深邃独具的目光,雄浑凝练的笔触,囊括了历史悠久的中国美学历史。从远古图腾,一直讲到明清工艺,宏观地描述了中华民族审美意识发生、形成和流变的历程,指出这也是以实践理性为特征的民族审美意识的积淀过程。该书为中国美学史"勾画了一个整体轮廓"。

2. 西蔓色研中心:《中国人形象规律教程——女性个人色彩搭配分册》(第2版)

作为中国第一家专业色彩咨询机构,于西蔓女士创立并致力于推广和普及先进的色彩应用理论及技术,开创了中国色彩咨询业的先河。在风格万千的女性形象中,色彩是基础。基于中国人形象规律系统,以更加新颖、客观、科学的手法,将有关女性色彩的基本知识系统地阐述出来。

3. 刘科、刘博:《空乘人员化妆技巧》

本书结合空中乘务人员必备素质和能力的要求开发与编写,结合空中乘务的职业特点,主要介绍民航乘务人员必备的审美能力。本书科学性、系统性、实用性强。

4. 姜勇清:《美容与造型》(第二版)

本书全面系统地讲解了皮肤护理知识、化妆知识、美容造型知识等,共12个章节,供不同专业、不同层次的学生使用。

5. 彭林:《中华传统礼仪概要》

本书选择中华传统礼仪中最重要和最有现实意义的内容,集结成31个专题。通过阅

读本书可以系统地了解中华礼仪的体系和精髓。

6. 金正昆:《服务礼仪》

本书具体而详尽地介绍了服务活动中所必须遵循的各种礼仪,对规范服务人员的行为举止具有重要的指导意义。

7. 李荣建:《社交礼仪》(第三版)

本书是为高等院校学生编写的礼仪教材,体系完整、内容丰富、图文并茂,具有很强的实用性。

[1] 西蔓色研中心.中国人形象规律教程——女性个人色彩搭配分册[M].2版.北京:中国轻工业出版社,2016.

[2] 彭吉象.艺术学概论[M].北京:北京大学出版社,2013.

[3] 周生力.整体形象设计[M].北京:化学工业出版社,2012.

[4] 君君.创意化妆造型设计[M].北京:中国轻工业出版社,2010.

[5] 徐晶.现代职场形象设计[M].北京:中信出版社,2007.

[6] 张岩松,周晓红.职业形象设计[M].北京:清华大学出版社,2015.

[7] 刘科,刘博.空乘人员化妆技巧[M].上海:上海交通大学出版社,2012.

[8] 李勤.空乘人员职业形象设计与化妆[M].北京:清华大学出版社,2018.

[9] 李晓妍,刘慧,孟会芳.化妆技巧与形象设计[M].北京:航空工业出版社,2017.

[10] 刘畅.形象设计[M].北京:高等教育出版社,2017.

[11] 吕松涛.民航职业形象设计[M].北京:中国民航出版社,2019.

[12] 姜勇清.美容与造型[M].2版.北京:高等教育出版社,2010.

[13] 黄玉萍,王丽娟.职业形象与商务礼仪训练教程[M].北京:中国轻工业出版社,2014.

[14] 金正昆.服务礼仪[M].北京:北京大学出版社,2005.

[15] 李荣建.社交礼仪[M].4版.武汉:武汉大学出版社,2020.

[16] 蒋楠,熊茜,杨丽萍.公共关系礼仪[M].北京:科学出版社,2018.

[17] 陈剑光,俞石宽.现代社交礼仪[M].北京:化学工业出版社,2001.

教学支持说明

高等职业学校“十四五”规划民航服务类系列教材系华中科技大学出版社“十四五”期间重点教材。

为了改善教学效果，提高教材的使用效率，满足高校授课教师的教学需求，本套教材备有与纸质教材配套的教学课件（PPT 电子教案）和拓展资源（案例库、习题库等）。

为保证本教学课件及相关教学资料仅为教材使用者所用，我们将向使用本套教材的高校授课教师赠送教学课件或相关教学资料，烦请授课教师通过电话、邮件或加入旅游专家俱乐部 QQ 群等方式与我们联系，获取“教学课件资源申请表”文档，准确填写后发给我们，我们的联系方式如下：

地址：湖北省武汉市东湖新技术开发区华工科技园华工园六路

邮编：430223

电话：027-81321911

传真：027-81321917

E-mail：lyzjjlb@163.com

民航专家俱乐部 QQ 群号：799420527

民航专家俱乐部 QQ 群二维码：

扫一扫二维码，加入群聊。

教学课件资源申请表

填表时间：________年____月____日

<table>
<tr><td colspan="8">1. 以下内容请教师按实际情况填写，★为必填项。
2. 学生根据个人情况如实填写，相关内容可以酌情调整提交。</td></tr>
<tr><td rowspan="2">★姓名</td><td rowspan="2"></td><td rowspan="2">★性别</td><td rowspan="2">□男 □女</td><td rowspan="2">出生年月</td><td rowspan="2"></td><td>★ 职务</td><td></td></tr>
<tr><td>★ 职称</td><td>□教授 □副教授
□讲师 □助教</td></tr>
<tr><td>★学校</td><td colspan="3"></td><td>★院/系</td><td colspan="3"></td></tr>
<tr><td>★教研室</td><td colspan="3"></td><td>★专业</td><td colspan="2"></td><td></td></tr>
<tr><td>★办公电话</td><td colspan="2"></td><td>家庭电话</td><td colspan="2"></td><td>★移动电话</td><td></td></tr>
<tr><td>★E-mail
（请填写清晰）</td><td colspan="5"></td><td>★QQ 号/微信号</td><td></td></tr>
<tr><td>★联系地址</td><td colspan="5"></td><td>★邮编</td><td></td></tr>
</table>

<table>
<tr><td colspan="2">★现在主授课程情况</td><td>学生人数</td><td>教材所属出版社</td><td>教材满意度</td></tr>
<tr><td>课程一</td><td></td><td></td><td></td><td>□满意 □一般 □不满意</td></tr>
<tr><td>课程二</td><td></td><td></td><td></td><td>□满意 □一般 □不满意</td></tr>
<tr><td>课程三</td><td></td><td></td><td></td><td>□满意 □一般 □不满意</td></tr>
<tr><td>其　他</td><td></td><td></td><td></td><td>□满意 □一般 □不满意</td></tr>
<tr><td colspan="5">教 材 出 版 信 息</td></tr>
<tr><td>方向一</td><td></td><td colspan="3">□准备写 □写作中 □已成稿 □已出版待修订 □有讲义</td></tr>
<tr><td>方向二</td><td></td><td colspan="3">□准备写 □写作中 □已成稿 □已出版待修订 □有讲义</td></tr>
<tr><td>方向三</td><td></td><td colspan="3">□准备写 □写作中 □已成稿 □已出版待修订 □有讲义</td></tr>
</table>

<table>
<tr><td colspan="5">请教师认真填写表格下列内容，提供索取课件配套教材的相关信息，我社将根据每位教师/学生填表信息的完整性、授课情况与索取课件的相关性，以及教材使用的情况赠送教材的配套课件及相关教学资源。</td></tr>
<tr><td>ISBN（书号）</td><td>书名</td><td>作者</td><td>索取课件简要说明</td><td>学生人数
（如选作教材）</td></tr>
<tr><td></td><td></td><td></td><td>□教学 □参考</td><td></td></tr>
<tr><td></td><td></td><td></td><td>□教学 □参考</td><td></td></tr>
<tr><td colspan="5">★您对与课件配套的纸质教材的意见和建议，希望提供哪些配套教学资源：</td></tr>
</table>